개정판

Measure Theory ••• 측도론

양춘우 지음

KYOWOO

머리말

측도론은 해석학의 한 영역에 속하며 길이, 면적, 부피 등의 개념을 보다 일반화 하여 추상화 시킨 이론이다.

17세기 중반에 뉴턴과 라이프니쯔가 창시한 미적분학은 많은 수학자들에 의해서 아주 정교하게 다듬어져서 오늘날의 우리가 알고 있는 미적분학과 해석학이 되었다. 미적분학과 해석학은 20세기에 들어와 커다란 방향전환을 하게 되는 데 그러한 방향전환의 시도가 측도론과 함수해석학의 등장이었다.

측도론이 만들어진 배경은 우리가 알고 있는 리이만(Riemann) 적분이라 일컫는 정적분의 정의를 다른 방법으로 정의해서 보다 포괄적이며 보편적인 적분론으로 일반화 시키려는 데에 있었다. 그러나 후에 측도론은 함수공간을 확장하기 위한 대상으로 전환되어 양수뿐만 아니라 음수 그리고 더 나아가 복소수값을 갖는 측도까지 다루게 된다.

확률론을 체계적인 수학이론으로 확립하는 데에 측도론이 아주 중요한 역할을 하게 된다. 따라서 확률론을 보다 체계적으로 공부하려는 학생에게는 측도론에 대한 지식이 필수적이다.

이 책에서는 측도를 먼저 소개하고 다음으로 측도를 이용해서 정적분과 미분을 정의한다. 이러한 방식이 측도론을 보다 자연스럽고 완전하게 설명할 수 있게 한다.

1장은 측도론을 공부하는 데에 필요한 기본적인 수학 개념들을 소개한 후 측도를 정의하고, 2장은 기존의 적분론인 리이만 적분론을 포괄할 수 있는 적분인 르베끄 적분을 정의하는 데에 쓰이는 르베끄 측도의 개념과 성질을 다룬다. 이를 위하여 먼저 실직선 위에서 르베끄(Lebesque) 적분을 정의한 다음 보다 일반적인 집합에서 르베끄 적분으로 일반화시킨다.

3장은 측도공간에서 적분이 가능한 함수인 가측 함수의 개념과 성질들을 다루게 되는데, 가측 함수란 원상에 대한 가측성을 보존하는 함수를 말한다.

4장에서는 주어진 측도공간 X에서 정의된 실수값을 갖는 함수 $f : X \to \mathbb{R}$의 적분을 소개하고 그렇게 정의된 적분에 대한 성질들을 소개한다.

5장은 실직선 $\mathbb{R}$에 정의된 측도를 이용해서 $\mathbb{R}^2$와 $\mathbb{R}^3$에서 측도를 정의하기 위한 수단으로 두 측도공간 X와 Y으로부터 곱측도 공간 $X \times Y$를 소개하는 내용을 담고 있다.

6장은 르베끄 적분의 반대 개념인 르베끄 미분을 다룬다.

7장은 p-멱곱의 함수가 적분가능한 함수들로 구성되는 L^p-공간들에 대한 성질들을 다루는 것으로서 함수해석학에서도 중요하게 다루는 부분이다.

8장과 9장은 부록으로서 측도론을 공부하는 데에 필요한 집합론과 일반위상수학의 개념과 이론들을 발췌한 내용들이다. 집합론과 일반위상수학에 대한 충분한 지식이 있는 분은 이 부분을 생략해도 된다.

이 책을 강의교재로 이용하시려는 분들께서 강의용 PDF-파일이 필요할 시에는 본인(chyang83@gamil.com 또는 chyang@hs.ac.kr)에게 연락해 주시기 바랍니다.

끝으로 이 책이 출간되기까지 여러 모로 수고해 주신 도서출판 교우사 오판근 사장님 그리고 마케팅부 남궁양 부장님과 편집부 이소정 선생님께 감사를 드립니다.

저자 양 춘 우

목 차

제 1 장

측도(Measure)

측도(測度, measure)란 특정한 기본 집합들에 대해 일종의 '크기' 또는 '양'을 나타내는 값을 부여하고, 주어진 집합의 크기나 양을 가산(可算, countable) 개의 기본집합들로 분할하여 계산할 수 있게 하는 함수이다.

좀더 구체적으로 설명하면 측도란 유한 집합의 원소의 수, 실수 구간의 길이, 평면 도형의 넓이, 3차원 입체의 부피에 대한 개념들을 통합해서 보다 일반화 시켜서 추상화 한 개념이다.

그리고 측도가 정의된 공간(집합)을 측도 공간(測度空間, measure space)이라 하며, 측도와 측도 공간을 연구하는 수학 분야를 측도론(measure theory)이라고 한다. 2장에서 다루게 될 르베끄[1](Lebesque) 측도가 대표적인 예로써 소개된다. 측도론은 확률론에 중요하게 쓰이는데, 이는 측도론이 확률론의 기초가 될 수 있도록 1933년에 콜모고로브[2](Kolmogorov)가 그 토대를 마련함으로써 가능하게 되었다.

측도론은 기하학적으로나 확률적으로 중요할 뿐만 아니라 정적분을 보다 일반화 해서 정의하는 데에 매우 중요하게 쓰인다. 이러한 내용은 두 가지 방향에서 설명된다.

첫 번째는 측도를 이용하여 정적분을 정의하여 미적분학에서 정의되는 리이만[3](Riemann) 적분과의 관계를 설명하는 것이고, 두 번째는 주어진 함수

---

[1]Henri Léon Lebesgue(1875년~1941년)는 그의 적분 이론으로 유명한 프랑스 수학자이다. 르베그 적분은 그의 1902년 낭시 대학교의 박사 학위 논문에서 기원한다.

[2]Andrey Nikolaevich Kolmogorov903년~1987년)은 소련의 수학자이다. 주로 확률론을 연구하였지만, 그 밖에도 위상수학, 해석학, 수리논리학과 응용 분야를 연구하였으며20세기의 가장 위대한 수학자 중 한 명으로 꼽힌다.

[3]Georg Friedrich Bernhard Riemann(1826년~1866년)은 독일의 수학자이다. 해석학과

들에 대한 리이만 적분을 이용하여 측도를 정의하는 것이다.

이 책에서는 측도를 먼저 소개하고 다음으로 측도를 이용해서 정적분을 정의한다. 이러한 방식이 측도론을 보다 자연스럽고 완전하게 설명할 수 있게 한다. 이 장에서 우리는 먼저 측도이론에 필요한 개념들과 용어들을 소개한다.

1.1 집합

이 책에서는 집합론에서 다루는 표준적인 정의와 개념들을 이용한다. 필요한 개념과 용어들에 대한 자세한 내용은 이 책의 뒷부분에 소개된 부록을 참고하기 바란다. 이 책에서 우리는 주어진 집합 X에 대한 **멱집합**(power set)을 2^X로 표기하며 경우에 따라서는 이것을 $\wp(X)$로 나타내기도 한다.

또한, X가 전체집합이고 $A \subset X$일 때, X에서 A의 **여집합**(complement)을 $A^c = X - A$로 표기하기로 한다. 그러면, **드모르강의 법칙**(De Morgan's law)에 의하여, 다음이 성립한다.

$$\left(\bigcup_{\alpha\in I} A_\alpha\right)^c = \bigcap_{\alpha\in I} A_\alpha^c, \qquad \left(\bigcap_{\alpha\in I} A_\alpha\right)^c = \bigcup_{\alpha\in I} A_\alpha^c. \tag{1.1}$$

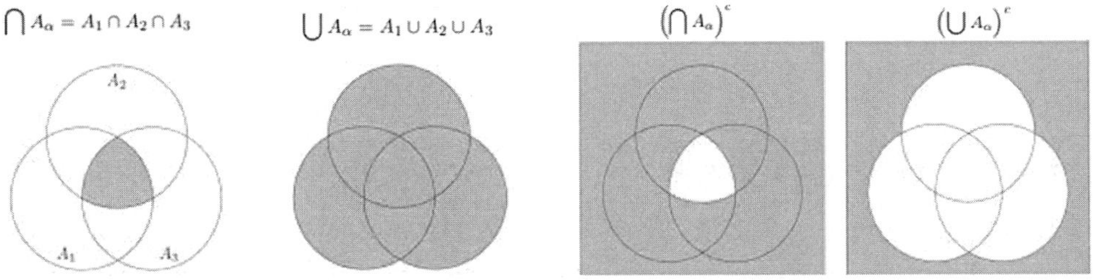

그림 1.1: 드모르강의 법칙(De Morgan's law)

X의 부분집합들로 이루어진 집합족

$$\mathcal{C} = \{A_\alpha \mid \alpha \in I\}\ (\subset 2^X)$$

가 '집합 A를 **커버한다**(cover)' 또는 '집합 A의 **덮개**(cover)다'라는 것은

$$A \subset \bigcup_{\alpha\in I} A_\alpha$$

미분기하학에 혁신적인 업적을 남겼으며, 리이만 기하학은 일반 상대성 이론의 기술에 사용되고 있다. 그의 이름은 리이만 적분, 코시-리이만 방정식, 리이만 제타 함수, 리이만 다양체 등의 수학 용어에 남아 있다. 그는 리이만 가설을 최초로 고안한 수학자로도 유명하다.

임을 뜻한다. 그리고 $\alpha \neq \beta$인 모든 $\alpha, \beta \in I$에 대해서 $A_\alpha \cap A_\beta = \emptyset$일 때 집합족 $\mathcal{C}$를 가리켜서 '서로소(disjoint)이다'라고 말한다.

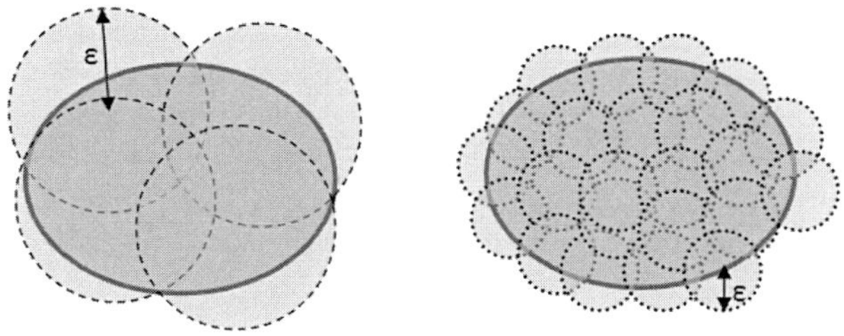

그림 1.2: 집합 A의 덮개(cover)

X가 $\emptyset$아닌 집합이고 $A_1, A_2, A_3, \ldots \subset X$일 때

$$\limsup_{n\to\infty} A_n = \bigcap_{n=1}^{\infty}\left(\bigcup_{m=n}^{\infty} A_m\right), \quad \liminf_{n\to\infty} A_n = \bigcup_{n=1}^{\infty}\left(\bigcap_{m=n}^{\infty} A_m\right) \tag{1.2}$$

로 정의한다. 그리고 $= \limsup_{n\to\infty} A_n = \liminf_{n\to\infty} A_n$일 때에 한해서

$$\lim_{n\to\infty} A_n = \limsup_{n\to\infty} A_n = \liminf_{n\to\infty} A_n \tag{1.3}$$

으로 정의한다.

1.2 위상공간

위상공간이란 일정한 조건들을 만족하는 열린집합(open set)들로 이루어진 집합족(family)을 말한다.

[정의 1.1] X가 $\emptyset$이 아닌 집합일 때, $\Im$가 X에서 **위상(toplology)**이라 함은 $\Im \subset 2^X$이고 다음 3가지 조건들을 모두 만족한다는 뜻이다.

(1) $\emptyset,\ X \in \Im$.

(2) $\{U_\alpha \mid \alpha \in I\} \subset \Im$이면, $\bigcup_{\alpha\in I} U_\alpha \in \Im$이다.

(3) N이 자연수이고 $\{U_1, U_2, \ldots, U_N\}$이면, $\bigcap_{i=1}^{N} U_i \in \Im$이다.

$\Im$가 X에서 위상일 때 $(X, \Im)$을 가리켜 **위상공간(toplogical space)**이라 하고 $U \in \Im$인 집합 U를 위상공간 $(X, \Im)$에서 **열린집합(open set)**이라 한다.

그리고 $(X, \Im)$에서 열린집합의 여집합(complement)을 가리켜 **닫힌집합**(closed set)이라 한다. 즉, 집합 A가 위상공간 $(X, \Im)$에서 닫힌집합일 조건은 $A^c = X - A \in \Im$인 것이다.

1.3 확장된 실수계

이 책에서 우리는 다음과 같은 **확장된 실수계**(extended real number system)

$$\overline{\mathbb{R}} = \mathbb{R} \cup \{\pm\infty\}$$

를 활용하기로 한다. 확장된 실수계를 이용하는 목적은 무한 측도(infinite measure)를 갖는 집합들을 논하거나 무한 적분(infinite integral)을 갖는 음이 아닌 함수들을 다루려는 것이다.

먼저, 확장된 실수계는 다음 방식으로 정의된 순서에 의하여 **완전한 순서 집합**(totally ordered set)이 된다.

> $\overline{\mathbb{R}}$에서 실수들은 $\mathbb{R}$에서와 같은 순서를 가지며 $-\infty$는 최소의 원소이고 ∞는 최대원소이다. 즉, 모든 $x \in \mathbb{R}$에 대해서 $-\infty < x < \infty$이다.

그리고 $\overline{\mathbb{R}}$에서 대수적인 연산은 다음과 같은 방식으로 정의된다.

1. $x,\ y \in \mathbb{R}$이면, $x + y$는 $\mathbb{R}$에서 정의되는 실수들의 덧셈이다.
2. 모든 $x \in \mathbb{R}$에 대해서 $x + \infty = \infty$이다.
3. 모든 $x \in \mathbb{R}$에 대해서 $x + (-\infty) = -\infty$이다.
4. $\infty + \infty = \infty$이고 $-\infty + (-\infty) = -\infty$이다.
5. $\infty - \infty$은 정의하지 않는다.

또한, $\overline{\mathbb{R}}$가 닫힌구간(closed interval) $[-1,\ 1]$과 위상동형(homeomorphic)[4] 이 되도록 $\overline{\mathbb{R}}$에 위상을 정의하고, 위상동형함수 $\phi : \overline{\mathbb{R}} \to [-1,\ 1]$를 다음과 같이 정의할 수 있다.

$$\phi(x) = \begin{cases} 1 & \text{if} \quad x = \infty \\ x/\sqrt{1+x^2} & \text{if} \quad -\infty < x < \infty \\ -1 & \text{if} \quad x = -\infty \end{cases} \tag{1.4}$$

실수의 완비성

실수의 완비성은 실수의 핵심적 성질들 중 하나로서, 대략 '메꾸어질 구멍이 없다'는 의미로 해석된다. 실수가 공리적으로 처리되는 경우, 완비성은 순서체 공리와 함께 실수에 대한 공리체계를 이룬다. 실수가 실체 있게 구성되는 경우에는 완비성의 여러 표현은 곧 실수계의 구성에 의해 증명되는 정리이다.

[4]위상수학에서 위상동형(位相同型寫像, homeomorphism)은 위상적 성질들을 보존하는 동형 사상이다. 두 공간 사이에 위상 동형 사상이 존재할 경우, 이 둘은 서로 위상동형(位相同型, homeomorphic)이라고 한다. 위상수학적 관점에서 이 둘은 같은 공간이라고 말할 수도 있다. 간단하게 설명하자면, 기하학적 물체를 찢거나 붙이지 않고 구부리거나 늘이는 것으로 다른 형태로 변형하는 것을 말한다.

[정의 1.2](집합의 유계성) X가 $\mathbb{R}$의 부분집합이라 하자.

(1) 'X가 아래로 유계하다(bouded below)'는 것은 다음 조건을 만족한다는 뜻이다.

모든 $x \in X$에 대해서 $a \leq x$인 수 $a \in \mathbb{R}$가 존재한다.

위와 같은 수 a를 가리켜서 X의 하계(下界, lower bound)라 한다.

(2) 'X가 위로 유계하다(boubded above)'는 것은 다음 조건을 만족한다는 뜻이다.

모든 $x \in X$에 대해서 $x \leq b$인 수 $b \in \mathbb{R}$가 존재한다.

위와 같은 수 b를 가리켜서 X의 상계(上界, upper bound)라 한다.

X가 아래로 유계하고 또한 위로 유계할 때, X를 가리켜서 '유계하다(bounded)' 라고 하거나 '유계한 집합(bounded set)'이라고 말한다.

[예제 1.1] 1. 자연수 집합 $\mathbb{N}$은 아래로 유계하지만 위로 유계하지 않다.
2. 음의 정수집합 $\mathbb{Z}^-$는 위로는 유계하지만 아래로 유계하지 않고, 정수 집합 $\mathbb{Z}$는 위로 유계하지 않으며 아래로도 유계하지 않다.
3. $\emptyset$은 유계한 집합이다. 실제로 모든 실수가 $\emptyset$의 상계이고 하계다.

[예제 1.2] 집합 $A = \{\frac{1}{n} \mid n \in \mathbb{N}\}$은 유계하다. 왜냐하면, 모든 $n \in \mathbb{N}$에 대해서 $0 < \frac{1}{n} \leq 1$이기 때문이다. 따라서 1은 A의 상계이고 0은 A의 하계다.

이제는 해석학(解析學, analysis)에서 아주 중요하게 쓰이는 상한과 하한의 개념을 소개하도록 하겠다.

[정의 1.3](상한과 하한) X가 $\mathbb{R}$의 부분집합이라 하자.

1. 수 $u \in \mathbb{R}$가 X의 상한(上限, supremum) 또는 최소상계(least upper bound)라 함은 다음 두 가지 성질을 만족한다는 것을 뜻한다.

   (a) u가 X의 상계다. 즉, 모든 $x \in X$에 대해서 $x \leq u$이다.

   (b) u가 X의 상계들 중에서 가장 작다. 즉, a가 X의 상계이면 $u \leq a$이다.

   X의 상한(또는 최소상계)을 $\sup X$ 또는 $\operatorname{lub} X$로 표현한다.

2. 수 $l \in \mathbb{R}$이 X의 하한(下限, infimum) 또는 최대하계(greatest lower bound)라 함은 다음 두 가지 성질을 만족한다는 것을 뜻한다.

   (a) l은 X의 하계다. 즉, 모든 $x \in X$에 대해서 $l \leq x$이다.

   (b) l이 X의 하계들 중에서 가장 크다. 즉, b가 X의 하계이면 $b \leq l$이다.

X의 하한(또는 최대하계)을 $\inf X$ 또는 $\text{glb}\,X$로 표현한다.

참고 X가 $\mathbb{R}$의 $\emptyset$아닌 부분집합일 때, X의 최대값과 최소값을 다음과 같이 정의한다.

1. 모든 $x \in X$에 대해서 $x \leq M$이고 $M \in X$일 때, M을 가리켜서 X의 최대값(maximum)이라 부르고 $M = \max X$로 나타낸다.
2. 모든 $x \in X$에 대해서 $m \leq x$이고 $m \in X$일 때, m을 가리켜서 X의 최소값(minimum)이라 부르고 $m = \min X$로 나타낸다.

만약 집합 $A \subset \mathbb{R}$가 최대값을 가지면 $\max A = \sup A$이고, A가 최소값을 가지면 $\min A = \inf A$이다.

[예제 1.3] 집합 $A = \{1 - \frac{1}{n} \mid n = 1, 2, 3, \ldots\}$는 유계한 집합이고 $\inf A = 0$이고 $\sup A = 1$이다. 그런데 $0 \in A$이고 $1 \notin A$이므로 $\min A = 0$이지만 $\max A$는 존재하지 않는다.

[예제 1.4] 구간 (a, b), $[a, b)$, $(a, b]$, $[a, b]$의 상한과 하한은 다음과 같다.

$$\sup(a, b) = \sup[a, b) = \sup(a, b] = \sup[a, b] = b,$$
$$\inf(a, b) = \inf[a, b) = \inf(a, b] = \inf[a, b] = a.$$

[정리 1.1] X가 $\mathbb{R}$의 공집합이 아닌 위로 유계한 부분집합이고 $a \in \mathbb{R}$가 X의 상계일 때, 다음은 서로 동치다.

1. a가 X의 상한이다.
2. $b < a$인 임의의 실수 b에 대해서 $b < x \leq a$인 수 $x \in X$가 존재한다.

⟨증명⟩ 증명은 연습문제로 남긴다. ■

일반적으로 실수계의 완비성(完備性, completeness)이라 불리는 $\mathbb{R}$의 완비성 공리(公理, Axiom)는 다음과 같다.

[공리 1.1](완비성 공리, Axiom of completeness) X가 $\mathbb{R}$의 $\emptyset$이 아닌 부분집합이고 위로 유계하면, X의 상한 $\sup X$가 $\mathbb{R}$안에서 반드시 존재한다.

실수계의 완비성 공리에 의해서 다음 정리가 성립한다.

[정리 1.2] X가 $\mathbb{R}$의 $\emptyset$이 아닌 부분집합이고 아래로 유계하면, X의 하한 $\inf X$가 $\mathbb{R}$안에서 반드시 존재한다.

⟨증명⟩ 증명은 연습문제로 남긴다. ■

실제로 공리 1.1과 정리 1.2는 서로 동치(同値, equivalent)이다.

확장된 실수 체계에서 상한과 하한

확장된 실수체계를 도입하는 주된 목적은 임의로 주어진 집합에 대한 **상계**(upper bound)와 **하계**(lower bound)가 항상 존재하도록 하려는 데에 있다.

[정의 1.4] A가 $\mathbb{R}$의 부분집합이고 $A \neq \emptyset$라 하자.

1. A가 위로 유계하지 않으면 $\sup A = \infty$로 정의한다.
2. A가 아래로 유계하지 않으면 $\inf A = -\infty$로 정의한다.

참고 모든 실수가 공집합 $\emptyset$의 상계이고 하계이다. 따라서

$$\sup \emptyset = -\infty, \qquad \inf \emptyset = \infty$$

로 정의한다.

1. 따라서 $\overline{\mathbb{R}}$의 모든 집합은 **상한**(supremum)과 **하한**(infimum)을 갖게 된다.
2. $A \subset \overline{\mathbb{R}}$일 때, A가 ∞를 포함하거나 $\mathbb{R}$에서 위로 유계하지 않으면 $\sup A = \infty$이고, A가 $-\infty$를 포함하거나 $\mathbb{R}$에서 아래로 유계하지 않으면 $\inf A = -\infty$이다.
3. 만약 $\{a_n\}$이 $\overline{\mathbb{R}}$에서 수열이면, $\{a_n\}$의 **상극한** $\overline{\lim}\, a_n$과 **하극한** $\underline{\lim}\, a_n$을 각각

$$\overline{\lim}\ a_n \left(= \limsup_{n\to\infty} a_n\right) = \inf_{n\in\mathbb{N}} \left(\sup_{i\geq n}\ a_i\right) = \lim_{n\to\infty} \left(\sup_{i\geq n}\ a_i\right) \tag{1.5}$$

와

$$\underline{\lim}\ a_n \left(= \liminf_{n\to\infty} a_n\right) = \sup_{n\in\mathbb{N}} \left(\inf_{i\geq n}\ a_i\right) = \lim_{n\to\infty} \left(\inf_{i\geq n}\ a_i\right) \tag{1.6}$$

로 확장된 실수체계 $\overline{\mathbb{R}}$안에서 정의한다.

만약 $\{x_n\}$이 $\overline{\mathbb{R}}$에서 수열이고 모든 $n \in \mathbb{N}$에 대해서 $x_n \geq 0$이면, 급수 $\sum_{n=1}^{\infty} x_n$을 다음과 같이 정의한다.

$$\sum_{n=1}^{\infty} x_n = \lim_{N\to\infty} \sum_{n}^{N} x_n. \tag{1.7}$$

그러면 이러한 급수 $\sum_{n=1}^{\infty} x_n$은 $\overline{\mathbb{R}}$에서 반드시 수렴한다. 그리고 다음과 같은 합의 법칙이 성립한다.

$$\sum_{n=1}^{\infty}(x_n + y_n) = \sum_{n=1}^{\infty} x_n + \sum_{n=1}^{\infty} y_n. \tag{1.8}$$

이중수열 $\{x_{ij} \mid (i,j) \in \mathbb{N} \times \mathbb{N}\}$의 합은 다음과 같이 유한급수의 극한으로 정의된다.

$$\begin{aligned} \sum_{i,j=1}^{\infty} x_{ij} &= \sum_{i=1}^{\infty}\left(\sum_{j=1}^{\infty} x_{ij}\right) \\ &= \sum_{j=1}^{\infty}\left(\sum_{i=1}^{\infty} x_{ij}\right). \end{aligned} \tag{1.9}$$

확장된 실수체계의 활용은 $\mathbb{R}$에서 순서(order)나 단조성(monotonicity)과 밀접한 관계가 있다.

정렬의 원리와 아르키메데스의 성질

실수계에 대한 완비성의 중요한 결과들 중 하나가 '자연수 집합 $\mathbb{N}$이 $\mathbb{R}$에서 위로 유계하지 않다'는 아르키메데스의 성질이다. 이 성질은 자연수 집합 $\mathbb{N}$만이 갖는 독특한 성질인 정렬의 원리에 의해서 증명된다.

[공리 1.2] (정렬의 원리, well-ordering principle) A가 자연수집합 $\mathbb{N}$의 부분집합으로서 $\emptyset$이 아닌 집합이면 A는 최소원소 $\min A$를 갖는다. 즉, $A \subseteq \mathbb{N}$이고 $A \neq \emptyset$이면 모든 $a \in A$에 대해서 $m \leq a$인 $m \in A$이 존재한다.

다음은 실수와 정수 사이의 관계를 나타내는 정리들로서 증명없이 내용만 소개한다.

[정리 1.3](아르키메데스의 성질, Archimedean property)
임의의 실수 $x \in \mathbb{R}$에 대해서 $x < n$인 자연수 $n \in \mathbb{N}$이 존재한다. □

[따름정리 1.4] $x,\ y \in \mathbb{R}$이고 $x > 0$이면, $y < nx$인 자연수 n이 존재한다. □

위 따름정리에서 $y = 1$로 택하면 $1 < nx$ 또는 $\frac{1}{n} < x$이다. 따라서 다음 정리가 성립한다.

[따름정리 1.5] 임의의 $x > 0$에 대해 $0 < \frac{1}{n} < x$인 자연수 n이 존재한다. □

[따름정리 1.6] 임의의 실수 $x \in \mathbb{R}$에 대해 $n \leq x < n+1$인 정수 n이 유일하게 존재한다. □

유리수와 무리수의 조밀성

여기서는 유리수와 무리수가 실수집합 $\mathbb{R}$에서 조밀(稠密, dense)하다는 것을 밝혀주는 정리들을 소개하며 증명은 모두 연습문제로 남겨둔다.

[정리 1.7](유리수의 조밀성) $x,\ y \in \mathbb{R}$이고 $x < y$이면, $x < r < y$인 유리수 r이 존재한다.

[정리 1.8] $x^2 = 2$를 만족하는 실수 $x > 0$가 존재한다.

[따름정리 1.9](무리수의 조밀성) $x,\ y \in \mathbb{R}$이고 $x < y$이면, $x < z < y$인 무리수 z가 존재한다.

1.4 대수와 시그마(σ)-대수

시그마(σ)대수는 측도를 정의할 때에 중요하게 쓰이는 집합체이다. 집합 X에서 σ-대수(sigma algebra)는 2^X의 부분집합으로 구성된 집합체를 말한다.

[정의 1.5](대수, σ-대수) 집합 X에서 대수(algebra)란 다음 3가지 조건들을 모두 만족하는 집합족 $\mathcal{A} \subset 2^X$를 말한다.

(a) $\emptyset,\ X \in \mathcal{A}$.

(b) $A \in \mathcal{A} \implies A^c \in \mathcal{A}$.

(c) $A,\, B \in \mathcal{A} \implies A \cup B \in \mathcal{A}$.

* X에서 대수 $\mathcal{A}$가 다음 조건을 추가적으로 만족했을 때, $\mathcal{A}$를 가리켜 σ-대수(σ-algebra)라 한다.

(d) $\{A_i \mid i \in \mathbb{N}\} \subset \mathcal{A}$이면 $\bigcup_{i=1}^{\infty} A_i \in \mathcal{A}$이다.

[예제 1.5] X가 $\emptyset$아닌 집합이면 $\mathcal{S} = \{\emptyset, X\}$와 2^X는 모두 X에서 σ-대수다. 실제로 $\mathcal{S} = \{\emptyset, X\}$는 X에서 가장 작은 σ-대수이고, 2^X는 X에서 가장 큰 σ-대수이다.

[예제 1.6] X를 비가산집합(uncountable set)이라 하고

$$\mathcal{M} = \{E \in 2^X \mid E \text{ 또는 } E^c = X - E\text{가 가산집합}\}$$

으로 놓자. 그러면 $\mathcal{F}$가 X에서 σ-대수다.

⟨증명⟩ (1) $X^c = \emptyset$은 유한집합이므로 가산집합이다. 따라서 $\emptyset$, $X \in \mathcal{M}$이다.

(2) $A \in \mathcal{M}$이라 하자 그러면 A 또는 A^c가 가산집합이고 $(A^c)^c = A$이므로 $A^c \in \mathcal{F}$이다.

(3) $\{A_n \mid n = 1, 2, \ldots\} \subset \mathcal{M}$이라 하고 $A = \bigcup_{n=1}^{\infty} A_n$으로 놓자. A가 가산집합이면, $\mathcal{M}$의 정의에 의해, $A \in \mathcal{M}$이다.

이제 A가 비가산집합이라고 해 보자. 그러면 A_m이 비가산집합인 $m \in \mathbb{N}$이 존재해야 한다. 그런데 $A_m \in \mathcal{F}$이므로 A_m^c이 가산집합이다. 또한

$$A^c = \left(\bigcup_{n=1}^{\infty} A_n\right)^c = \bigcap_{n=1}^{\infty} A_n^c \subset A_m^c$$

이므로 A^c도 가산집합이다. 그러므로 $A = \bigcup_{n=1}^{\infty} A_n \in \mathcal{M}$이다. ■

[정의 1.6] $\mathcal{P}$가 X의 **분할**(分割, partion)이라 함은 다음 조건들을 모두 만족한다는 뜻이다.

(1) $\mathcal{P} \subset 2^X$이다.

(2) $A,\ B \in \mathcal{P}$이고 $A \neq B$이면, $A \cap B = \emptyset$이다.

(3) $\bigcup \mathcal{P} = \bigcup_{A \in \mathcal{P}} A = X$이다.

[예제 1.7] $\mathcal{P}$가 X의 유한개의 부분집합 $A_1, \ldots, A_N$으로 이루어진 분할이라 하자. 그러면

$$A_i \cap A_j = \emptyset \quad (i \neq j \text{일 때}) \quad \& \quad A_1 \cup A_2 \cup \cdots \cup A_N = X$$

이다. 여기서 $\mathcal{F}$를 $\mathcal{P}$에 속한 A_i들의 합(union)으로 구성된 집합들 전체집합족이라 하자. 그러면 $\mathcal{F}$는 X에서 σ-대수가 된다.

[전제정리 1.10] $\mathcal{A}$가 X에서 σ-대수일 때, 다음이 성립한다.

(a) $A_1, \ldots, A_n \in \mathcal{A}$이면 $A_1 \cup \cdots \cup A_n \in \mathcal{A}$이다.

(b) $A_1, \ldots, A_n \in \mathcal{A}$이면 $A_1 \cap \cdots \cap A_n \in \mathcal{A}$이다.

(c) $A,\ B \in \mathcal{A}$이면 $A - B \in \mathcal{A}$이다.

(d) $\{A_1,\ A_2, \ldots\} \subset \mathcal{A}$이면 $\bigcup_{n=1}^{\infty} A_n \in \mathcal{A}$이다.

〈증명〉

(a) $A_1 \cup \cdots \cup A_n = A_1 \cup \cdots \cup A_n \cup \emptyset \cup \emptyset \cup \cdots \in \mathcal{A}$이다.

(b) $A_1 \cap \cdots \cap A_n = (A_1^c \cup \cdots \cup A_n^c)^c \in \mathcal{A}$이다.

(c) $A - B = A \cap B^c \in \mathcal{A}$이다.

(d) $\bigcup_{n=1}^{\infty} A_n = \left(\bigcup_{n=1}^{\infty} A_n^c \right)^c \in \mathcal{A}$이다. ■

다음 정의에서 가측공간(measurable space)은 측도의 정의역이 된다.

[정의 1.7] X가 집합이고 $\mathcal{A}$가 X에서 σ-대수일 때, $(X,\ \mathcal{A})$를 가리켜 **가측공간**(可測空間, measurable space)이라 한다. 또한 $\mathcal{A}$에 속한 집합을 가리켜서 가측공간 $(X,\ \mathcal{A})$에서 **가측집합**(measurable set)이라 한다.

1.2절에서 소개된 위상(topology)의 개념과 σ-대수의 개념을 서로 비교해 보는 것이 바람직하다. 이 두 개념들 사이에든 아주 중요한 두 가지의 차이점들이 있다.

첫 번째는 가측공간에서 가측집합의 여집합은 가측집합이지만, 위상공간에서 열린집합의 여집합이 열린집합일 필요는 없다.

두 번째로 가측공간에서 가산개의 가측집합들의 합집합(union)과 교집합(intersection)은 모두 가측집합이지만, 위상공간에서 임의개(가산개과 비가산개에 상관없이)의 열린집합들의 교집합이 열린집합일 필요가 없다

형식적으로 위상공간과 가측공간들 사이에는 유사한 부분이 있으나 이 두 개념들 사이에는 상당한 차이가 있음을 알아야 한다.

또한, $\mathcal{F}$가 X의 부분집합들로 구성된 집합족일 때, 즉 $\mathcal{F} \subset 2^X$일 때 $\mathcal{F}$를 포함한 가장 작은 σ-대수 $\sigma(\mathcal{F})$가 유일하게 존재한다.

[정의 1.8] X가 $\emptyset$아닌 집합이고 $\mathcal{F} \subset 2^X$이면, $\mathcal{F}$에 의해서 생성되는 σ-대수 $\sigma(\mathcal{F})$는 다음과 같이 정의된다.

$$\sigma(\mathcal{F}) = \bigcap \{\mathcal{A} \mid \mathcal{A}\text{는 } X\text{에서 } \sigma\text{-대수이고 } \mathcal{F} \subset \mathcal{A}\text{이다}\}.$$

$\sigma(\mathcal{F})$는 $\emptyset$이 아니다. 실제로 2^X가 $\mathcal{F}$를 포함한 σ-대수이고 σ-대수들의 교집합은 σ-대수이기 때문이다. 실제로 정의 1.7은 다음 정리의 결과이다.

[정리 1.11] $\mathcal{F}$가 X의 부분집합들로 구성된 집합족이고 $\mathcal{A}$가 X에서 σ-대수이며 $\mathcal{F} \subset \mathcal{A}$이면, $\sigma(\mathcal{F})$는 $\mathcal{A}$에 포함되는 σ-대수이다.

⟨증명⟩ 1. 먼저 $\sigma(\mathcal{F})$가 X에서 σ-대수임을 보이자. 여기서 먼저

$$\mathcal{C} = \{\mathcal{A} \subset 2^X \mid \mathcal{A}\text{는 } \sigma\text{-대수이고} \quad \mathcal{F} \subset \mathcal{A}\}$$

로 놓자. 그러면 $\sigma(\mathcal{F}) = \bigcap \mathcal{C}$이고 $\sigma(\mathcal{F}) \subset 2^X$임은 분명하다.

(a) 모든 $\mathcal{A} \in \mathcal{C}$에 대해서 $\emptyset$, $X \in \mathcal{A}$이므로 $\emptyset$, $X \in \sigma(\mathcal{F})$이다.

(b) $B \in \sigma(\mathcal{F})$라 하자. 그러면, 모든 $\mathcal{A} \in \mathcal{C}$에 대해서, $B \in \mathcal{A}$이고 $\mathcal{A}$가 σ-대수이므로 $B^c \in \mathcal{A}$이다. 따라서 $B^c \in \sigma(\mathcal{F})$이다.

(c) $\{B_i \mid i \in \mathbb{N}\} \subset \sigma(\mathcal{F})$라 하자. 그러면, 모든 $\mathcal{A} \in \mathcal{C}$에 대해서, $\{B_i \mid i \in \mathbb{N}\} \subset \mathcal{A}$이고 $\mathcal{A}$가 σ-대수이므로 $\bigcup_{i\in\mathbb{N}} B_i \in \mathcal{A}$이다. 따라서 $\bigcup_{i\in\mathbb{N}} B_i \in \sigma(\mathcal{F})$이다.

위의 세 성질에 의해서 $\sigma(\mathcal{F})$가 X에서 σ-대수이다.

2. 이제 $\mathcal{A}$가 X에서 σ-대수이고 $\mathcal{F} \subset \mathcal{A}$라 하자. 그러면 $\mathcal{A} \in \mathcal{C}$이므로

$$\sigma(\mathcal{F}) = \bigcap \mathcal{C} \subset \mathcal{A}$$

이다. ■

여러 가지 σ-대수들 가운데 위상공간에서 정의되는 **보렐(Borel)**[5] σ-**대수**가 제일 중요하다.

[정의 1.9] 위상공간 $(X, \Im)$에서 위상 $\Im$를 포함한 가장 작은 σ-대수

$$\mathcal{B}(X) = \sigma(\Im)$$

를 가리켜서 위상공간 $(X, \Im)$에서 **보렐(Borel)** σ-**대수**라 한다.

X가 집합이고 $\{A_n\} \subset \wp(X)$일 때, 모든 n에 대해, $A_n \subset A_{n+1}$이면 $\{A_n\}$을 가리켜 **증가 집합열**이라 부른다. 그리고 이 경우에 대해서 $A = \cup_{n=1}^{\infty} A_n$이면

$$A_n \uparrow A$$

로 표현한다.

[5] Émile Borel(1871년~1956년)은 프랑스의 수학자이자 정치인이다. 측도론에 큰 공헌을 하였다.

만약 $A_n \supset A_{n+1}$이면, $\{A_n\}$을 **감소 집합열**이라 부르며 $A = \cap_{n=1}^{\infty} A_n$일 때

$$A_n \downarrow A$$

로 표현한다.

[정의 1.10] X가 집합이고 $\mathcal{M} \subset 2^X$라 하자. 만약 $\mathcal{M}$이 가산 증가집합열의 합(union)에 대해서 닫혀있고 가산 감소집합열의 교(intersection)에 대해서 닫혀 있으면, $\mathcal{M}$을 가리켜서 **단조집합족(monotone class of sets)**라 부른다.

즉, $\mathcal{M}$이 단조집합족이 되기 위한 조건은 $\{A_n\} \subset \mathcal{M}$이고 $A_n \uparrow A$이거나 $A_n \downarrow A$면 $A \in \mathcal{M}$이다.

분명히, 모든 σ-대수는 단조집합족이다.

[전제정리 1.12] X가 집합이고 $\mathcal{E} \subset 2^X$라 하자. 그리고 각 $i \in I$에 대해서 $\mathcal{E} \subset \mathcal{M}_i$이고 $\mathcal{M}_i$가 단조집합족이라 하자. 그러면 $\mathcal{M} = \bigcap_{i \in I} \mathcal{M}_i$는 $\mathcal{E}$를 포함한 단조집합열이다.

〈증명〉 $\mathcal{E} \subset \mathcal{M}$임은 분명하다. 이제 $A_1, A_2, \ldots, \in \mathcal{M}$이고 $A_n \uparrow A$라 하자. 그러면, 각 $i \in I$에 대해서, $\{A_n\} \subset \mathcal{M}_i$이고 $\mathcal{M}_i$가 단조이므로 $A \in \mathcal{M}_i$이다. 따라서 $A \in \mathcal{M} = \bigcap_{i \in I} \mathcal{M}_i$이다. $A_n \downarrow A$인 경우에도 같은 방법으로 증명된다. 그러므로 $\mathcal{M}$이 단조적이다. ■

[정의 1.11] X가 집합이고 $\mathcal{E} \subset 2^X$일 때, X에서 $\mathcal{E}$을 포함하는 단조집합열 전체의 교집합 $\mathcal{M}(\mathcal{E})$을 가리켜서 **$\mathcal{E}$에 의해서 생성된 단조집합열**(monotone sequence of sets generated by $\mathcal{E}$)이라 부른다. 즉

$$\mathcal{M}(\mathcal{E}) = \bigcap \{\mathcal{M} \mid \mathcal{M}\text{은 } X\text{에서 단조집합열이고} \quad \mathcal{E} \subset \mathcal{M}\}$$

이다.

[전제정리 1.13] X가 집합이고 $\mathcal{E} \subset 2^X$라 하자. 그러면 $\mathcal{M}(\mathcal{E})$는 $\mathcal{E}$를 포함한 가장 작은 단조집합족이다. 즉, $\mathcal{M}$이 $\mathcal{E}$을 포함한 단조집합족이면 $\mathcal{M}(\mathcal{E}) \subset \mathcal{M}$이다.

〈증명〉 $\mathcal{M}$이 X에서 단조집합족이고 $\mathcal{E} \subset \mathcal{M}$이라 하면, 교집합이 $\mathcal{M}(\mathcal{E})$이 되는 단조집합족들 중 하나가 $\mathcal{M}$이므로, $\mathcal{M}(\mathcal{E}) \subset \mathcal{M}$임이 분명하다. ■

[전제정리 1.14] X가 집합이고 $\mathcal{A}$가 X에서 대수(algebra)라 하자. 그러면 $\sigma(\mathcal{A}) = \mathcal{M}(\mathcal{A})$이다.

〈증명〉 $\mathcal{A} \subset \sigma(\mathcal{A})$이고 $\sigma(\mathcal{A})$가 단조이므로, $\mathcal{M}(\mathcal{A}) \subset \sigma(\mathcal{A})$이다.

이제 $\sigma(\mathcal{A}) \subset \mathcal{M}(\mathcal{A})$임을 보이기 위하여 $\mathcal{M}(\mathcal{A})$가 σ-대수임을 보이기만 하면 되는 데, 다음과 같은 방법으로$\mathcal{M}(\mathcal{A})$가 σ-대수임이 증명된다.

1. $\emptyset, X \in \mathcal{A} \subset \mathcal{M}(\mathcal{A})$이므로 $\emptyset, X \in \mathcal{M}(\mathcal{A})$이다.

2. 먼저 한 집합 $A \in \mathcal{A}$를 택한 다음 고정시키고 집합족

$$\mathcal{M}_A = \{B \in 2^X \mid A \cup B \in \mathcal{M}(\mathcal{A})\}$$

   를 생각하자. 이때 $\mathcal{M}_A$가 $\mathcal{A}$를 포함한 단조집합열이라는 것은 쉽게 알 수 있다. 실제로 $B \in \mathcal{A}$이면 $A \cup B \in \mathcal{A}$이고 $B \in \mathcal{M}_A$이다. 또한, $B_1, B_2, \ldots \in \mathcal{M}_A$이고 $B_n \uparrow B$라 하면, $A \cup B_1, A \cup B_2, \ldots \in \mathcal{M}(\mathcal{A})$이고 $A \cup B_n \uparrow A \cup B$이다. 그런데 $\mathcal{M}(\mathcal{A})$이 단조이므로 $A \cup B \in \mathcal{M}(\mathcal{A})$이다. 따라서 $B \in \mathcal{M}_A$이고 $\mathcal{M}_A$가 가산 증가집합열의 합에 대해서 닫혀 있음이 증명되었다.

   같은 방법으로 $\mathcal{M}_A$가 가산 감소집합열의 교에 대해서 닫혀 있음을 증명할 수 있다. 그러므로 $\mathcal{M}_A$가 단조집합족이다.

   $\mathcal{M}_A$가 $\mathcal{A}$을 포함한 단조집합족이고 $\mathcal{M}(\mathcal{A})$는 $\mathcal{A}$을 포함한 가장 작은 단조집합족이므로 $\mathcal{M}(\mathcal{A}) \subset \mathcal{M}_A$이다. 이는 다음과 같은 내용들을 의미한다.

   (a) 모든 $A \in \mathcal{A}$와 모든 $B \in \mathcal{M}(\mathcal{A})$에 대해서, $A \cup B \in \mathcal{M}(\mathcal{A})$이다.
   이제 임의의 $B \in \mathcal{M}(\mathcal{A})$를 고정시키고

$$\mathcal{M}_B = \{A \in 2^X \mid A \cup B \in \mathcal{M}(\mathcal{A})\}$$

   로 놓으면, $\mathcal{M}_B$는 $\mathcal{A}$를 포함하고 단조이다. 따라서 $\mathcal{M}(\mathcal{A}) \subset \mathcal{M}_B$이다.

   (b) 여기서

$$\mathcal{M} = \{A \in 2^X \mid A^c \in \mathcal{M}(\mathcal{A})\}$$

   로 놓으면, $\mathcal{M}$도 $\mathcal{A}$를 포함하는 단조집합족이므로 $\mathcal{M}(\mathcal{A}) \subset \mathcal{M}$이다.

   (c) 모든 $A \in \mathcal{M}(\mathcal{A})$에 대해서 $A^c \in \mathcal{M}(\mathcal{A})$임은 명백하다.

   위의 (a), (b), (c)에 의해서 $\mathcal{M}(\mathcal{A})$는 유한합과 여집합에 대해서 닫혀 있다는 것이 증명되었다.

3. 이제 $A_1, A_2, \ldots \in \mathcal{M}(\mathcal{A})$일 때, 각 $n \in \mathbb{N}$에 대해서, $B_n = A_1 \cup \cdots \cup A_n$으로 정의하자. 그러면, i)에 의해서, 모든 $n \in \mathbb{N}$에 대하여 $B_n \in \mathcal{M}(\mathcal{A})$이고 $B_n \subset B_{n+1}$이다. 그런데 $\mathcal{M}(\mathcal{A})$가 단조이므로 $\cup_{n=1}^{\infty} A_n = \cup_{n=1}^{\infty} B_n \in \mathcal{M}(\mathcal{A})$이다.

위의 1, 2, 3에 의해서 $\mathcal{M}(\mathcal{A})$가 σ-대수이다. ■

1.5 외측도(Outer measure)

외측도는 하나의 주어진 집합 X의 멱집합에서 정의되는 음이 아닌 확장된 실수값을 갖는 함수로서 단조적이고 가산적으로 저가법적(subadditive)이다.

[정의 1.12] 집합 X에서 외측도(外測度, outer measure)란 다음 3가지 조건을 모두 만족하는 함수

$$\mu^* : 2^X \to [0, \infty]$$

를 말한다.

(a) $\mu^*(\emptyset) = 0$.

(b) $A \subset B \subset X \implies \mu^*(A) \le \mu^*(B)$.

(c) $\{A_i \mid i \in \mathbb{N}\}$가 X의 가산 부분집합족(countable collection of subsets)이면

$$\mu^*\left(\bigcup_{i=1}^{\infty} A_i\right) \le \sum_{i=1}^{\infty} \mu^*(A_i) \text{ 이다.}$$

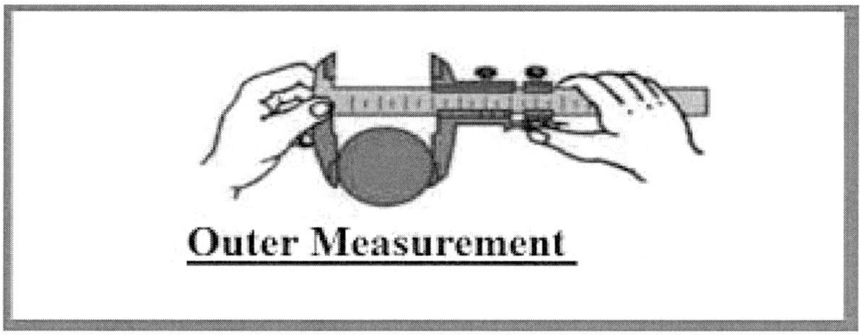

그림 1.3: 외측도의 뜻

[예제 1.8] $X = \{1, 2, 3\}$으로 놓고 $\mu^* : 2^X \to [0, \infty]$를 다음과 같이 정의하자.

$$\mu^*(\emptyset) = 0, \quad \mu^*(\{1\}) = 1, \quad \mu^*(\{2\}) = 2, \quad \mu^*(\{3\}) = 3,$$
$$\mu^*(\{1, 2\}) = 3, \quad \mu^*(\{1, 3\}) = 4, \quad \mu^*(\{2, 3\}) = 5, \quad \mu^*(\{1, 2, 3\}) = 6.$$

그러면 μ^*는 X에서 외측도다. □

[예제 1.9] $X = \{1, 2\}$로 놓고, $A \subseteq X$일 때 $\chi_A : X \to \{0, 1\}$를 A의 **특성함수** (characteristic function) 또는 지시함수(indicator function)라 하자. 즉

$$\chi_A(k) = \begin{cases} 0 & \text{if} \quad k \notin A \\ 1 & \text{if} \quad k \in A \end{cases}$$

로 정의된 함수라 하자. 이제, 임의의 $p \in (0, 1)$에 대해서, $\nu_p : 2^X \to [0, 1]$를

$$\nu_p(A) = p \cdot \chi_A(1) + (1-p) \cdot \chi_A(2)$$

로 정의하자. 그러면 ν_p는 X에서 외측도다. □

정의 1.12의 (c)로부터 다음과 같이 유한 집합족 $\{A_1, A_2, \ldots, A_N\} \subset 2^X$에 대한 저가법적인 성질(subadditive property)이 성립함을 알 수 있다.

$$\mu^*\left(\bigcup_{i=1}^{N} A_i\right) \leq \sum_{i=1}^{N} \mu^*(A_i).$$

이는 , $i > N$에 대해서, $A_i = \emptyset$으로 놓으면 쉽게 증명된다.

1.6 측도(Measure)

측도(測度, measure)란 σ-대수에서 정의되는 음이 아닌 확장된 실수값을 갖는 가산 가법적(可算加法的, countably additive)인 함수를 말한다.

[정의 1.13] 가측공간 $(X, \mathcal{A})$에서 측도(measure)란 다음 두 가지 조건들을 모두 만족하는 함수μ : $\mathcal{A} \to [0, \infty]$이다.

(a) $\mu(\emptyset) = 0$.

(b) (가산 가법성, countable subadditivity)
$\{A_i \mid i \in \mathbb{N}\}$가 $\mathcal{A}$에 속한 서로소인 가산 집합족이면

$$\mu\left(\bigcup_{i=1}^{\infty} A_i\right) = \sum_{i=1}^{\infty} \mu(A_i) \text{ 이다.}$$

외측도와 비교했을 때, 측도는 어떤 집합의 모든 부분집합에서 정의될 필요가 없을 뿐만 아니라 가산 저가법적(countably subadditive)이기 보다는

가산 가법적(countably additive)이다. 집합 X에서 정의되는 측도 μ에 대해서 $\mu(X) < \infty$이면 'μ가 **유한**(finite)하다'고 말하고, $X = \bigcup_{n=1}^{\infty} A_n$가 유한 측도를 갖는($\mu(A_n) < \infty$인) 가산개의 가측집합족 $\{A_n \mid n \in \mathbb{N}\}$의 합으로 표현되면 μ를 가리켜서 'σ-유한(σ-finite)이다'라고 말한다. 특히, $\mu(X) = 1$인 유한측도 μ를 가리켜서 **확률 측도**(確率測度, probability measure)라 한다.

집합 X와 σ-대수 $\mathcal{A}$ 그리고 측도 μ로 구성된 $(X, \mathcal{A}, \mu)$를 가리켜서 **측도 공간**(測度空間, measure space)이라 한다. 문맥상으로 σ-대수 $\mathcal{A}$와 측도 μ를 다시 언급할 필요가 없이 명확한 경우에는 $(X, \mathcal{A}, \mu)$대신에 X만을 측도공간이라 일컫는다. 측도공간에 대한 부분공간도 다음과 같이 자연스런 방식으로 정의할 수 있다.

[전제정리 1.15] Σ가 집합 X에서 σ-대수라 하고 $Y \subset X$이라 하자. 그러면

$$\Sigma|_Y = \{A \cap Y \mid A \in \Sigma\}$$

가 Y에서 σ-대수이다.

⟨증명⟩ $\emptyset, X \in \Sigma$이므로 $\emptyset = \emptyset \cap Y \in \Sigma|_Y$이고 $Y = X \cap Y \in \Sigma|_Y$이다. 이제 $B \in \Sigma|_Y$라 하자. 그러면 $B = A \cap Y$인 $A \in \Sigma$가 있다. 따라서 $Y - B = (X - A) \cap Y$이고 $X - A \in \Sigma$이므로 $Y - B \in \Sigma|_Y$이다.

마지막으로 $B_1, B_2, \ldots \in \Sigma|_Y$라 하자. 그러면, 각 $k = 1, 2, \ldots$에 대해서 $B_k = A_k \cap Y$인 $A_k \in \Sigma$가 있다. 그런데 Σ가 σ-대수이므로 $\cup_{k=1}^{\infty} A_k \in \Sigma$이다. 따라서 $\cup_{k=1}^{\infty} B_k = (\cup_{k=1}^{\infty} A_k) \cap Y \in \Sigma|_Y$이다. 이로써 $\Sigma|_Y$가 Y에서 σ-대수임이 증명되었다. ■

[정의 1.14] (X, Σ, μ)가 측도공간이고 $E \in \Sigma$일 때, **측도 부분공간**(measure subspace) $(E, \Sigma|_E, \mu|_E)$는 다음과 같이 μ의 정의역을 Σ에서 $\Sigma|_E$로 축소시킴으로써 정의된다.

$$\Sigma|_E = \{A \cap E \mid A \in \mathcal{A}\}, \quad \mu|_E(A \cap E) = \mu(A \cap E).$$

나중에 알게 되겠지만 르베그 측도(Lebesque measure)와 같은 자명하지 않은(비자명) 측도(non-trivial measure)를 구성하기 위해서는 상당한 노력이 필요하다. 그럼에도 불구하고 다음 예제에서 볼 수 있듯이 비교적 간단하게 정의할 수 있는 유용한 측도의 예가 있다.

[예제 1.10](셈측도) X가 $\emptyset$아닌 집합일 때, 함수 $\nu : 2^X \to [0, \infty]$를 다음과 같이 정의하자.

$$\nu(E) = \text{집합 } E\text{에 속한 원소들의 개수다.}$$

그러면 ν는 X에서 측도이며, $\nu(\emptyset) = 0$이고 X가 무한집합이면 $\nu(X) = \infty$이다. 이러한 측도 ν를 가리켜서 **셈측도(counting measure)**라 한다. X의 모든 부분집합은 ν에 대해서 모두 가측이고, X가 유한집합이면 ν는 유한측도이고 X가 가산(countable)이면 ν는 σ-유한이다.

[예제 1.11] X가 집합이고 $p \in X$이며 $\Sigma = 2^X$리고 하자. 이때

$$\mu_p(E) = \begin{cases} 1 & \text{if} \quad p \in E \\ 0 & \text{if} \quad p \notin E \end{cases}$$

로 정의된 함수 $\mu_p : \Sigma \to [0, \infty]$는 X에서 측도가 된다. 이러한 측도 μ_p를 가리켜서 **디랙 측도**(Dirac measure) 또는 **점밀도**(point mass)라 한다.

측도의 가산 가법성(countable additivity)은 다음과 같은 단조성의 결과로부터 얻어진다.

[전제정리 1.16]

1. 만약 $\{A_i \mid i = 1, 2, 3, \ldots\}$가, 모든 $i \in \mathbb{N}$에 대해서, $A_i \subset A_{i+1}$인 증가 가측집합열이면
$$\mu\left(\bigcup_{i=1}^{\infty} A_i\right) = \lim_{i\to\infty} \mu(A_i) \text{ 이다.} \tag{1.10}$$
2. 만약 $\{A_i \mid i = 1, 2, 3, \ldots\}$가, 모든 $i \in \mathbb{N}$에 대해서, $A_i \supset A_{i+1}$인 감소 가측집합열이고 $\mu(A_1) < \infty$이면
$$\mu\left(\bigcap_{i=1}^{\infty} A_i\right) = \lim_{i\to\infty} \mu(A_i) \text{ 이다.} \tag{1.11}$$

⟨증명⟩ $\{A_i \mid i = 1, 2, 3, \ldots\}$가 증가인 가측집합열이라 하자.
여기서 $B_1 = A_1$으로 놓고, $i = 1, 2, \ldots$에 대해서, $B_{i+1} = A_{i+1} - A_i$로 놓으면 $\{B_i \mid i = 1, 2, 3, \ldots\}$은 서로소인 가측집합열이고 $\bigcup\limits_{i=1}^{\infty} A_i = \bigcup\limits_{i=1}^{\infty} B_i$이다. 따라서 μ의 가산가법성에 의해서

$$\mu\left(\bigcup_{i=1}^{\infty} A_i\right) = \mu\left(\bigcup_{i=1}^{\infty} B_i\right) = \sum_{i=1}^{\infty} \mu(B_i)$$

이다. 또한 $A_j = \cup_{i=1}^{j} B_i$이므로

$$\mu(A_j) = \sum_{i=1}^{j} \mu(B_i)$$

이고

$$\sum_{i=1}^{\infty} \mu(B_i) = \lim_{j\to\infty} \mu(A_j)$$

임을 알 수 있다.

만약에 $\mu(A_1) < \infty$이고 $\{A_i \mid i \in \mathbb{N}\}$가 감소인 가측집합열이면, 집합족 $\{B_i = A_1 - A_i \mid i \in \mathbb{N}\}$은 증가인 가측집합열이고

$$\mu(B_i) = \mu(A_1) - \mu(A_i)$$

이다. 따라서 앞의 결과에 의해서

$$\mu\left(\bigcup_{i=1}^{\infty} B_i\right) = \lim_{i\to\infty} \mu(B_i) = \mu(A_1) - \lim_{i\to\infty} \mu(A_i)$$

이다. 그런데

$$\bigcup_{i=1}^{\infty} B_i = A_1 - \bigcap_{i=1}^{\infty} A_i, \quad \mu\left(\bigcup_{i=1}^{\infty} B_i\right) = \mu(A_1) - \mu\left(\bigcap_{i=1}^{\infty} A_i\right)$$

이므로

$$\mu\left(\bigcap_{i=1}^{\infty} A_i\right) = \lim_{i\to\infty} \mu(A_i)$$

가 성립한다. ■

[예제 1.12] 앞 정리의 두 번째 부분에서 조건 $\nu(A_1) < \infty$ 또는 적당한 $n \in \mathbb{N}$에 대해서 $\nu(A_n) < \infty$가 필요한 이유를 셈측도 $\nu : \wp(\mathbb{N}) \to [0, \infty]$를 보면 알 수 있다. 만약

$$A_n = \{k \in \mathbb{N} \mid k \geq \mathbb{N}\}$$

이면, 모든 $n \in \mathbb{N}$에 대해서 $\nu(A_n) = \infty$이므로, $\lim_{n\to\infty} \nu(A_n) = \infty$이다. 그리고

$$\bigcap_{n=1}^{\infty} A_n = \emptyset \quad \& \quad \nu\left(\bigcap_{n=1}^{\infty} A_n\right) = 0$$

이다. □

1.7 영집합(Null set)

측도론에서 영집합은 매우 작아 무시할 수 있는 측도 공간의 부분집합이다. 측도 공간 $(X,\ \mathcal{A},\ \mu)$에서, 만약 집합 $S \subset X$가 측도가 0인 어떤 가측집합의 부분집합이면, S를 가리켜서 영집합이라고 한다.

[정의 1.15] 측도공간 $(X,\ \mathcal{A},\ \mu)$에서 집합 $N \subset X$가 **영집합**(零集合, null set)이라 함은 $N \subset E$이고 $\mu(E) = 0$인 가측집합 $E \in \mathcal{A}$가 존재한다는 것을 의미한다.

두 집합 A와 B의 **대칭차**(對稱差, symmetric differnece)는

$$A \triangle B = (A - B) \cup (B - A) = (A \cup B) - (A \cap B)$$

로 정의된다. 두 집합 두 집합 A와 B의 대칭차 $A \triangle B$는 A와 B중에서 어느 한 집합에만 속한 원소들만으로 구성된 집합이다. 측도공간 $(X,\ \mathcal{A},\ \mu)$에서 $A, B \subset X$가 μ-**동치**(μ-equivalent)라 함은 $\mu(A \triangle B) = 0$임을 뜻한다. 두 집합 A와 B가 $(X,\ \mathcal{A},\ \mu)$에서 가측일 때, A와 B가 서로 μ-동치일 필요충분조건은

$$\mu(A \cup B) = \mu(A \cap B) = \mu(A) = \mu(B)$$

이다. 따라서 집합 $A \subset X$가 측도공간 $(X,\ \mathcal{A},\ \mu)$에서 μ-영집합(null set)이라는 것은 $A \in \mathcal{A}$이고 A가 $\emptyset$과 μ-동치라는 것을 의미한다.

만약 N이 측도공간 X의 부분집합으로서 영집합이고 모든 $x \in X - N$에 대해서 어떤 성질 P가 성립하면, '거의 모든 곳에서 P가 성립한다(P holds almost everywhere, or a. e.)'라고 말한다. 즉, $\emptyset$과 μ-동치인 어떤 집합 $N \in \mathcal{A}$를 제외한 나머지 점 $x \in X - E$에서 성질 P가 성립할 때, 'P가 X의 거의 모든 곳에서 성립한다(P holds μ-a. e.)'고 말한다.

일반적으로, 측도가 0인 집합 N의 부분집합 S가 가측일 필요는 없지만 가측인 경우에는 $\mu(S) = 0$이 되어야 한다.

[정의 1.16] '측도공간 $(X,\ \mathcal{A},\ \mu)$가 **완비 측도공간**(完備 測度空間, complete measure space)이다'라는 것은 '영집합의 모든 부분집합이 가측이다'는 것을 의미한다. 즉, $S \subset N \subset X$이고 $N \in \mathcal{A}$이며 $\nu(N) = 0$이면 $S \in \mathcal{A}$일 때 $(X,\ \mathcal{A},\ \mu)$를 가리켜서 완비 측도공간이라 한다.

측도의 완비성은 σ-대수 $\mathcal{A}$뿐만 아니라 측도 μ에도 관계되며, 측도공간 $(X,\ \mathcal{A},\ \mu)$는 다음 정리에서 설명되는 유일한 완비측도공간 $(X,\ \overline{\mathcal{A}},\ \overline{\mu})$에

포함된다.

[정리 1.17] $(X,\ \mathcal{A},\ \mu)$가 측도공간일 때, $(X,\ \overline{\mathcal{A}},\ \overline{\mu})$를 다음과 같이 정의하자.

$$\mathcal{M} = \{M \in 2^X \mid \exists N \in \mathcal{A} \quad \text{s. t.} \quad \mu(N) = 0 \quad \& \quad M \subset N\}$$

이고

$$\overline{\mathcal{A}} = \mathcal{A} \cup \mathcal{M}$$

이며, 모든 $A \in \mathcal{A}$와 $M \in \mathcal{M}$에 대해서, $\mu(A \cup M) = \mu(A)$로 정의한다. 그러면 $(X,\ \overline{\mathcal{A}},\ \overline{\mu})$는 완비 측도공간이고 $\mathcal{A} \subset \overline{\mathcal{A}}$이며 $\overline{\mu}$는 μ의 $\overline{\mathcal{A}}$로의 유일한 확장이다.

⟨증명⟩ 먼저 집합족 $\overline{\mathcal{A}}$가 σ-대수임을 보이자. 만약 $A \in \mathcal{A}$이고 $M \in \mathcal{M}$이면

$$(A \cup M)^c = A^c \cap M^c, \qquad M^c = N^c \cup (N - M)$$

이고, $A^c \cap N^c \in \mathcal{A}$이며 $A^c \cap (N - M) \subset N$이므로

$$(A \cup M)^c = A^c \cap M^c = (A^c \cap N^c) \cup [A^c \cap (N - M)] \in \overline{\mathcal{A}}$$

이고 $\overline{\mathcal{A}}$가 여집합(complement)에 관해서 닫혀있음을 알 수 있다. 또한, 각 $i \in \mathcal{N}$에 대해서, $A_i,\ N_i \in \mathcal{A}$이고 $\mu(N_i) = 0$이며 $M_i \subset N_i$이면

$$\bigcup_{i=1}^{\infty} A_i \in \mathcal{A}, \quad \bigcup_{i=1}^{\infty} M_i \subset \bigcup_{i=1}^{\infty} N_i, \quad \mu\left(\bigcup_{i=1}^{\infty} N_i\right) = 0$$

이므로

$$\bigcap_{i=1}^{\infty} (A_i \cup M_i) = \left(\bigcup_{i=1}^{\infty} A_i\right) \cup \left(\bigcup_{i=1}^{\infty} M_i\right) \in \overline{\mathcal{A}}$$

이다. 그리고 '$\overline{\mu}$가 잘 정의되어 있다(well-defined)'는 것과 '$\overline{\mu}$가 μ의 $\overline{\mathcal{A}}$로의 유일한 확장이다'는 것은 분명한 사실 이므로, $(X,\ \overline{\mathcal{A}},\ \overline{\mu})$는 완비공간이다. ■

1.8 연습문제

1. 정리 1.1을 증명하라.
2. 정리 1.2를 증명하라.
3. 정리 1.3을 증명하라.
4. 따름정리 1.4를 증명하라.
5. 따름정리 1.5를 증명하라.

6. 따름정리 1.6을 증명하라.

7. 정리 1.7을 증명하라.

8. 정리 1.8을 증명하라.

9. 따름정리 1.9를 증명하라.

10. X가 $\emptyset$아닌 집합이고 $A_1, A_2, A_3, \ldots \subset X$일 때, 다음을 증명하라.

    a) $\limsup_{n\to\infty} A_n = \{x \in X \mid$ 무한히 많은 $n \in \mathbb{N}$에 대해서 $x \in A_n\}$이다.

    b) $\liminf_{n\to\infty} A_n = \{x \in X \mid$ 충분히 큰 모든 $n \in \mathbb{N}$에 대해서 $x \in A_n\}$이다.

    c) $\liminf_{n\to\infty} A_n \subseteq \limsup_{n\to\infty} A_n$이다.

    d) 모든 n에 대해서 $A_n \subseteq A_{n+1}$이면 $\lim_{n\to\infty} A_n = \cup_{n=1}^{\infty} A_n$이다.

    e) 모든 n에 대해서 $A_n \supseteq A_{n+1}$이면 $\lim_{n=1}^{\infty} A_n = \cap_{n=1}^{\infty} A_n$이다.

    f) $(\liminf_{n\to\infty} A_n)^c = \limsup_{n\to\infty} A_n^c$이고 $(\limsup_{n\to\infty} A_n)^c = \liminf_{n\to\infty} A_n^c$이다.

    g) $\lim\inf_{n\to\infty} A_n \neq \limsup_{n\to\infty} A_n$인 예를 들어라.

    h) 모든 n에 대해서 $A_n \subseteq B_n \subseteq X$이면 $\lim\sup_{n\to\infty} A_n \subseteq \limsup_{n\to\infty} B_n$이고 $\lim\inf_{n\to\infty} A_n \subseteq \liminf_{n\to\infty} B_n$이다.

    i) 모든 n에 대해서 $A_n = B_n \cup C_n$이면, $\lim\sup_{n\to\infty} A_n \subseteq \limsup_{n\to\infty} B_n \cup \limsup_{n\to\infty} C_n$이고 $\liminf_{n\to\infty} B_n \cup \liminf_{n\to\infty} C_n \subseteq \liminf_{n\to\infty} A_n$이다.

11. 수열 $\{x_n\}$이 유계(bounded)일 때, 다음 관계가 성립함을 증명하라.

    a) $\limsup_{n\to\infty}(-x_n) = -\liminf_{n\to\infty} x_n$ b) $\liminf_{n\to\infty}(-x_n) = -\limsup_{n\to\infty} x_n$

12. 수열 $\{a_n\}$과 $\{b_n\}$이 유계(bounded)일 때, 다음 관계가 성립함을 증명하라.

$$\begin{aligned}\liminf_{n\to\infty} a_n + \liminf_{n\to\infty} b_n &= \liminf_{n\to\infty}(a_n + b_n) \leq \liminf_{n\to\infty} a_n + \limsup_{n\to\infty} b_n \\ &\leq \limsup_{n\to\infty}(a_n + b_n) = \limsup_{n\to\infty} a_n + \limsup_{n\to\infty} b_n\end{aligned}$$

13. 수열 $\{a_n\}$이 유계(bounded)일 때, 다음 두 명제가 서로 동치임을 증명하라.

    a) $a = \limsup a_n$이다.

    b) 임의의 $\epsilon > 0$에 대해서, 다음이 성립한다.

        (i) $n \geq N$이면, $a_n < a + \epsilon$인 $N \in \mathbb{N}$이 존재한다.

(ii) 임의의 $n \in \mathbb{N}$에 대해서, $a - \epsilon < a_k$인 $k \geq n$가 존재한다.

14. 수열 $\{b_n\}$이 유계(bounded)일 때, 다음 두 명제가 서로 동치임을 증명하라.

   a) $b = \liminf b_n$이다.

   b) 임의의 $\epsilon > 0$에 대해서, 다음이 성립한다.

      (i) $n \geq N$이면, $b - \epsilon < b_n$인 $N \in \mathbb{N}$이 존재한다.

      (ii) 임의의 $n \in \mathbb{N}$에 대해서, $b_k < b + \epsilon$인 $n \leq k$가 존재한다.

15. 수열 $\{x_n\}$이 유계(bounded)일 때, 다음 관계가 성립함을 증명하라.

   a) $a > \limsup_{n\to\infty} x_n$이면, 모든 $n \geq N$에 대해서, $x_n < a$인 $N(\in \mathbb{N})$이 존재한다.

   b) $b < \liminf_{n\to\infty} x_n$이면, 모든 $n \geq N$에 대해서, $x_n > b$인 $N(\in \mathbb{N})$이 존재한다.

16. 함수 $f : [a, b] \to \mathbb{R}$가 단조증가이거나 단조감소이면, $f(a+) = \lim_{x\to a+} f(x)$와 $f(b-) = \lim_{x\to b-} f(x)$가 존재한다는 것을 증명하라.

17. 실수집합 $\mathbb{R}$에서 모든 1원소 부분집합족 $\mathcal{F} = \{\{x\} \mid x \in \mathbb{R}\}$에 의해서 생성된 대수(algebra) $\mathcal{A}$를 구하라.

18. 실수집합 $\mathbb{R}$에서 보렐 σ-대수를 $\mathcal{B}(\mathbb{R})$로 놓았을 때, 다음을 증명하라.

   a) $\mathcal{B}(\mathbb{R})$가 집합족 $\mathcal{F}_1 = \{(a, b] \mid a, b \in \mathbb{R}\}$에 의해서 생성된다.

   b) $\mathcal{B}(\mathbb{R})$가 집합족 $\mathcal{F}_2 = \{(a, \infty) \mid a \in \mathbb{R}\}$에 의해서 생성된다.

   c) $\mathcal{B}(\mathbb{R})$가 집합족 $\mathcal{F}_3 = \{(-\infty, b] \mid b \in \mathbb{R}\}$에 의해서 생성된다.

19. X를 비가산 집합이라 하고

$$\mathcal{A} = \{A \in 2^X \mid A \quad \text{또는} \quad A^c\text{가 유한집합이다}\}$$

   로 놓았을 때, $\mathcal{A}$가 X에서 σ-대수인지 아닌지를 판정하라.

20. X가 집합이고 $\{A_i \mid i \in I\}$가 X에서 σ-대수들의 집합족일 때, $\mathcal{A} = \bigcap_{i\in I} A_i$가 X에서 σ-대수임을 증명하라.

21. X가 집합이고 $\mathcal{E} \subset 2^X$일 때, X에서 $\mathcal{E}$를 포함하는 가장 작은 σ-대수가 존재함을 증명하라.

22. 자연수 집합 $\mathbb{N}$에서 모든 σ-대수를 구하라.

23. $\mathcal{A}$가 집합 X에서 대수(algebra)일 때, $\mathcal{A}$가 σ-대수일 필요충분조건이 서로소인 모든 집합열 $\{A_n \mid n \in \mathbb{N}\} \subset \mathcal{A}$에 대해서 $\cup_{n\in\mathbb{N}} A_n \in \mathcal{A}$인 성질을 만족하는 것임을 증명하라.

24. $\mathbb{R}$에서 $\mathcal{A}_1$과 $\mathcal{A}_2$가 모두 σ-대수임에도 불구하고 합 $\mathcal{A}_1 \cup \mathcal{A}_2$가 σ-대수가 아닌 예를 들어라.

25. $\mathcal{F}$가 X의 부분집합들로 이루어진 임의의 집합족, 즉 $\mathcal{F} \subset \wp(X)$일 때, X에서 $\mathcal{F}$를 포함한 σ-대수 $\sigma(\mathcal{F})$가 유일하게 존재함을 증명하라.

26. X가 $\emptyset$아닌 집합이고 $\mathcal{A}$가 X에서 대수라 하자. 그러면 $\mathcal{A}$가 σ-대수일 필요충분조건이 $\mathcal{A}$가 단조증가인 집합열의 합(union)에 대해서 닫혀있는 것임을 증명하라.

27. X가 $\emptyset$아닌 집합이고 $\mathcal{E}_1, \mathcal{E}_2 \subset 2^X$일 때, $\mathcal{E}_1 \subset \mathcal{E}_2 \subset \sigma(\mathcal{E}_1)$이면 $\sigma(\mathcal{E}_1) = \sigma(\mathcal{E}_2)$임을 증명하라.

28. $f : X \to Y$가 함수이고 $\mathcal{B}$가 Y에서 σ-대수이면

$$\mathcal{A} = \{f^{-1}(B) \mid B \in \mathcal{B}\}$$

가 X에서 σ-대수임을 증명하라.

29. X가 $\emptyset$이 아닌 집합이고 $\mathcal{E} \subset 2^X$일 때, 모든 $A \in \sigma(\mathcal{E})$에 대해서 $A \in \sigma(\mathcal{D})$인 $\mathcal{D} \subset \mathcal{E}$가 존재함을 증명하라.

30. $f : X \to Y$가 함수이고 $\mathcal{A}$가 X에서 σ-대수라 하고

$$\mathcal{B} = \{B \in \wp(Y) \mid f^{-1}(B) \in \mathcal{A}\}$$

로 놓았을 때, 다음을 증명하라.

a) $\mathcal{B}$가 Y에서 σ-대수이다.

b) 여기서 $\mathcal{B}'$이 Y에서 σ-대수이고, $\mathcal{E} \subset \wp(Y)$이며 $\sigma(\mathcal{E}) = \mathcal{B}'$이라 하자. 만약 모든 $B \in \mathcal{E}$에 대해서 $f^{-1}(B) \in \mathcal{A}$이면, 모든 $B \in \mathcal{B}'$에 대해서 $f^{-1}(B) \in \mathcal{A}$이다.

c) X와 Y가 위상공간이고 $f : X \to Y$가 연속함수이면, Y에서 보렐-집합 $B \in \mathcal{B}(Y)$에 대해서 $f^{-1}(B)$가 X에서 보렐-집합이다.

31. 함수 $\mu_1^*, \ldots, \mu_6^* : \wp(\mathbb{R}) \to [0, \infty]$를 다음과 같이 정의하자.

$$\mu_1^*(A) = \begin{cases} 0 & \text{if} \quad A = \emptyset \\ 1 & \text{if} \quad A \neq \emptyset \end{cases} \qquad \mu_2^*(A) = \begin{cases} 0 & \text{if} \quad A = \emptyset \\ \infty & \text{if} \quad A \neq \emptyset \end{cases}$$

$$\mu_3^*(A) = \begin{cases} 0 & \text{if} \quad A\text{가 유계} \\ 1 & \text{if} \quad A\text{가 비유계} \end{cases} \qquad \mu_4^*(A) = \begin{cases} 0 & \text{if} \quad A = \emptyset \\ 1 & \text{if} \quad A \neq \emptyset\text{가 유계} \\ \infty & \text{if} \quad A\text{가 비유계} \end{cases}$$

$$\mu_5^*(A) = \begin{cases} 0 & \text{if} \quad A\text{가 가산} \\ 1 & \text{if} \quad A\text{가 비가산} \end{cases} \qquad \mu_6^*(A) = \begin{cases} 0 & \text{if} \quad A\text{가 가산} \\ \infty & \text{if} \quad A\text{가 비가산} \end{cases}$$

a) $\mu_i^*, \ldots, \mu_6^*$중에서 외측도(outer measure)에 해당하는 것을 찾아라.

b) $\mathbb{R}$에서 외측인 μ_i^*에 대해서 μ_i^*-가측인 집합들을 구체적으로 묘사하라.

32. A가 $\mathbb{R}$의 가산부분집합이면, $\mu^*(A) = 0$임을 증명하라.

33. $A \subset \mathbb{R}$이면, $A \subset B \subset \mathbb{R}$이고 $\mu^*(A) = \mu(B)$인 보렐-집합 B가 존재함을 증명하라.

34. X가 집합이고 $\mathcal{A}$가 X에서 대수(algebra)이며 $\mu : \mathcal{A} \to [0, \infty)$가 유한 가법적인 측도라 하자. X의 임의의 부분집합 A에 대해서

$$\mu^*(A) = \inf \left\{ \sum_{n=1}^{\infty} \mu(A_n) \mid \{A_n : n \in \mathbb{N}\} \subset \mathcal{A}, \quad A \subset \cup_{n=1}^{\infty} \right\}$$

로 정의했을 때, 다음을 증명하라.

a) μ^*가 X에서 외측도다.

b) $A \in \mathcal{A}$이면, A는 μ^*-가측이다.

c) 만약 μ가 가산 가법적(countably additive)이면, 모든 $A \in \mathcal{A}$에 대해서 $\mu^*(A) = \mu(A)$이다.

d) 만약 μ가 대수 $\mathcal{A}$에서 가산 가법적이면, $\nu|_{\mathcal{A}} = \mu$인 가산가법적인 측도 $\nu : \sigma(\mathcal{A}) \to [0, \infty]$가 존재한다.

e) 만약 ν가 $\sigma(\mathcal{A})$에서 가산 가법적인 측도이고 $\nu|_{\mathcal{A}} = \mu$이면, 모든 $A \in \mathcal{A}$에 대해서 $\nu(A) \leq \mu^*(A)$이다.

35. (X, Σ)가 가측공간이고 μ, μ_1, μ_2가 (X, Σ)에서 측도들이고 $k \in [0, \infty)$라 할 때 다음을 증명하라.

a) $k\mu : \Sigma \to [0, \infty]$를

$$(k\mu)(E) = k \cdot \mu(E), \qquad (E \in \Sigma)$$

로 정의하면, $k\mu$가 (X, Σ)에서 측도가 된다. [이러한 측도 $k\mu$를 가리켜서 측도 μ와 스칼라 k의 곱이라 한다.]

b) $\mu_1 + \mu_2 : \Sigma \to [0, \infty]$를

$$(\mu_1 + \mu_2)(E) = \mu_1(E) + \mu_2(E), \quad (E \in \Sigma)$$

로 정의하면, $\mu_1 + \mu_2$가 (X, Σ)에서 측도가 된다. [이러한 측도 $\mu_1 + \mu_2$를 가리켜서 측도 μ_1과 μ_2의 합이라 한다.]

36. X가 무한집합이라 하고 모든 집합 $A \in 2^X$에 대해서

$$\mu(E) = \begin{cases} 0 & \text{if} \quad E\text{가 유한집합} \\ \infty & \text{if} \quad E\text{가 무한집합} \end{cases}$$

로 정의했을 때, μ가 $(X, 2^X)$에서 측도가 아닌 이유를 설명하라.

37. (X, Σ, μ)가 측도공간이고 $E \in \Sigma$가 σ-유한인 집합이라 하자. 만약 $\{D_i \mid i \in I\}$가 서로소인 집합들로 구성된 Σ의 부분족이면, 집합 $\{i \in I \mid \mu(E \cap D_i) > 0\}$가 가산임을 증명하라.

38. (X, Σ, μ)가 측도공간이고 $A_1, A_2, \cdots \in \Sigma$라 할 때, 다음을 증명하라.

a) $\mu(\liminf_{n\to\infty} A_n) \le \liminf_{n\to\infty} \mu(A_n)$.

b) $\limsup_{n\to\infty} \mu(A_n) \le \mu(\limsup_{n\to\infty} A_n)$.

c) 만약 $\sum_{n=1}^{\infty} \mu(A_n) < \infty$이면, $\mu(\limsup_{n\to\infty} A_n) = 0$이다.

39. $\{\mu_n\}$이 가측공간 (X, Σ)에서 측도열이고, 모든 $n \in \mathbb{N}$과 모든 $E \in \Sigma$에 대해서 $\mu_n(E) \le \mu_{n+1}(E)$인 관계를 만족한다고 했을 때, $\mu : \Sigma \to [0, \infty]$를

$$\mu(E) = \lim_{n\to\infty} \mu_n(E)$$

로 정의하면 μ가 $\{\mu_n\}$에서 측도임을 증명하라.

40. X가 이 아닌 집합이고 $\mu^* : 2^X \to [0, \infty]$를

$$\mu^*(E) = \begin{cases} 0 & \text{if} \quad E = \emptyset, \\ 1 & \text{if} \quad E \neq \emptyset \end{cases}$$

로 정의했을 때, μ^*가 X에서 외측도임을 보이고 μ^*-가측인 X의 부분집합들을 찾아라.

제 2 장

르베끄 측도

이 장에서 우리는 측도(measure)의 개념에 근거해서 n-차원적 체적(부피)에 대한 통합된 이론을 다루려고 한다. 이 이론은 $n = 1, 2, 3$인 경우를 포함한 모든 $n \in \mathbb{N}$에 대해서 $\mathbb{R}^n$에서 체적에 대한 개념을 다룬다.

실직선 $\mathbb{R}$에서 구간의 길이와 2차원 실평면 $\mathbb{R}^2$에서 주어진 어떤 영역의 면적을 각각 1차원적이고 2차원적인 체적의 개념으로 간주하도록 하자.

체적에 대한 개념을 좀더 구체화하기 위하여, 3차원 실공간에서 집합 $A \subset \mathbb{R}^3$에 대해서 A의 체적을 계산하려고 한다고 하고 A의 체적을 $\mu(A)$로 표기한다면 함수 μ는 다음과 같은 4가지 성질들 갖게 된다.

(1) $0 \leq \mu(A) \leq \infty$이고 $\mu(A) = \infty$인 집합 A는 무수히 많다.

(2) 공집합 $\emptyset$의 체적은 0이다. 즉, $\mu(\emptyset) = 0$이다.

(3) 만약 $A_1, A_2, \ldots, A_n, \ldots$이 $\mathbb{R}^3$의 부분집합들이고 서로소이면

$$\mu\left(\bigcup_{n=1}^{\infty} A_n\right) = \sum_{n=1}^{\infty} \mu(A_n) \tag{2.1}$$

이다.

(4) 열린 직육면체(rectangle) $A = (a_1, b_1) \times (a_2, b_2) \times (a_3, b_3)$와 닫힌 직육면체 $\bar{A} = [a_1, b_1] \times [a_2, b_2] \times [a_3, b_3]$에 대해서

$$\mu(A) = \mu(\bar{A}) = (b_1 - a_1) \cdot (b_2 - a_2) \cdot (b_3 - a_3) \tag{2.2}$$

이다.

나중에 알게 되겠지만, 위의 4가지 조건을 모두 만족하는 함수(측도) μ를 가지고 $A \subset \mathbb{R}^3$의 모든 부분집합의 체적을 계산하는 것은 불가능하다. 실제로 $A \subset \mathbb{R}^3$에서 우리가 계산하려고 하는 합리적인 방법으로는 체적을

측정하기가 불가능한 집합들이 아주 많다. 그렇기 때문에 체적을 측정할 수 있는 집합들을 찾아내는 일이 측도론에서 어렵기는 하지만 매우 중요한 부분이기도 하다.

체적을 계산하기 위한 측도(測度, measure) μ를 만들기 위해서는 다음과 같은 2단계가 필요하다.

1. 먼저, 모든 집합 $A(\subset \mathbb{R}^3)$에 대해서, A의 크기(size) $\mu^*(A)$를 부여할 수 있는 **외측도**(外測度, outer measure) μ^*를 만들어야 한다. 그러나 μ^*가 앞의 4가지 성질을 모두 다 만족할 필요는 없다. 특히, μ^*가 세 번째 성질 (3)을 만족하지 않아도 된다.
2. 외측도 μ^*를 써서 앞의 4가지 성질을 모두 만족하는 집합족(class of sets) $\mathcal{L}$을 구별해낸 후에 μ^*의 정의역을 $\mathcal{L}$로 축소시킨 함수 $\mu^*|_{\mathcal{L}} : \mathcal{L} \to [0, \infty]$가 측도의 4가지 성질 (1)–(4)를 모두 만족한다는 것을 증명한다.

2.1 $\mathbb{R}^n$에서 외측도

$\mathbb{R}^n$에서 측도를 정의하기 위한 첫 번째 단계는 외측도를 정의하는 일이다. 우리가 정의하려는 외측도는 열린 직사각체(open rectangle)의 크기를 먼저 정의하고 난 다음 적절한 개념과 용어들을 소개하는 것으로부터 시작된다.

[정의 2.1]

(1) $\mathbb{R}^n$의 부분집합 A가 n개의 열린구간 $(a_1, b_1), \ldots, (a_n, b_n)$의 곱

$$A = \prod_{k=1}^{n}(a_k, b_k) = (a_1, b_1) \times (a_2, b_2) \times \ldots \times (a_n, b_n)$$

으로 표현되어 있을 때, A를 가리켜서 **열린 직사각체**(open rectangle)라 한다. 여기서 공집합 $\emptyset$은 열린 직사각체로 간주한다.

(2) $\mathbb{R}^n$의 부분집합 $\bar{A}$가 n개의 닫힌구간 $[a_1, b_1], \ldots, [a_n, b_n]$의 곱

$$\bar{A} = \prod_{k=1}^{n}[a_k, b_k] = [a_1, b_1] \times [a_2, b_2] \times \ldots \times [a_n, b_n]$$

으로 표현되어 있을 때, $\bar{A}$를 가리켜서 **닫힌 직사각체**(closed rectangle)라 한다.

(3) 열린 직사각체 $A = \prod_{k=1}^{n}(a_k, b_k)$와 닫힌 직사각체 $\bar{A} = \prod_{k=1}^{n}[a_k, b_k]$의 **체적**(volume)은

$$|A| = |\bar{A}| = (b_1 - a_1) \cdot (b_2 - a_2) \cdot \ldots \cdot (b_n - a_n)$$

으로 정의하고 $|\emptyset| = 0$으로 정의한다.

(4) $\mathcal{A} = \{A_1, A_2, \ldots\}$가 열린 직사각체들의 집합열이고 $\bar{\mathcal{A}} = \{\bar{A}_1, \bar{A}_2, \ldots\}$가 닫힌 직사각체들의 집합열일 때, $\mathcal{A}$와 $\bar{\mathcal{A}}$의 크기(size)는 각각

$$|\mathcal{A}| = \sum_{k=1}^{\infty} |A_k|, \quad |\bar{\mathcal{A}}| = \sum_{k=1}^{\infty} |\bar{A}_k| \tag{2.3}$$

로 정의한다.

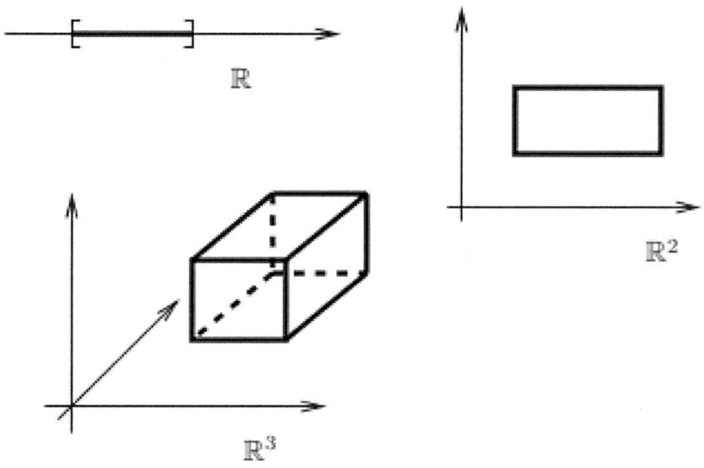

그림 2.1: $\mathbb{R}^n$에서 닫힌 직사각체

참고

1. 위 정의에서, $n = 1, 2, 3$인 경우, $|A|$는 각각 구간의 길이, 직사각형의 넓이, 직육면체의 체적을 가리킨다.

2. $\mathcal{A} = \{A_1, A_2, \ldots, A_n, \ldots\}$가 가산개의 직사각체들의 집합족일 때 $|\mathcal{A}| = \infty$일 수도 있다.

3. 유한 집합족 $\mathcal{A} = \{A_1, A_2, \ldots, A_n\}$은

$$\{A_1, A_2, \ldots, A_n, \emptyset, \emptyset, \ldots\}$$

이므로 가산 집합족의 개념에 포함되며, 이 경우에는

$$|\mathcal{A}| = \sum_{k=1}^{n} |A_k| = |A_1| + \cdots + |A_n|$$

이다.

[정의 2.2](르베끄 외측도) $E \subset \mathbb{R}^n$라 하자.

(1) $\mathcal{A} = \{A_1, A_2, \ldots, A_n, \ldots\}$가 열린 직사각체들의 집합족이며 $E \subset \cup_{n=1}^{\infty} A_n$일 때, $\mathcal{A}$를 가리켜서 **열린 덮개**(open cover)라 부른다.

(2) $\mathcal{F}$가 집합 E에 대한 열린 덮개들의 전체집합, 즉

$$\mathcal{F} = \{\mathcal{A} \mid A\text{는 } B\text{의 열린 덮개다}\}$$

일 때

$$\mu^*(E) = \inf\{|\mathcal{A}| \mid \mathcal{A} \in \mathcal{F}\} = \inf_{\mathcal{A} \in \mathcal{F}} |\mathcal{A}| \tag{2.4}$$

를 E의 **르베끄 외측도**(Lebesque outer measure) 또는 간단히 **외측도**라 한다.

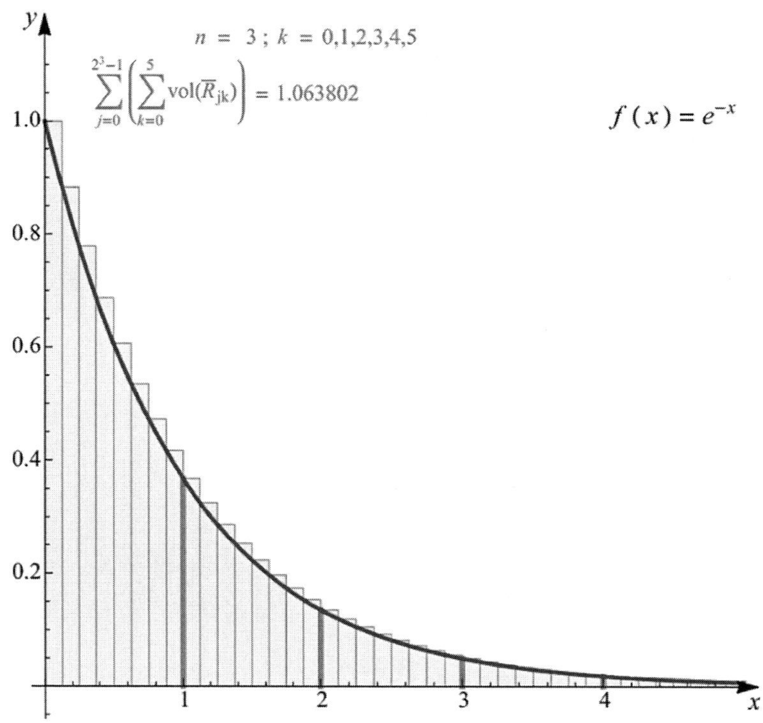

그림 2.2: 외측도를 이용한 적분 $\int_0^\infty e^{-x}$의 계산

외측도를 위와 같이 정의하게 된 배경은 분명하다. 집합 $E(\subset \mathbb{R}^n)$의 체적(부피, 크기)을 E를 커버할 수 있는 가산개의 열린 직사각체들로 구성된 열린 커버들의 크기(size)를 이용해서 최적화 시키려고 한 것이다.

[예제 2.1] $E = \mathbb{Q} \cap [0,1]$를 0과 1사이에 놓인 모든 유리수들의 집합이라 하자. 그러면 $\mu^*(E) = 0$이다.

⟨증명⟩ 집합 $\{q_k \mid k \in \mathbb{N}\}$를 E의 원소들을 수열로 배열한 것이라고 하자. 그리고, 임의로 주어진 $\epsilon > 0$과 임의의 $k \in \mathbb{N}$에 대해서, I_k가 q_k를 포함하고 길이가 $\epsilon/2^k$인 열린구간이라 하자. 그러면 $E \subset \cup_{k=1}^{\infty} I_k$이므로

$$0 \le \mu^*(E) \le \sum_{k=1}^{\infty} \mu(I_k) = \sum_{k=1}^{\infty} \frac{\epsilon}{2^k} = \epsilon$$

이다. 여기서 $\epsilon > 0$은 임의로 주어진 수이므로 $\mu^*(E) = 0$이다.

같은 논리에 의해서 모든 가산집합의 외측도는 0이다. 만약 집합 E를 유한개의 구간들의 집합으로 커버한다고 했을 때, E가 구간 $[0,1]$에서 조밀(dense)[1] 하여 E를 커버하는 구간들의 합은 반드시 구간 $[0,1]$을 포함해야 하기 때문에 E를 커버하는 구간들의 길이의 합은 1이상이 되어야 한다. ■

위의 예제는 외측도 $\mu^*(E)$를 계산할 때에 E를 커버하는 직사각체들을 유한개가 아닌 가산개(countable)로 택하는 이유를 설명해 주고 있다.

정의 2.2에서 닫힌 직사각체(closed rectangle)

$$\bar{A} = \prod_{k=1}^{n} [a_k,\, b_k] = [a_1,\, b_1] \times \cdots \times [a_n,\, b_n]$$

를 이용하지 않고 열린 직사각체를 이용하는지 의문이 들 수도 있다. 거기에 대한 해답은 닫힌 직사각체 보다는 열린 직사각체를 이용하는 것이 좀 더 편리하다는 것일 뿐 다른 이유는 없다는 것이다. 사실 열린 직사각체 대신에 닫힌 직사각체를 포함해서 다른 어떤 유형의 직사각체들을 이용해도 상관없다.

다음 정리는 닫힌 직사각체들을 이용해서 외측도 $\mu^*(E)$를 정의해도 같은 결과를 얻는다는 사실을 나타낸다.

[보조정리 2.1] 모든 $E \subset \mathbb{R}^n$에 대해서 E의 외측도는

$$\mu^*(E) = \inf\{|\mathcal{A}| \mid \mathcal{A}\text{는 닫힌 직사각체들로 구성된 } E\text{의 덮개다}\}$$

이다.

---

[1] 일반위상수학에서, 조밀 집합(稠密集合, dense set)은 어떤 공간을 "조밀(촘촘)하게" 채우는 부분 집합이다.

〈증명〉 여기서

$$\begin{aligned}\mu^*(E) &= \inf\{|\mathcal{A}| \mid \mathcal{A}\text{는 열린 직사각체들로 구성된 } E\text{의 덮개}\}\\ &= \inf\{|\bar{\mathcal{A}}| \mid \bar{\mathcal{A}}\text{는 닫힌 직사각체들로 구성된 } E\text{의 덮개}\}\end{aligned}$$

임을 보이면 된다. 먼저 $\mathcal{A} = \{A_1, A_2, \ldots\}$가 열린구간들

$$A_k = (a_k, b_k), \quad (k = 1, 2, \ldots)$$

로 구성된 E의 덮개이면, $\bar{\mathcal{A}} = \{\bar{A}_1, \bar{A}_2, \ldots\}$가 닫힌구간들

$$\bar{A}_k = [a_k, b_k], \quad (k = 1, 2, \ldots)$$

로 구성된 E의 덮개가 된다는 사실에 주목하자. 어러한 두 덮개 $\mathcal{A}$와 $\bar{\mathcal{A}}$의 크기는 서로 같으므로

$$\begin{aligned}\mu^*(E) &= \inf\{|\mathcal{A}| \mid \mathcal{A}\text{는 열린 직사각체들로 구성된 } E\text{의 덮개}\}\\ &\geq \inf\{|\bar{\mathcal{A}}| \mid \bar{\mathcal{A}}\text{는 닫힌 직사각체들로 구성된 } E\text{의 덮개}\}\end{aligned}$$

이다.

이제 반대의 부등식의 성립함을 보이기 위해서 $\epsilon > 0$이 임의로 주어진 수라 하자. 그리고 $\bar{\mathcal{A}} = \{\bar{A}_1, \bar{A}_2, \ldots\}$가 닫힌 구간들로 구성된 E의 덮개라 하자. 그러면 E를 커버(cover)하는

$$\bar{A}_k \subset B_k \quad \& \quad |B_k| < |\bar{A}_k| + \frac{\epsilon}{2^k}, \quad (k = 1, 2, \ldots)$$

인 열린 직사각체들의 집합족 $\mathcal{B} = \{B_1, B_2, \ldots\}$를 얻을 수 있다. 그러면 $\mathcal{B}$는 E의 열린 덮개이고

$$|\mathcal{B}| = \sum_{k=1}^{\infty} |B_k| < \sum_{k=1}^{\infty} |\bar{A}_k| + \frac{\epsilon}{2^k} = |\bar{\mathcal{A}}| + \epsilon$$

이다. 그런데, $\epsilon > 0$이 임의의 수이므로, E에 대한 닫힌 구간들로 이루어진 임의의 닫힌 덮개 $\bar{\mathcal{A}}$애 대해서 크기 $|\bar{\mathcal{A}}|$에 임의의 오차범위내로 근사시킬 수 있는 열린구간들로 구성된 열린 덮개 $\mathcal{B}$를 얻을 수 있으므로

$$\begin{aligned}\mu^*(E) &= \inf\{|\mathcal{A}| \mid \mathcal{A}\text{는 열린 직사각체들로 구성된 } E\text{의 덮개}\}\\ &\leq \inf\{|\bar{\mathcal{A}}| \mid \bar{\mathcal{A}}\text{는 닫힌 직사각체들로 구성된 } E\text{의 덮개}\}\end{aligned}$$

이다. ■

[정리 2.2] 르베끄 외측도 $\mu^* : \mathbb{R}^n \to [0, \infty]$는 다음과 같은 성질들을 갖는다.

(a) $\mu^*(\emptyset) = 0$.

(b) (단조성, monotonicity) $E \subset F$이면, $\mu^*(E) \le \mu^*(F)$이다.

(c) (가산 저부가성, countable subadditivity) 만약 $\{E_i \in \wp(\mathbb{R}^n) \mid i \in \mathbb{N}\}$가 가산 집합족이면

$$\left(\bigcup_{i=1}^{\infty} E_i\right) \le \sum_{i=1}^{\infty} \mu^*(E_i) \tag{2.5}$$

이다.

⟨증명⟩

(a) $\mathcal{A} = \{\emptyset, \emptyset, \emptyset, \ldots\}$가 $\emptyset$을 커버(cover)하므로 $\mu^*(\emptyset) = 0$이다.

(b) $E \subset F$이면, F의 모든 덮개는 E의 덮개도 되므로 $\mu^*(E) \le \mu^*(F)$이다.

(c) 이제 우리가 증명해야 할 것은 μ^*의 가산 저부가성이다. 어떤 $i \in \mathbb{N}$에 대해서 $\mu^*(E_i) = \infty$인 경우에는 더 이상 증명할 필요가 없으므로, 모든 $i \in \mathbb{N}$에 대해서 $\mu^*(E_i) < \infty$라고 하자. 여기서 $\epsilon > 0$이 임의로 주어진 수라 하자. 그러면 각 $i \in \mathbb{N}$에 대해서

$$E_i \subset \bigcup_{j=1}^{\infty} R_{ij}, \quad \sum_{j=1}^{\infty} \mu(R_{ij} \le \mu^*(E_i) + \frac{\epsilon}{2^i}$$

인 E_i에 대한 직사각체들의 가산덮개 $\{R_{ij} \mid j \in \mathbb{N}\}$가 존재한다.

그러면 $\{R_{ij} \mid i, j \in \mathbb{N}\}$가 $E = \bigcup_{i=1}^{\infty} E_i$의 가산덮개이므로

$$\mu^*(E) \le \sum_{i,j=1}^{\infty} \mu(R_{ij}) \le \sum_{i=1}^{\infty} \left(\mu^*(E_i) + \frac{\epsilon}{2^i}\right) = \sum_{i=1}^{\infty} \mu^*(E_i) + \epsilon$$

이다. 그런데 $\epsilon > 0$이 임의의 수이므로 부등식

$$\mu^*(E) \le \sum_{i=1}^{\infty} \mu^*(E_i)$$

가 성립한다. ■

[정의 2.3] $(X, \Im)$가 위상공간이고 $K \subset X$일 때, '집합 K가 컴팩트(compact)하다'는 것은 다음 성질을 만족한다는 것을 의미한다.

K에 대해서 임의의 열린덮개(open cover) $\mathcal{A} = \{A_\alpha \mid \alpha \in \Lambda\}$에 대해서 $K \subset \cup_{i=1}^{N} A_{\alpha_i}$인 유한 부분덮개(subcover) $\{A_{\alpha_1}, A_{\alpha_2}, \ldots, A_{\alpha_N}\} \subset \mathcal{A}$가 존재한다.

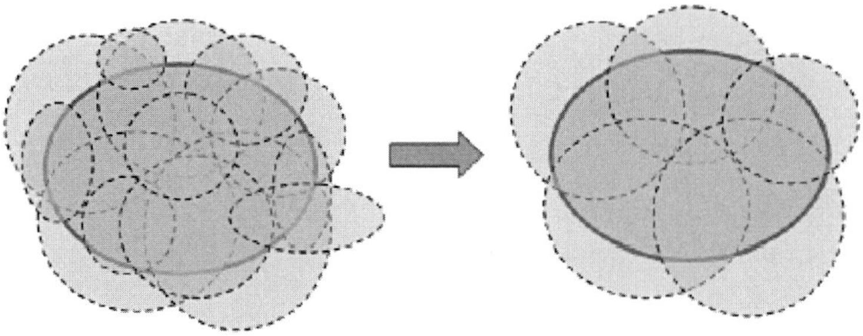

그림 2.3: 컴팩트집합(compact set)

다음 정리는 해석학에서 다루는 매우 유명한 정리로서 여기서는 증명없이 소개하도록 한다.

[정리 2.3](하이네-보렐의 정리, Heine-Borel Theorem)
$S \subset \mathbb{R}^n$일 때, 다음 두 명제는 서로 동치이다.

(1) S가 유계한 닫힌집합(bounded closed set)이다.

(2) S가 컴팩트 집합(compact set)이다.

정의 2.2와 위 정리로 부터 다음 결과를 얻는다.

[따름 정리 2.4] $E \subset \mathbb{R}^n$이고 E가 유계한 닫힌집합이면, E의 외측도 $\mu^*(E)$는 다음과 같다.

$$\begin{aligned} \mathcal{F} &= \text{열린 직사각체들로 구성된 } E\text{의 유한커버들의 전체집합족} \\ &= \{\mathcal{A} \mid \mathcal{A}\text{가 유한개의 열린 직사각체들의 집합} \quad \& \quad E \subset \bigcup \mathcal{A}\} \end{aligned}$$

일 때

$$\mu^*(E) = \inf_{\mathcal{A} \in \mathcal{F}} |\mathcal{A}| = \inf \{|\mathcal{A}| \mid \mathcal{A} \in \mathcal{F}\}$$

이다. □

2.2 가측 집합(Measurable set)

이 절에서는 르베끄 외측도 μ^*의 정의역을 가측 집합들로 구성된 집합족으로 제한하여 측도를 먼들려고 한다. 먼저 일반적인 외측도들에 대해서 생각한 다음 $\mathbb{R}^n$에서 정의되는 르베끄 측도로 되돌아 갈 것이다.

다음은 가측성에 대한 카라테오도리[2](Carathéodory)의 정의이다.

[정의 2.4] μ^*가 집합 X에서 외측도일 때, 부분집합 $A \subset X$가 외측도 μ^*에 관하여 **카라테오도리-가측** 또는 간단히 **가측**(可測, mesurable)이라 함은 모든 부분집합 $E \subset X$에 대해서

$$\mu^*(E) = \mu^*(E \cap A) + \mu^*(E \cap A^c) \tag{2.6}$$

인 관계가 성립한다는 것을 의미한다.

식 (2.6)에서 $E \cap A^c$대신에 $E - A$ 또는 $E - A$로 표현할 수도 있다. 따라서 가측 집합 A는 X의 각 부분집합 E를 측도의 합이 E의 측도와 같게 되는 서로소인 두 집합들로 분할하게 된다. 여기서는 집합 E가 분할되는 방식이 중요한 것은 아니다.

외측도 μ^*가 저가법적(subadditive)이므로 부등식

$$\mu^*(E) \le \mu^*(E \cap A) + \mu^*(E \cap A^c) \tag{2.7}$$

는 항상 성립한다. 따라서 $A \subset X$가 가측임을 증명하려면, 모든 $E \subset X$에 대해서, 반대의 부등식

$$\mu^*(E) \ge \mu^*(E \cap A) + \mu^*(E \cap A^c) \tag{2.8}$$

가 성립함을 보이기만 하면 된다.

이제부터 $\mu^* : 2^X \to [0, \infty]$가 외측도이고 $\mathcal{L}$을 μ^*-가측인 집합들 전체 집합이라 하자. 즉

$$\mathcal{L} = \{E \in 2^X \mid E\text{가 } \mu^*\text{-가측이다}\}$$

이라 하자.

[보조정리 2.5] $E \subset X$이고 $\mu^*(E) = 0$이라 하자. 그러면 $E \in \mathcal{L}$이다.

[2]콩스탕탱 카라테오도리(Constantin Carathéodory), 1873년 9월 13일 ~ 1950년 2월 2일)는 그리스의 수학자이다. 측도론의 연구로 널리 알려졌다.

⟨증명⟩ $A \subset X$라 하자. 그러면 $A \cap E \subset E$이므로 $\mu^*(A \cap E) = 0$이다. 따라서

$$\mu^*(A \cap E) + \mu^*(A \cap E^c) = \mu^*(A \cap E^c) \le \mu^*(A)$$

이다. 그러므로 E가 μ^*에 관해서 가측이다. ■

다음은 $\mathcal{L}$이 대수(algebra) 구조임을 보여준다.

[전제정리 2.6] $\mathcal{L}$은 X에서 대수(algebra)다. 즉, $\mathcal{L}$이 다음 조건들을 모두 만족한다.

(1) $\emptyset \in \mathcal{L}$이다.

(2) $E \in \mathcal{L}$이면 $E^c \in \mathcal{L}$이다.

(3) $E_1, E_2, \ldots, E_n \in \mathcal{L}$이면 $\cup_{i=1}^n E_i \in \mathcal{L}$이다.

(4) $E_1, E_2, \ldots, E_n \in \mathcal{L}$이면 $\cap_{i=1}^n E_i \in \mathcal{L}$이다.

⟨증명⟩ (1)은 보조정리 2.5에 의해서 (2)는 가측집합 정의에 의해 자명하다. 그리고 드 모르강(De Morgan)의 법칙에 의하여 $\cup_{i=1}^n E_i = (\cap_{i=1}^n E_i^c)^c$이므로 (3)은 (2)와 (4)의 결과로부터 얻어진다. 따라서 (4)만 증명하면 된다.

이를 위해서 $E_1, E_2 \in \mathcal{L}$일 때 $E_1 \cap E_2 \in \mathcal{L}$임을 증명하기만 하면 된다. (나머지는 수학적 귀납법에 의해서 증명된다.) $A \subset X$라 하자. 그러면 E_1이 가측이므로

$$\mu^*(A) = \mu^*(A \cap E_1) + \mu^*(A \cap E_1^c)$$

이다. 또한 E_2가 가측이므로

$$\mu^*(A) = \mu^*(A \cap E_1 \cap E_2) + (A \cap E_1 \cap E_2^c) + \mu^*(A \cap E_1^c) \tag{2.9}$$

이다. 그런데

$$(A \cap E_1 \cap E_2^c) + (A \cap E_1^c) = A \cap (E_1 \cap E_2)^c \tag{2.10}$$

이므로(밴 다이어그램으로 쉽게 확인할 수 있음)

$$\mu^*(A \cap E_1 \cap E_2^c) \cup \mu^*(A \cap E_1^c) \ge \mu^*(A \cap (E_1 \cap E_2)^c) \tag{2.11}$$

이다. 이제 식 (2.11)을 (2.9)에 대입하면

$$\mu^*(A) \ge \mu^*(A \cap (E_1 \cap E_2)) + \mu^*(A \cap (E_1 \cap E_2)^c) \tag{2.12}$$

이므로 $E_1 \cap E_2 \in \mathcal{L}$임이 증명되었다. ■

이제 우리는 가측인 집합들로 구성된 집합족 $\mathcal{L}$이 σ-대수임을 밝히려고 한다. 이를 위해서 먼저 다음 정리가 필요하다.

[보조정리 2.7] X의 부분집합 $E_1, E_2, \ldots, E_n$이 μ^*-가측이고 서로소(disjoint)이면, 임의의 집합 $A(\subset X)$에 대해서 다음 등식이 성립한다.

$$\mu^*\left(A \cap \left(\cup_{k=1}^{n} E_k\right)\right) = \sum_{k=1}^{n} \mu^*\left(A \cap E_k\right).$$

⟨증명⟩ 수학적 귀납법에 의해서 $n = 2$인 경우에 대해서만 증명하면 된다. 그런데 E_1의 가측성을 이용하면

$$\begin{aligned}\mu^*\left(A \cap (E_1 \cup E_2)\right) &= \mu^*\left((A \cap (E_1 \cup E_2)) \cap E_1\right) + \mu^*\left((A \cap (E_1 \cup E_2)) \cap E_1^c\right) \\ &= \mu^*\left(A \cap E_1\right) + \mu^*\left(A \cap E_2\right)\end{aligned}$$

이다. ■

이제 우리는 $\mathcal{L}$이 가산합에 관해서 닫혀있음을 증명할 수 있다.

[보조정리 2.8] $\{E_n \mid n \in \mathbb{N}\} \subset \mathcal{L}$이면 $\cup_{n=1}^{\infty} E_n \in \mathcal{L}$이다.

⟨증명⟩ 먼저 $A_1 = E_1$으로 놓고, $n = 2, 3, \ldots$에 대해서, 귀납적으로

$$A_n = E_n \cap (A_1 \cup A_2 \cup \cdots \cup A_{n-1})^c$$

로 정의하자. 그러면 $\mathcal{L}$이 대수이므로, 모든 $n \in \mathbb{N}$에 대해서, $A_n \in \mathcal{L}$이다.

또한 $i \neq j$이면 $A_i \cap A_j = \emptyset$이고 $\cup_{n=1}^{\infty} A_n = \cup_{n=1}^{\infty} E_n$이므로, $\cup_{n=1}^{\infty} A_n \in \mathcal{L}$임을 증명하기만 하면 된다. 즉, 임의의 $E(\subset X)$에 대해서

$$\mu^*(E) \geq \mu^*\left(E \cap \left(\cup_{n=1}^{\infty} A_n\right)\right) + \mu^*\left(E \cap \left(\cup_{n=1}^{\infty} A_n\right)^c\right) \tag{2.13}$$

임을 보이기만 하면 된다. 그런데, 모든 $N \in \mathbb{N}$에 대해서, $\cup_{n=1}^{N} A_n \in \mathcal{L}$이므로

$$\begin{aligned}\mu^*(E) &= \left(E \cap \left(\cup_{n=1}^{N} A_n\right)\right) + \left(E \cap \left(\cup_{n=1}^{N} A_n\right)^c\right) \\ &\geq \sum_{n=1}^{N} \mu^*(E \cap A_n) + \left(E \cap \left(\cup_{n=1}^{\infty} A_n\right)^c\right)\end{aligned} \tag{2.14}$$

이다. 위의 마지막 부등식은 보조정리 2.7과 관계$\left(\cup_{n=1}^{\infty} A_n\right)^c \subset \left(\cup_{n=1}^{N} A_n\right)^c$에 의해서 성립함을 알 수 있다. 그런데 식 (2.14)는 모든 $N \in \mathbb{N}$에 대해서 성립하므로 다음 관계가 성립한다.

$$\mu^*(E) \geq \sum_{n=1}^{\infty} \mu^*(E \cap A_n) + \left(E \cap \left(\cup_{n=1}^{\infty} A_n\right)^c\right). \tag{2.15}$$

마지막으로 μ^*의 가산 저가부성(countable subadditivity)에 의해서

$$\sum_{n=1}^{\infty}\mu^*(E\cap A_n)\geq\mu^*\left(\cup_{n=1}^{\infty}(E\cap A_n)\right)=\mu^*\left(E\cap(\cup_{n=1}^{\infty}A_n)\right)$$

인 관계가 성립하므로

$$\mu^*(E)\geq\mu^*\left(E\cap(\cup_{n=1}^{\infty}A_n)\right)+\mu^*\left(E\cap(\cup_{n=1}^{\infty}A_n)^c\right)$$

이다. 그러므로 $\cup_{n=1}^{\infty}E_n=\cup_{n=1}^{\infty}A_n\in\mathcal{L}$임이 증명되었다. ■

[따름정리 2.9] X의 부분집합족 $\{E_n\mid n\in\mathbb{N}\}$이 서로소이고 μ^*-가측인 집합족이면 다음 등식이 성립한다.

$$\mu^*\left(\cup_{n=1}^{\infty}E_n\right)=\sum_{n=1}^{\infty}\mu^*(E_n).$$

⟨증명⟩ $A=X$로 놓고 보조정리 2.7를 적용시키면 된다. ■

지금까지 결과를 요약하면 다음과 같다.

[정리 2.10] 집합 X에 주어진 외측도 μ^*에 관해서 가측인 X의 부분집합들 전체집합 $\mathcal{L}$은 σ-대수다. 즉, $\mathcal{L}$는 다음 4가지 성질을 모두 만족한다.

(1) $\emptyset\in\mathcal{L}$.

(2) $E\in\mathcal{L}\quad\Rightarrow\quad E^c\in\mathcal{L}$.

(3) $\{E_n\mid n\in\mathbb{N}\}\subset\mathcal{L}\quad\Rightarrow\quad\cup_{n=1}^{\infty}E_n\in\mathcal{L}$.

(4) $\{E_n\mid n\in\mathbb{N}\}\subset\mathcal{L}\quad\Rightarrow\quad\cap_{n=1}^{\infty}E_n\in\mathcal{L}$.

⟨증명⟩ (1)∼(3)은 전제정리 2.6과 보조정리 2.8에 의해서 증명되었으므로 성질 (4)만 여기서 증명하면 된다. 그런데 드모르강(De Morgan)의 법칙에 의해서

$$\bigcap_{n=1}^{\infty}E_n=\left(\bigcup_{n=1}^{\infty}E_n^c\right)^c$$

이므로, 성질 (2)와 (3)을 이용하면, (4)가 성립함을 알 수 있다. ■

2.3 르베끄 측도

앞에서 우리는 $\mathbb{R}^n$에서 르베끄 외측도 μ^*를 정의한 다음 그에 대한 성질들을 알아 보았고 이 절에서는 μ^*에 의하여 생성된 측도 μ를 정의하고 이것에 대한 성질들을 파악할 차례다.

[정의 2.5] $\mu^* : \wp(\mathbb{R}^n) \to [0, \infty]$가 르베끄 외측도이고

$$\mathcal{L} = \mathbb{R}^n\text{에서 } \mu^*\text{-가측인 집합들의 전체집합}$$

일 때, 각 $A \in \mathcal{L}$에 대해서, $\mu(A) = \mu^*(A)$로 정의된 축소함수

$$\mu = \mu* |_{\mathcal{L}} : \mathcal{L} \to [0, \infty]$$

를 가리켜서 $\mathbb{R}^n$에서 **르베끄 측도**(Lebesquae measure)라 한다.

참고 측도 μ와 외측도 μ^*가 정의역이 다르다는 것을 제외하고는 실질적으로는 같은 함수임에도 불구하고 어찌해서 르베끄-측도에 대해서는 새로운 기호 μ를 도입해서 쓰는지 궁금할 것이다. 그러나 비록 측도 μ와 외측도 μ^*가 당장 여기서는 별 차이가 없어 보이지만 측도의 개념을 보다 이론적으로 연구하기 위해서는 이들을 구별해서 쓰는 것이 훨씬 편리하다.

앞으로 우리가 기억해야 할 일은 A가 μ^*-가측인 $\mathbb{R}^n$의 부분집합인 한 $\mu(A) = \mu^*(A)$라는 사실이다.

[정리 2.11] 르베끄 측도 $\mu : \mathcal{L} \to [0, \infty]$는 다음 성질들을 만족한다.

(1) $\mu(\emptyset) = 0$.

(2) (가산 저부가성 countable subadditivity) $\{A_n \mid n \in \mathbb{N}\} \subset \mathcal{L}$이면, 다음 부등식이 성립한다.

$$\mu\left(\bigcup_{n=1}^{\infty} A_n\right) \le \sum_{n=1}^{\infty} \mu(A_n).$$

(3) (가산 부가성 countable additivity) $\{E_n \mid n \in \mathbb{N}\}$이 서로소이고 μ^*-가측인 집합열이면, 다음 등식이 성립한다.

$$\mu\left(\bigcup_{n=1}^{\infty} E_n\right) = \sum_{n=1}^{\infty} \mu(E_n).$$

(4) 열린 직사각체 $A = \prod_{k=1}^{n}(a_k, b_k)$와 닫힌 직사각체 $\bar{A} = \prod_{k=1}^{n}[a_k, b_k]$의 측도는 다음과 같다.

$$\mu(A) = \mu(\bar{A}) = (b_1 - a_1) \cdot (b_2 - a_2) \cdot \ldots \cdot (b_n - a_n).$$

⟨증명⟩

(1) 정리 2.2의 (a)에 의해서 자명하다.

(2) 정리 2.2의 (c)의 결과이다.

(3) 따름정리 2.9의 결과이다.

(4) 정의 2.1의 (3), 정의 2.2와 보조정리 2.1에 의해서 설명된다. ■

[보조정리 2.12] $C, D \in \mathcal{L}$, $C \subset D$이고 $\mu(D) < \infty$이면 다음이 성립한다.

$$\mu(D - C) = \mu(D) - \mu(C). \tag{2.16}$$

⟨증명⟩ $D = (D - C) \cup C$이고 $(D - C) \cap C = \emptyset$이므로 μ의 가산성에 의해서

$$\mu(D) = \mu(D - C) + \mu(C)$$

이다. 그런데 $0 \le \mu(C) \le \mu(D) < \infty$이므로 등식 (2.16)이 성립한다. ■

다음은 측도의 연속성으로 일컬어지는 정리다.

[정리 2.13] $\{A_n \mid n \in \mathbb{N}\} \subset \mathcal{L}$일 때, 다음이 성립한다.

(1) $A_2 \subseteq A_3 \cdots$이면, 다음 등식이 성립한다.

$$\mu\left(\bigcup_{n=1}^{\infty} A_n\right) = \lim_{n\to\infty} \mu(A_n). \tag{2.17}$$

(2) $A_1 \supseteq A_2 \supseteq A_3 \cdots$ 이고 $\mu(A_1) < \infty$이면, 다음 등식이 성립한다.

$$\mu\left(\bigcap_{n=1}^{\infty} A_n\right) = \lim_{n\to\infty} \mu(A_n). \tag{2.18}$$

⟨증명⟩

(1) $E_1 = A_1$으로 놓고, $n = 2, 3, \ldots$에 대해서, $E_n = A_n - A_{n-1}$로 놓자. 그러면 $\{E_n \mid n \in \mathbb{N}\}$은 서로소인 가측집합열이고, 모든 $n \in \mathbb{N}$에 대해서, $\cup_{k=1}^{n} E_k = A_n$이므로

$$\begin{aligned} \mu\left(\bigcup_{n=1}^{\infty} A_n\right) &= \mu\left(\bigcup_{n=1}^{\infty} E_n\right) = \sum_{n=1}^{\infty} \mu(E_n) \\ &= \lim_{n\to\infty} \sum_{k=1}^{n} \mu(E_k) = \lim_{n\to\infty} \mu\left(\bigcup_{k=1}^{n} E_k\right) = \lim_{n\to\infty} \mu(A_n) \end{aligned}$$

이다.

(2) $n \in \mathbb{N}$에 대해서 $E_n = A_n - A_{n-1}$로 놓자. 그러면 $\{E_n \mid n \in \mathbb{N}\}$은 단조증가인 가측집합열이고 $\cup_{n=1}^{\infty} E_n = A_1 - \cap_{n=1}^{\infty} A_n$이므로, 보조정리 2.12와 (1)에 의해서

$$\begin{aligned} \mu(A_1) - \mu\left(\bigcap_{n=1}^{\infty} A_n\right) &= \mu\left(A_1 - \bigcap_{n=1}^{\infty} A_n\right) = \mu\left(\bigcup_{n=1}^{\infty} E_n\right) = \lim_{n\to\infty} \mu(E_n) \\ &= \lim_{n\to\infty} \mu(A_1 - A_n) = \lim_{n\to\infty} (\mu(A_1) - \mu(A_n)) \\ &= \mu(A_1) - \lim_{n\to\infty} \mu(A_n) \end{aligned}$$

이다. 그런데 $\mu(A_1) < \infty$이므로, 위 식으로부터, 식 (2.18)를 얻는다. ■

참고 정리 2.13의 (2)에서 $\mu(A_1) < \infty$인 조건이 불필요한 것처럼 보일 수 있으나 이 조건은 필수적이다. 왜냐하면 $n = 1, 2, \ldots$에 대해서 $A_n = [n, \infty)$일 때, $\mu(\cap_{n=1}^{\infty} A_n) = \mu(\emptyset) = 0 \neq \infty = \lim_{n\to\infty} \mu(A_n)$인 관계가 성립하기 때문이다.

영집합과 완비성

측도론에서, 영집합(零集合, null set)은 매우 작아 무시할 수 있는 측도공간의 부분집합을 말하는데 이러한 집합들은 측도론과 적분론에서 아주 중요한 역할을 한다. 먼저 르베끄 외측도가 0인 모든 집합이 가측임을 보이겠다.

[보조정리 2.14] $N \subset \mathbb{R}^n$이고 $\mu^*(N) = 0$이면, N은 르베끄 가측이고 르베끄 측도공간 $(\mathbb{R}^n, \mathcal{L}, \mu)$는 **완비 측도공간**(complete measure space)이다.

⟨증명⟩ $N \subset \mathbb{R}^n$이고 $\mu^*(N) = 0$이며 $E \subset \mathbb{R}^n$이라 하자. 그러면

$$0 \le \mu^*(E \cap N) \le \mu^*(N) = 0$$

이므로 $\mu^*(E \cap N) = 0$이다. 그런데 $E \cap N^c \subset E$이고

$$\mu^*(E) \ge \mu^*(E \cap N) = \mu^*(E \cap N) + \mu^*(E \cap N^c)$$

이므로 N이 가측이다. 만약 N이 가측 집합이고 $\mu(N) = 0$이며 $A \subset N$이면 $\mu^*(A) \le \mu^*(N) = 0$이므로 $\mu^*(A) = 0$이다. 그러므로 A가 가측이고 $(\mathbb{R}^n, \mathcal{L}, \mu)$가 완비 측도공간이다. ■

측도가 0인 집합들이 중요하므로 이러한 집합들에 대한 정의를 다음과 같이 분명하게 형식화 하겠다.

[정의 2.6] 집합 $N \subset \mathbb{R}^n$의 르베끄 측도가 0이라는 뜻은, 임의의 $\epsilon > 0$에 대해서

$$N \subset \bigcup_{i=1}^{\infty} R_i, \quad \sum_{i=1}^{\infty} \mu(R_i) < \epsilon$$

인 (열린)직사각체들의 집합족 $\{R_i \mid i \in \mathbb{N}\}$가 존재한다는 것을 의미한다.

가산집합의 르베끄 측도는 0이지만, 측도가 0인 집합들 중에는 비가산일 수 있으며 그 구조가 상당히 복잡한 경우가 많다.

[예제 2.2] 구간 [0, 1]에서 가운데 1/3 소구간들을 계속해서 제거해 나가는 방식으로 얻어진 **칸토어-집합**(Cantor set)[3]은 측도가 0인 비가산 집합이다.

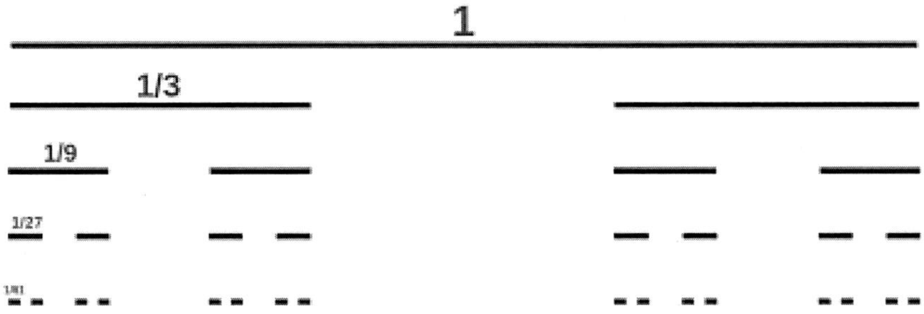

그림 2.4: 칸토어 집합

르베끄 외측도의 이동 불변성과 비가측집합

르베끄 외측도의 중요한 성질들 중의 하나가 기하학적인 이동의 불변성이다. $A \subset \mathbb{R}^n$이고 $h \in \mathbb{R}^n$일 때, A를 h만큼 이동한 집합은

$$A + h = \{x + h \mid x \in A\}$$

이다.

[보조정리 2.15] $A \subset \mathbb{R}^n$이고 $h \in \mathbb{R}^n$일 때

$$\mu^*(A + h) = \mu^*(A)$$

이다.

[3] 수학에서, Cantor 집합은 0과 1 사이의 실수로 이루어진 집합으로, 닫힌구간 [0, 1] 부터 시작하여 각 구간을 3등분하여 가운데 구간을 반복적으로 제외하는 방식으로 만들어 진다. 이 집합은 비가산 집합이며, 기수(cardinality)가 $2^{\aleph_0}$이다.

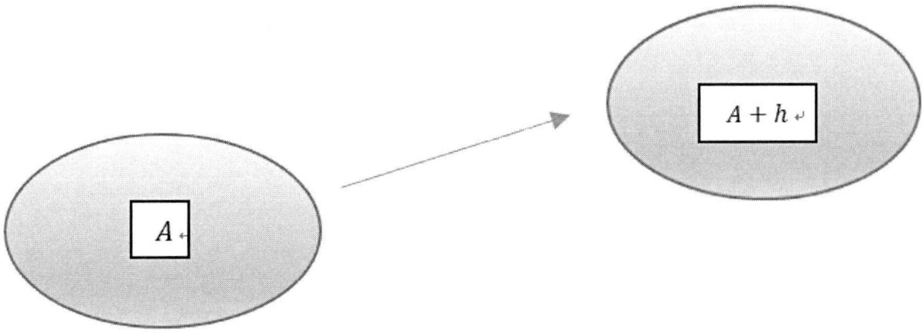

그림 2.5: 집합 A의 이동

〈증명〉 $\{R_i \mid i \in \mathbb{N}\}$가 A의 덮개일 필요충분조건이 $\{R_i + h \mid i \in \mathbb{N}\}$가 $A + h$의 덮개가 되는 것이고, 임의의 직사각체 R과 $h \in \mathbb{R}^n$에 대해서, $\mu^*(R+h) = \mu^*(R)$이므로 외측도 μ^*의 이동불변성은 외측도 μ^*의 정의로 부터 직접 얻어진다.

또한

$$(E+h) \cap (A+h) = (E \cap A) + h$$

이므로 외측도 μ^*는 이동에 관해서 불변이다. ■

다음은 1905년도에 Vitali[4]가 발견한 가측이 아닌 집합의 예를 든 것이다.

[예제 2.3] 실수집합 $\mathbb{R}$에서 동치관계 $\sim$을 다음과 같이 정의하자.

$$x \sim y \quad \Leftrightarrow \quad x - y \in \mathbb{Q}.$$

그러면 관계 $\sim$은 가산무한개(countably infinite)의 원소들로 구성되어 있고 $\mathbb{R}$에서 조밀한(dense) 비가산 무한개의 동치족(equivalence classe)을 갖는다. 여기서 각 동치족에서 오직 한 원소씩만 택해서 모은 집합을 $E(\subset \mathbb{R})$라 하면 $\mathbb{R}$은 가산개의 서로소인 E의 유리수 이동 집합들의 합으로 표현된다. 즉

$$\mathbb{R} = \bigcup_{q \in \mathbb{Q}} (E + q)$$

이다. 그러면 E는 르베끄 가측이 아니다.

[4]Giuseppe Vitali(1875년 8월 26일~1932년 2월 29일)는 비탈리 집합으로 유명한 이탈리아 수학자이다. 라벤나 출신으로 피사 대학교에서 수학을 전공하였고, 졸업 후 제네바에서 교사가 되었다.

⟨증명⟩ 귀류법으로 증명하기 위해 집합 E가 르베끄 가측이라 하자. 그리고 $\{q_i \mid i \in \mathbb{N}\}$를 구간 $[-1, 1]$에 속한 유리수들을 수열로 배열한 것이라 하고 각 $i \in \mathbb{N}$에 대해서 $E_i = E + q_i$로 놓자. 그러면 $\{E_i \mid i \in \mathbb{N}\}$은 서로소인 집합족이고

$$[0, 1] \subset \bigcup_{i=1}^{\infty} E_i \subset [-1, 2]$$

이다. 그런데, 르베끄 측도의 이동 불변성에 의해서, 각 E_i는 가측이고 $\mu(E_i) = \mu(E)$이다. 또한 르베끄 측도의 가산 가법성(countably additivity)에 의해서

$$1 \leq \sum_{i=1}^{\infty} \mu(E_i) \leq 3$$

이다. 그러나 이 관계는 불가능하다. 왜냐하면 $\mu(E) = 0$이면 $\sum_{i=1}^{\infty} \mu(E_i) = 0$이고 $\mu(E) > 0$이면 $\sum_{i=1}^{\infty} \mu(E_i) = \infty$가 되어야 하기 때문이다. 그러므로 E는 르베끄 가측이 될 수 없다. ■

2.4 보렐 집합과 보렐 σ-대수

측도와 위상과의 관계가 간단한 것은 아니다. 이 절에서 우리는 $\mathbb{R}^n$에서 모든 닫힌집합과 열린집합이 르베끄 가측이고 열린집합과 닫힌집합들에 의해서 생성되는 σ-대수에 속하는 모든 보렐-집합이 가측임을 보이겠다.

여기서 $\Im$가 $\mathbb{R}^n$에서 모든 열린집합들로 이루어진 상용위상(usual toplogy)[5]이라 하자. 그러면 $U \in \Im$일 조건은 $x \in U$에 대해서

$$B_r(x) = \{y \in \mathbb{R}^n \mid |x - y| < r\} \subset U$$

인 관계를 만족하는 x를 중심으로 반경이 $r > 0$인 열린공(open ball) $B_r(x)$가 존재하는 것이다.

[정의 2.7] $\mathbb{R}^n$에서 보렐(Borel) σ-대수 $\mathcal{B}$는 위상 $\Im$에 의해서 생성된 σ-대수 $\sigma(\Im)$를 말한다. 즉, $\mathcal{B}$는 $\mathbb{R}^n$에서 위상 $\Im$을 포함하는 가장 작은 σ-대수이다.

---

[5] $\mathbb{R}^n$에서 정의되는 상용위상(usual toplogy) 또는 표준위상(standard topology)이란 $\mathbb{R}^n$에서 우리가 통상적으로 사용하는 유클리드 거리(Euclidean metric)에 의해서 생성되는 열린 집합들로 구성되는 위상을 말한다.

σ-대수는 여집합에 대해서 닫혀있어야 하기 때문에, 보렐 σ-대수 $\mathcal{B}$는 닫힌 집합들에 의해서 되기도 한다. 그리고 $\mathbb{R}^n$은 σ-컴팩트(가산개의 컴팩트집합들의 합으로 표현됨)이므로, $\mathcal{B}$가 컴팩트집합들에 의해서 생성된다고 말할 수도 있다.

참고 보렐 σ-대수는 $\mathbb{R}^n$의 멱집합으로 부터 모든 열린집합들을 포함하는 가장 작은 σ-대수를 얻는 방식으로 축소해 나가므로 좋은 방식은 아니다.

열린집합이나 닫힌집합들로 부터 시작해서 여집합, 가산 합집합과 가산 교집합들을 연속적으로 만들어서 $\mathcal{B}$를 얻는 일은 상당히 복잡하다. G를 열린 집합들의 집합족으로 놓고 F를 닫힌집합들의 집합족으로 놓으며, σ를 가산개의 집합들에 대한 합의 연산 그리고 δ를 가산개의 집합들에 대한 교집합 연산이라고 했을 경우, 다음과 같은 연산과정들을 통해서 보렐 σ-대수 $\mathcal{B}$를 얻을 수 있다.

$$G \subset G_\delta \subset G_{\delta\sigma} \subset G_{\delta\sigma\delta} \subset \cdots, \quad F \subset F_\sigma \subset F_{\sigma\delta} \subset F_{\sigma\delta\sigma} \subset \cdots. \tag{2.19}$$

그러나 이와같은 과정은 첫 번째 비가산 번까지 반복해야 $\mathcal{B}$를 얻을 수 있다. 그 이유는 $\{A_i \mid i \in \mathbb{N}\}$가

$$A_1 \in G_\delta - G, \quad A_2 \in G_{\delta\sigma} - G_\delta, \quad A_3 \in G_{\delta\sigma\delta} - G_{\delta\sigma}, \ldots$$

등과 같은 가산집합족이라 했을 때, $\cup_{i=1}^\infty A_i$나 $\cap_{i=1}^\infty A_i$가 위의 과정에서 만든 집합족들 중에 어느 것에도 포함된다는 보장이 없기 때문이다.

일반적으로 우리가 알 수 있는 것은, ω를 $\mathbb{N}$의 기수라 했을 때, 이러한 집합들이 $\omega+1$번 반복해서 얻을 수 있는 $G_{\delta\sigma\delta\ldots\sigma}$나 $G_{\delta\sigma\delta\ldots\delta}$에 속한다는 것 뿐이다.

비슷한 논리에 의해서, 가산개의 집합들의 교집합이나 합집합에 대해서 닫혀있는 집합족을 얻기 위해서는 비가산개의 집합족들을 얻을 때까지 이와 같은 과정을 계속해야 한다. □

이제 열린집합들이 가측임을 보이기 위해서 이러한 집합들을 가산개의 직사각체들의 합들로 표현하도록 하자. 실직선 $\mathbb{R}$에서 모든 열린집합은 가산개의 열린구간들의 합으로 표현된다는 것을 우리는 이미 알고 있다.

다른 한편, $n \geq 2$인 경우에 $\mathbb{R}^n$에서 모든 열린집합이 거의 서로소인 가산개의 닫힌 직사각체들의 합으로 표현된다는 것을 위상수학에서 잘 알려진 다음 정리를 통해서 알 수 있다.

[보조정리 2.16] $\mathbb{R}^n$에서 모든 열린집합은 거의 서로소(almost disjoint)[6]인 가산개의 닫힌 직사각체들의 합으로 표현될 수 있다. □

$\mathbb{R}^n$에서 모든 열린집합은 가산개의 닫힌 직사각체들의 합으로 표현될 수 있으므로 다음 정리가 성립한다.

[보조정리 2.17] 보렐-대수 $\mathcal{B}$는 (열린 또는 닫힌) 직사각체들에 의해서 생성된다. 그리고 모든 보렐-집합은 르베끄 가측이다. □

보렐 σ-대수 $\mathcal{B}$는 완비(complete)가 아니며 르베끄 σ-대수 $\mathcal{L}$보다는 작다. 실제로, $\mathcal{B}$의 기수는 실수체의 기수 c와 같은 반면에 $\mathcal{B}$의 기수는 2^c과 같다. 예를들어, 칸토어 집합은 실직선 $\mathbb{R}$과 같은 기수를 갈고 측도가 0이며 칸토어 집합의 모든 부분집합은 르베끄 가측이다.

우리는 측도가 0인 집합들의 부분집합들을 생각함으로써 르베끄 가측이지만 보렐-가측이 아닌 집합의 예들을 얻을 수 있다. 다음 예제에서 실직선 $\mathbb{R}$에서 그러한 집합의 예에 대해서 나중에 증명될 가측인 함수들의 몇 가지 성질들을 이용할 것이다.

[예제 2.4] $f : [0, 1] \to [0, 1]$를 표준 칸토어-함수[7]라 하고 $g : [0, 1] \to [0, 1]$을 다음과 같이 정의하자.

$$g(y) = \inf\{x \in [0, 1] \mid f(x) = y\}.$$

그러면 g는 $[0,1]$에서 칸토어 집합 C로 가는 전단사 증가함수다. 따라서 g는 보렐-가측이고 g에 의한 보렐-집합의 역상도 보렐 집합이다. 이제 $E \subset [0,1]$가 르베끄 가측이 아닌 집합이라 하자. 그러면 $F = g(E)(\subset C)$는 측도가 0이므로 르베끄 가측이지만 $F = g(E)$는 보렐-가측은 아니다. 만약 F가 보렐-가측이면 $E = g^{-1}(F)$도 보렐-가측이 되어야 하기 때문이다. □

르베끄 가측이지만 보렐 가측이 아닌 집합들의 예가 $n \geq 2$일 때 $\mathbb{R}^n$에서 곱측도에 대한 이론에서 나타난다. 예를 들면, $\mathbb{R}$에서 르베끄 가측이 아닌 집합 E에 대해 $N \times \{0\} \subset \mathbb{R}^2$로 놓자. 그러면 N은 $\mathbb{R}^2$에서 x-축의 부분집합으로서 2차원적인 르베끄 측도가 0이고 르베끄 측도는 완비측도이므로 $N \in \mathcal{L}$이다.

[6]닫힌 두 직사각체 A와 B가 거의 서로소라는 것은 $A \cap B$가 $\emptyset$이거나 A와 B의 경계선임을 뜻한다.

[7]칸토어-함수(Cantor function)는 연속이지만 절대연속은 아닌 함수로서 르베끄 함수로 알려져 있기도 한다.

그러나 어떤 집합이 $\mathcal{B}$에 속하면 그 집합의 x성분이나 y성분을 고정한 단면(section)이 $\mathcal{B}$에 속해야 한다. 그런데 $y = 0$일 때 N의 단면 E가 보렐 가측이 아니므로 N이 $\mathcal{B}$에 속할 수 없다.

다음 절에서 알게 되겠지만 $\mathcal{L}$은 르베끄 측도에 관해서 $\mathcal{B}$의 완비인데, 이는 측도가 0인 보렐-집합들의 모든 부분집합들을 보렐 σ-대수에 첨가시킨 다음 그러한 집합들의 합집합들을 택함으로써 모두 르베끄 가측인 집합들을 얻을 수 있다는 뜻이다.

보렐(Borel) 정칙성

측도에 대한 정칙성(正則性, regularity)이란 어떤 집합을 (가측집합과 같은) 다른 집합들로 근사시킬 수 있는 가능성을 말한다.

르베끄 가측인 집합은 열린집합들로 외부로부터 근사시킬 수 있고 닫힌 집합들들로 내부로부터 근사시킬 수 있으며 측도의 차가 0인 집합들에까지 보렐-집합들에 의해서 근사시킬 수 있다는 점에서, 르베끄 측도는 정칙이다.

더 나아가 열린집합과 닫힌 집합들에 의해서 르베끄 가측성 여부를 판별할 수 있는 간단한 기준이 있다.

다음 정리는 열린집합들과 컴팩트집합들을 가지고 르베끄 가측인 집합들을 근사시킬 수 있는 근본적인 근사성을 표현한 것이다. 식 (2.20)와 (2.21)을 가리켜서 각각 **외부 정칙성**과 **내부 정칙성**이라 한다.

[정리 2.18] 만약 $A \subset \mathbb{R}^n$이면

$$\mu^*(A) = \inf\{\mu(G) \mid A \subset G\text{이고} \quad G\text{가 열린집합}\} \tag{2.20}$$

이고 A가 르베끄 가측이면

$$\mu(A) = \sup\{\mu(K) \mid K \subset A\text{ 이고} \quad K\text{가 컴팩트집합}\} \tag{2.21}$$

이다.

⟨증명⟩ 먼저 식 (2.20)를 증명하자. $\mu^*(A) = \infty$인 경우는 분명하므로 $\mu^*(A) < \infty$라고 가정하자. 만약 $A \subset G$이면, $\mu^*(A) \le \mu^*(G)$이므로

$$\mu^*(A) \le \inf\{\mu(G) \mid A \subset G\text{ 이고} \quad G\text{가 열린집합}\}$$

이다. 따라서 $A \subset G$인 경우에 대해서

$$\mu^*(A) \ge \inf\{\mu(G) \mid A \subset G\text{ 이고} \quad G\text{가 열린집합}\} \tag{2.22}$$

임을 증명하기만 하면 된다. 이를 위해서 $\epsilon > 0$이 임의의 수라고 하자. 그러면

$$A \subset \bigcup_{i=1}^{\infty} R_i, \qquad \sum_{i=1}^{\infty} \mu(R_i) \le \mu^*(A) + \frac{\epsilon}{2}$$

인 직사각체들의 집합 $\{R_i \mid i \in \mathbb{N}\}$가 존재한다. 이제, 각 $i \in \mathbb{N}$에 대해서, S_i가 직사각체로서 $S_i^\circ \supset R_i$이고

$$\mu(S_i) \le \mu(R_i) + \frac{\epsilon}{2^{i+1}}$$

인 관계를 만족한다고 하자. 그러면 열린 직사각체들의 집합 $\{S_i^\circ \mid i \in \mathbb{N}\}$가 A를 커버하고

$$G = \bigcup_{i=1}^{\infty} S_i^\circ$$

는 A를 포함하는 열린집합이 된다. 또한, $G \subset \cup_{i=1}^{\infty} S_i$이고

$$\mu(G) \le \sum_{i=1}^{\infty} \mu(S_i) \le \sum_{i=1}^{\infty} \mu(R_i) + \frac{\epsilon}{2}$$

이므로

$$\mu(G) \le \mu^*(A) + \epsilon \tag{2.23}$$

이다. 따라서

$$\inf\{\mu(G) \mid A \subset G\text{이고} \quad G\text{가 열린집합}\} \le \mu^*(A) + \epsilon$$

이고 $\epsilon > 0$이 임의의 수이므로, 부등식 (2.22)가 증명된다.

이제 등식(2.21)을 증명하도록 하자. 이를 위해서 $K \subset A$이고 K가 컴팩트 집합이라 하자. 그러면 $\mu(K) \le \mu(A)$이므로

$$\sup\{\mu(K) \mid K \subset A\text{이고} \quad K\text{가 컴팩트}\} \le \mu(A)$$

이다. 따라서 우리는 오직 반대의 부등식

$$\sup\{\mu(K) \mid K \subset A\text{이고} \quad K\text{가 컴팩트}\} \ge \mu(A) \tag{2.24}$$

를 증명하기만 하면 된다. 여기서 우리는 여집합 A^c에 앞의 결과를 적용하고 A의 가측성을 이용하도록 하자.

우선, A가 유계인 가측 집합이라 하자. 그러면 $\mu(A) < \infty$이다. 이제 $A \subset F \subset \mathbb{R}^n$이고 F가 컴팩트집합이라 하자. 그러면, 앞의 결과에 의해서, 임의의 $\epsilon > 0$에 대해서

$$\mu(G) \le \mu(F - A) + \epsilon$$

인 관계를 만족하는 열린집합 $G \supset (F-A)$가 존재한다. 그러면 $K = F-G$는 컴팩트집합이고 $K \subset A$이다. 또한 $F \subset K \cup G$이고 $F = A \cup (F-A)$이므로

$$\mu(F) \leq \mu(K) + \mu(G), \quad \mu(F) = \mu(A) + \mu(F-A)$$

이다. 따라서

$$\begin{aligned}\mu(A) &= \mu(F) - \mu(F-A) \\ &\leq \mu(F) - \mu(G) + \epsilon \\ &\leq \mu(K) + \epsilon\end{aligned}$$

이고, 이는 임의의 유계한 가측 집합 A에 대해서 관계 (2.24)을 증명한 것이다. 이제 A가 유계하지 않은 가측 집합이라 하고, 각 $k \in \mathbb{N}$에 대해서

$$A_k = \{x \in A \mid |x| \leq k\} \tag{2.25}$$

로 놓자. 그러면 $\{A_k \mid k \in \mathbb{N}\}$은 유계한 가측 집합들로 이루어진 단조 증가열이고 $A = \cup_{k=1}^{\infty} A_k$이므로

$$k \to \infty \text{일 때} \quad \mu(A_k) \uparrow \mu(A) \tag{2.26}$$

이다. 만약 $\mu(A) = \infty$이면, $k \to \infty$일 때 $\mu(A_k) \to \infty$이다. 따라서 앞의 결과에 의하여

$$\mu(A_k) \leq \mu(K_k) + 1$$

이고 $K_k \subset A_k \subset A$인 컴팩트집합 K_k를 구할 수 있다. 그러므로

$$\sup\{\mu(K) \mid K \subset A\text{이고} \quad K\text{가 컴팩트}\} = \infty$$

로써 $\mu(A) = \infty$에 대해서도 증명이 된다.

마지막으로 A가 유계하지 않은 가측 집합이고 $\mu(A) < \infty$라 하자. 그러면 (2.26)에 의해서, 임의의 $\epsilon > 0$에 대하여

$$\mu(A) \leq \mu(A_k) + \frac{\epsilon}{2}$$

인 $k \in \mathbb{N}$를 택할 수 있다. 또한, A_k가 유계하므로, $K \subset A$이고

$$\mu(A_k) \leq \mu(K) + \frac{\epsilon}{2}$$

인 컴팩트집합 K가 존재한다. 그러므로, 임의의 $\epsilon > 0$에 대해서, $K \subset A$이고

$$\mu(A) \leq \mu(K) + \epsilon$$

인 컴팩트집합 K가 존재한다. 이는 부등식 (2.24)이 성립함을 보인 것이므로 모든 증명이 끝났다. ■

위의 결과에 의해서, 열린집합들로 외부로부터 근사시키고 컴팩트집합들로 내부로부터 근사시키는 방법으로 열린집합이나 컴팩트집합들의 르베끄 측도를 이용해서 가측인 집합의 르베끄 측도를 결정할 수 있다.

식(2.20)에서 외측도 $\mu^*(A)$가 정의되기 위해서 A가 반드시 가측일 필요는 없다. 따라서, 임의의 집합 $A \subset \mathbb{R}^n$와 임의의 수 $\epsilon > 0$에 대해서 $\mu(G) - \mu^*(A) < \epsilon$인 열린집합 $G \supset A$를 구할 수 있다. 만약 A가 가측이면, 우리는 이 조건을 더욱 강화시켜서 $\mu^*(G - A) < \epsilon$인 열린집합 $G \supset A$를 구할 수 있다. 실제로, 이는 A가 가측 집합이기 위한 필요충분조건이 된다.

[정리 2.19] 집합 $A(\subset \mathbb{R}^n)$가 르베끄 가측이기 위한 필요충분조건은 모든 $\epsilon > 0$에 대해서

$$\mu^*(G - A) < \epsilon \tag{2.27}$$

인 열린집합 $G(\supset A)$가 존재하는 것이다.

⟨증명⟩ 먼저 A가 르베끄 가측인 집합이라 하고 주어진 필요조건을 만족한다는 것을 보이도록 하자. 우선 $\mu(A) < \infty$이고 $\epsilon > 0$이 임의로 주어진 수라고 하자. 그러면, (2.23)에 의해서, $\mu(G) < \mu^*(A) + \epsilon$인 열린집합 $G \supset A$가 존재한다. 그러면 A가 가측이므로

$$\mu^*(G - A) = \mu^*(G) - \mu^*(G \cap A) = \mu(G) - \mu^*(A) < \epsilon$$

으로써 주어진 필요조건을 만족한다는 것을 증명했다.

$\mu(A) = \infty$인 경우에는 (2.25)와 같이 $A_k \subset A$를 정의하고 $\epsilon > 0$이 임의로 주어진 수라고 하자. 그러면, A_k가 유한한 측도를 가진 가측 집합이므로, 각 $k \in \mathbb{N}$에 대해서

$$\mu(G_k - A_k) < \frac{\epsilon}{2^k}$$

인 열린집합 $G_k \supset A_k$ 가 존재한다. 그러면 $G = \cup_{i=1}^{\infty} G_k$는 A를 포함하는 열린집합이고

$$\mu^*(G - A) = \mu^*\left(\bigcup_{k=1}^{\infty} G_k - A\right) \le \sum_{k=1}^{\infty} \mu^*(G_k - A) \le \sum_{k=1}^{\infty} \mu^*(G_k - A_k) < \epsilon$$

이다.

역으로 $A \subset \mathbb{R}^n$이고 A가 주어진 조건을 만족한다고 하자. 그리고 $\epsilon > 0$이 임의로 주어진 수라 하고 $\mu^*(G - A) < \epsilon$인 열린집합 $G \supset A$를 택하자. 만약

$E \subset \mathbb{R}^n$이면

$$E \cap A^c = (E \cap G^c) \cup (E \cap (G - A))$$

이다. 따라서 μ^*의 저가법성(subadditivity)과 단조성(monotonicity) 그리고 G의 가측성에 의하여

$$\begin{aligned} \mu^*(E \cap A) + \mu^*(E \cap A^c) &\leq \mu^*(E \cap A) + \mu^*(E \cap G^c) + \mu^*(E \cap (G - A)) \\ &\leq \mu^*(E \cap G) + \mu^*(E \cap G^c) + \mu^*(G - A) \\ &< \mu^*(E) + \epsilon \end{aligned}$$

이다. 그런데 $\epsilon > 0$이 임의의 수이므로

$$\mu^*(E) \geq \mu^*(E \cap A) + \mu^*(E \cap A^c)$$

이다. 이는 A가 가측임을 증명한 것이다. ■

위 정리는 어떤 집합 A가 르베끄 가측이 되기 위한 필요충분조건이 차집합 $G-A$의 르베끄 외측도가 임의의 수 $\epsilon > 0$보다 작게 되는 열린집합 $G(\supset A)$로 A의 외부로부터 근사시킬 수 있다는 것을 말한다. 이러한 조건은 우리가 이용한 카라테오도리(Carathéodory)의 정의보다는 르베끄 가측인 집합의 정의로 채택될 수 있다.

다음 정리는 르베끄 가측인 집합을 열린집합들과 닫힌집합들로 조여갈 수 있는 집합으로 특정해 준다.

[정리 2.20] 집합 $A \subset \mathbb{R}^n$가 르베끄 가측이기 위한 필요충분한 조건은 임의의 $\epsilon > 0$에 대해서 $F \subset A \subset G$이고

$$\mu(G - K) < \epsilon \tag{2.28}$$

인 닫힌집합 F와 열린집합 G가 존재하는 것이다. 만약 $\mu(A) < \infty$이면 F는 컴팩트집합으로 택할 수 있다.

⟨증명⟩ 먼저 A가 르베끄 가측인 집합이라 하자. 그러면 A^c도 가측이고, 정리 2.19에 의해서, 임의의 $\epsilon > 0$에 대하여

$$\mu^*(G - A) < \frac{\epsilon}{2}, \quad \mu^*(H - A^c) < \frac{\epsilon}{2}$$

인 열린집합 $G(\supset A)$와 $H(\supset A^c)$가 존재한다. 여기서 $F = H^c$로 놓으면 F는 닫힌집합이고 $F \subset A \subset G$이며

$$\mu(G - F) \leq \mu^*(G - A) + \mu^*(A - F) = \mu^*(G - A) + \mu^*(H - A^c) < \epsilon$$

이다.

이제 A가 가측이고 $\mu(A) < \infty$이며 $\epsilon > 0$이 임의의 수라 하자. 그러면 정리 2.18에 의해서 $\mu(A) < \mu(K) + \epsilon/2$이고

$$\mu(A - K) = \mu(A) - \mu(K) < \frac{\epsilon}{2}$$

인 컴팩트집합 $K \subset A$가 존재한다. 또한, 정리 2.19에 의해서

$$\mu(G) < \mu(A) + \frac{\epsilon}{2}$$

인 열린집합 $G \supset A$가 존재한다. 따라서 $K \subset A \subset G$이고

$$\mu(G - K) = \mu(G - A) + \mu(A - K) < \epsilon$$

이므로, $F = K$로 놓으면 A가 유한한 측도를 가질 때 F는 컴팩트다.

역으로, 임의의 $\epsilon > 0$에 대해서, $F \subset A \subset G$이고 관계 (2.28)을 만족하는 닫힌집합 F와 열린집합 G가 존재한다고 하자. 그러면 μ^*의 단조성에 의해서 $\mu^*(G - A) \leq \mu(G - F) < \epsilon$이므로, 정리 2.19에 의해, A가 가측이다. ■

위 정리에 의해서 , 모든 가측 집합은 크기가 원하는 만큼 작지만 0이 아닌 측도를 갖는 닫힌집합과 열린집합으로 근사시킬 수 있다. 결국 주어진 가측 집합에 대해서 가산개의 열린집합들의 교집합이나 가산개의 닫힌집합들의 합들을 택하여 측도의 차이가 0이 되는 보렐-집합으로 근사시킬 수 있다.

[정의 2.8] $\mathbb{R}^n$에서 가산개의 열린집합들의 교집합 전체 집합족을 $G_\delta(\mathbb{R}^n)$으로 놓고 가산개의 닫힌집합들의 합집합 전체 집합족을 $F_\sigma(\mathbb{R}^n)$으로 놓는다.

G_δ와 F_σ는 모두 보렐-집합이다. 다음 정리는 모든 르베끄 가측인 집합은 차집합의 측도가 0이 되는 보렐-집합에 의해서 근사될 수 있음을 말해주고 있다.

[정리 2.21] $A \subset \mathbb{R}^n$가 르베끄 가측이라 하자. 그러면

$$F \subset A \subset G, \quad \mu(G - A) = \mu(A - F) = 0$$

인 집합 $G \in G_\delta(\mathbb{R}^n)$와 $F \in F_\sigma(\mathbb{R}^n)$가 존재한다.

⟨증명⟩ 각 $k \in \mathbb{N}$에 대해서

$$\mu(G_k - F_k) < \frac{1}{k}$$

이고 $F_k \subset A \subset G_k$인 열린집합 G_k와 닫힌집합 F_k를 택한다. 그러면

$$G = \bigcap_{k=1}^{\infty} G_k, \quad F = \bigcup_{k=1}^{\infty} F_k$$

가 증명하고자 하는 집합들이다. ■

가측 집합은 차집합의 측도가 0인 G_δ 집합과 F_σ 집합에 의해서 근사될 수 있으므로 일반적인 보렐-집합들의 복잡한 구성은 르베끄 측도가 0인 집합들의 내부에 숨어있다.

이러한 결과에 의해서 르베끄 σ-대수가 보렐 σ-대수의 완비라는 사실을 얻게 된다.

[정리 2.22] 르베끄 σ-대수 $\mathcal{L}$은 보렐 σ-대수 $\mathcal{B}$의 완비대수(complete algebra)이다.

⟨증명⟩ 보조정리 2.14에 의해서, 르베끄 측도는 완비측도이다. 그리고, 정리 2.21에 의해서, $A \subset \mathbb{R}^n$가 르베끄 가측이면 $M = A - F$의 측도가 0인 F_σ 집합 $F \subset A$가 존재한다. 이는 $M \subset N$이고 $\mu(N) = 0$인 보렐-집합 $N \in G_\delta$가 존재한다는 정리 2.21로 부터 얻어진다. 따라서 $F \in \mathcal{B}$, $M \subset N \in \mathcal{B}$이고 $\mu(N) = 0$이며 $A = F \cup M$이므로 $\mathcal{L}$이 $\mathcal{B}$의 완비대수이다. ■

2.5 선형변환과 가측성

르베끄 측도는 모든 변이 좌표축에 관해서 평행한 직사각체들을 이용해서 정의되었기 때문에 회전(rotation)에 관해서 불변이라고 할 수 없다.

그러나 여기서 우리는 르베끄-측도가 좌표축의 방향과 아무런 관계없이 직교변환에 관해서 불변임을 증명한다.

또한 르베끄-측도가 선형사상에 의한 변환에 의해서 그 사상에 대한 행렬식의 절대값에 상수배 한 측도로 변환될 수 있다는 것도 증명하도록 한다.

이미 소개한 바와 같이 μ^*를 좌표축에 평행한 변들로 구성된 직사각체들을 활용해서 정의한 르베끄-측도라 하자.

따라서 어떤 집합 $A \subset \mathbb{R}^n$가 르베끄-가측이 되려면 외측도 μ^*에 관해서 카라테오도리(Carathéodory)의 판별조건 (2.6)을 만족해야 한다. 여기서 $T : \mathbb{R}^n \to \mathbb{R}^n$가 선형사상이고 $E \subset \mathbb{R}^n$일 때, T에 의한 E의 상을

$$TE = \{T(x) \in \mathbb{R}^n \mid x \in E\}$$

로 놓자.

먼저 좌표축에 평행하지 않은 변들을 가진 직사각체들의 르베끄 측도를 생각해 보자. 좌표축에 평행한 변들을 갖는 닫힌 직사각체를 R로 표현하고 좌표축에 평행하지 않은 변들을 가진 직사각체를 $\tilde{R}$로 표현하도록 하자.

따라서 R은 좌표축에 평행한 변들을 가진 직사각체이고 $\tilde{R}$은 R을 '$v(\tilde{R}) = \tilde{R}$의 변의 길이들의 곱' 으로 놓고 $\mu(\tilde{R})$는 $\tilde{R}$의 르베끄 측도라 하자. 그러면 $\mu(R) = v(R)$이고 $\tilde{R}$는 닫힌 직사각체일 때 가측이지만 변이 기울어진 입체일 때에도 $\mu(\tilde{R}) = v(\tilde{R})$라는 사실은 아직 밝히지 않았다.

여기서 $\mathbb{R}^n$을 다음과 같은 표준내적을 갖는 유클리드 공간이라 하자.

$$(x, y) = \sum_{i=1}^{n} x_i y_i, \quad x = (x_1, x_2, \ldots, x_n), \quad y = (y_1, y_2, \ldots, y_n).$$

만약 $\{e_1, e_2, \ldots, e_n\}$이 $\mathbb{R}^n$의 표준 정규직교기저

$$e_1 = (1, 0, \ldots, 0), \quad e_2 = (0, 1, \ldots, 0), \quad e_n = (0, 0, \ldots, 1)$$

이고 $\{\tilde{e}_1, \tilde{e}_2, \ldots, \tilde{e}_n\}$을 또 다른 정규직교기저라 할 때, 성분 $\{e_1, e_2, \ldots, e_n\}$의 축들에 평행한 직사각체를 R로 표현하고 $\{\tilde{e}_1, \tilde{e}_2, \ldots, \tilde{e}_n\}$의 성분축들에 평행한 입체를 $\tilde{R}$로 표현하자.

그러면 $Q(e_i) = \tilde{(e_i)}$로 정의되는 선형사상 $Q : \mathbb{R}^n \to \mathbb{R}^n$는 $Q^T = Q^{-1}$이고

$$\text{모든} \quad x, y \in \mathbb{R}^n\text{에 대해서} \quad (Qx, Qy) = (x, y)$$

인 직교사상이 된다. 그리고 Q는 R을 $\tilde{R} = QR$로 보내고, Q가 길이와 각도를 보존하므로 $v(\tilde{R}) = v(R)$이다.

여기서 다음 정리를 이용하도록 하자.

[보조정리 2.23] 옆으로 기울어진 직사각체 $\tilde{R}$에 대해서

$$\bigcup_{i=1}^{N} R_i \subset \tilde{R}, \quad \sum_{i=1}^{N} v(R_i) \le v(\tilde{R})$$

인 유한개의 거의 거로소인 직사각체들 $\{R_1, R_2, \ldots, R_N\}$이 존재한다. □

이 결과는 기하학적으로 분명한데 형식적인 증명은 기초적인 집합들의 체적함수에 대한 성질들을 이용해야 하므로 증명은 생략하기로 한다.

[전제정리 2.24] $\tilde{R}$가 변들이 기울어진 직사각체이면, 임의의 $\epsilon > 0$에 대해서, $\tilde{R} \subset \cup_{i=1}^{\infty} R_i$이고

$$\sum_{i=1}^{\infty} v(R_i) \leq v(\tilde{R}) + \epsilon \tag{2.29}$$

인 좌표축에 평행한 변들을 가진 직사각체들의 집합족 $\{R_i \mid i \in \mathbb{N}\}$가 존재한다.

⟨증명⟩ $\tilde{S}$를 $\tilde{R} \subset \tilde{S}^o$이고

$$v(\tilde{S}) \leq \tilde{R} + \epsilon$$

인 좌표축에 평행하지 않은 변들을 가진 직사각체라 하자. 그러면, 보조정리 2.16에 의해서, $\tilde{S}^o$를 거의 서로소인 성분축에 평행한 변들을 가진 직사각체들의 합

$$\tilde{S}^o = \bigcup_{i=1}^{\infty} R_i$$

로 분할할 수 있다. 그러면, 보조정리 2.23에 의해서, 모든 $N \in \mathbb{N}$에 대해서

$$\sum_{i=1}^{N} v(R_i) \leq v(\tilde{S})$$

이므로

$$\sum_{i=1}^{\infty} v(R_i) \leq v(\tilde{S}) \leq v(\tilde{R}) + \epsilon$$

이다. 또한

$$\tilde{R} \subset \tilde{S}^o = \bigcup_{i=1}^{\infty} R_i$$

이다.

역으로, 성분축들의 역할을 반대로 생각하면, R이 성분축에 평행한 변들을 가진 직사각체이고 $\epsilon > 0$이 임의의 수이면 $R \subset \cup_{i=1}^{\infty} \tilde{R}_i$이고

$$\sum_{i=1}^{\infty} v(\tilde{R}_i) \leq v(R) + \epsilon$$

인 성분축에 평행하지 않은 변들을 가진 직사각체 집합 $\{\tilde{R}_i \mid i \in \mathbb{N}\}$가 존재한다. ■

[정리 2.25] 만약 $E \subset \mathbb{R}^n$이고 $Q : \mathbb{R}^n \to \mathbb{R}^n$가 직교변환이면

$$\mu^*(QE) = \mu^*(E)$$

이고, E가 르베끄 가측일 필요충분조건이 QE가 르베끄 가측인 것이다.

⟨증명⟩ $\tilde{E} = QE$로 놓자 그러면 임의의 수 $\epsilon > 0$에 대해서

$$\sum_{i=1}^{\infty} v(R_i) \le \mu^*(\tilde{E}) + \frac{\epsilon}{2}$$

이고 $\tilde{E}$를 커버하는 성분축에 평행한 변을 가진 직사각체 집합 $\{R_i \mid i \in \mathbb{N}\}$가 존재한다. 그러면, 식 (2.29)에 의해서, 각 $i \in \mathbb{N}$에 대하여 $R_i \subset \cup_{j=1}^{\infty} \tilde{R}_{i,j}$이고

$$\sum_{j=1}^{\infty} v(\tilde{R}_{i,j}) \le v(R_i) + \frac{\epsilon}{2^{i+1}}$$

인 변들이 성분축에 평행하지 않은 직사각체 집합 $\{\tilde{R}_{i,j} \mid j \in \mathbb{N}\}$가 존재한다. 그러면 $\{\tilde{R}_{i,j} \mid j \in \mathbb{N}\}$는 $\tilde{E}$의 가산 덮개(countable cover)이고

$$\sum_{i,j=1}^{\infty} v(\tilde{R}_{i,j}) \le \sum_{i=1}^{\infty} v(R_i) + \frac{\epsilon}{2} \le \mu^*(\tilde{E}) + \epsilon$$

이다.

만약 $R_{i,j} = Q^T \tilde{R}_{i,j}$이면, $E \subset \cup_{i=1}^{\infty} R_{i,j}$인 성분축에 평행한 변들을 가진 직사각체들의 집합 $\{R_{i,j} \mid i, j \in \mathbb{N}\}$가 존재한다. 따라서

$$\mu^*(E) \le \sum_{i.j=1}^{\infty} v(R_{i,j})$$

이고, Q가 직교변환이므로 $v(R_{i,j}) = v(\tilde{R}_{i,j})$이다. 그러므로

$$\mu^*(E) \le \sum_{i,j=1}^{\infty} v(R_{i,j}) = \sum_{i,j} v(\tilde{R}_{i,j}) \le \mu^*(\tilde{E}) + \epsilon$$

이고, $\epsilon > 0$이 임의의 수이므로

$$\mu^*(E) \le \mu^*(\tilde{E})$$

이다.

가측성에 대한 카라테오도리의 판별법에 의하여, 외측도 μ^*가 Q에 대해서 불변이므로, E가 가측일 필요충분조건이 QE가 가측인 것이다. ■

정리 2.25에 의해서, 르베끄 측도가 회전변환과 대칭변환들에 대해서 불변(invariant)이다. 또한 모든 이동변환들에 대해서도 불변이므로, 르베끄 측도는 $\mathbb{R}^n$의 모든 등거리변환(isometry)에 대해서 불변이다.

다음으로 르베끄 측도에 대한 확장 효과를 생각하도록 하자. 그러면 모든 선형사상은 회전변환과 확장변환들을 통해서 분석할 수 있다.

[전제정리 2.26] $i = 1, 2, \ldots, n$에 대해서 $\lambda_i > 0$가 상수이고, $\Lambda : \mathbb{R}^n \to \mathbb{R}^n$가

$$\Lambda : (x_1,\, x_2,\, \ldots,\, x_n) \mapsto (\lambda_1 x_1,\, \lambda_2 x_2,\, \ldots,\, \lambda_n x_n) \tag{2.30}$$

으로 정의되는 선형변환이라 하고 $E \subset \mathbb{R}^n$이라 하자. 그러면

$$\mu^*(\Lambda E) = (\det \Lambda)\mu^*(E)$$

이고, E가 르베끄 가측일 필요충분조건이 ΛE가 르베끄 가측인 것이다.

⟨증명⟩ 대각 사상 Λ는 직사각체의 방향을 변환시키지는 않기 때문에, Λ는 성분축에 평행한 변들을 가진 직사각체들로 이루어진 E의 덮개를 성분축에 평행한 변들을 가진 직사각체들로 구성된 ΛE의 덮개로 보내며 역사상 Λ^{-1}도 마찬가지다. 또한 ΛR의 부피는 직사각체 R의 부피에 $\det \Lambda = \lambda_1 \cdots \lambda_n$을 곱한 것이므로, 외측도의 정의에 의해서, $\mu^*(\Lambda E) = (\det \Lambda)\mu^*(E)$이다.

그리고 E가 가측성에 관한 카라테오도리의 조건을 만족할 필요충분조건이 ΛE가 같은 조건을 만족하는 것이다. ■

[정리 2.27] $T : \mathbb{R}^n \to \mathbb{R}^n$가 선형변환이고 $E \subset \mathbb{R}^n$이라 하자. 그러면

$$\mu^*(TE) = |\det T|\mu^*(E) \tag{2.31}$$

이고, TE가 르베끄 가측일 필요충분조건이 E가 르베끄 가측인 것이다.

⟨증명⟩ T가 특이변환(singular transformation)이면, T의 치역은 르베끄 측도가 0인 $\mathbb{R}^n$의 저차원 공간이 되고 $\det T = 0$이므로, 식 (2.31)이 성립한다.

그러므로 T가 비특이변환이라 하자. 그러면 T는 양의 정부호 대칭사상(positive definite symmetric map) $U = \sqrt{T^T T}$와 대각사상 Q의 합성

$$T = QU$$

로 표현된다.

또한, 모든 양의 정부호 대칭사상 U는 직교사상 O에 의해서

$$U = O^T \Lambda O$$

와 같이 대각화 될 수 있는데, 이때 $\Lambda : \mathbb{R}^n \to \mathbb{R}^n$는 (2.30)과 같이 표현되는 대각사상이다. 그런데, 정리 2.25에 의해서, 직교사상에 의한 주어진 집합에 대한 상(image)의 르베끄 측도는 불변이므로, 전제정리 2.26에 의해서

$$\mu^*(TE) = \mu^*(\Lambda E) = (\det \Lambda)\mu^*(E)$$

이다. 또한, 모든 직교사상 Q에 대해서 $|\det Q| = 1$이므로, $\det \Lambda = |\det T|$이고 $\mu^*(TE) = |\det T|\mu^*(E)$이다.

마지막으로 TE가 가측일 필요충분조건이 E가 가측이라는 사실은 매우 분명하다. ■

2.6 르베끄-스티엘츠(Lebesque-Stieltjes) 측도

이 절에서 우리는 실직선 $\mathbb{R}$에서 르베끄 측도를 일반화시킨 르베끄-스티엘츠[8] 측도에 대해서 알아보도록 한다. 이 측도는 증가인 우연속함수 $F : \mathbb{R} \to \mathbb{R}$로부터 얻어지는데, 이 측도는 반열린구간 $(a, b]$에 측도

$$u_F((a,\, b]) = F(b) - F(a) \tag{2.32}$$

를 대응시키는 방식이다. 여기서 르베끄-스티엘츠 측도는 1원소 집합에 0아닌 측도를 부여할 수 있기 때문에 반열린구간을 활용하는 것은 아주 중요하다.

또한 반열린 구간의 여집합은 유한개(무한개도 가능)의 반열린 구간들의 합으로 표현될 수 있다는 점에서 반열린 구간의 활용이 중요한 의미를 갖는다. 따라서 반열린 구간들의 유한 합들은 대수(algebra)를 형성한다.

함수 F의 우연속성은 반열린 구간 $(a,\, b]$의 활용과도 상통한다. 그 이유는

$$\bigcap_{i=1}^{\infty}(a,\, a+1/i] = \emptyset$$

이므로, (2.32)에 의하여, F를 써서 측도를 정의하려면

$$\lim_{i\to\infty} \mu_F((a,\, a+1/i]) = 0$$

또는

$$\lim_{i\to\infty} [F(a+1/i) - F(a)] = \lim_{x\to a^+} F(x) - F(a) = 0$$

인 성질이 필요하기 때문이다.

[8]토마스 요한 스티엘츠 2세(Thomas Joannes Stieltjes Jr, 1856년 12월 29일 ~ 1894년 12월 31일)는 네덜란드의 수학자이다.

역으로, 다음 정리를 통해서 알 수 있듯이, 이러한 성질을 만족하는 모든 함수 F는 $\mathbb{R}$에서 보렐-측도를 정의하는 데에 활용할 수 있다.

[정리 2.28] $F:\mathbb{R}\to\mathbb{R}$가 증가이고 우연속인 함수라 하자. 그러면 모든 $a<b$에 대해서

$$\mu_F((a,\, b]) = F(b) - F(a)$$

인 보렐-측도 $\mu_F \mid \mathcal{B}(\mathbb{R}) \to [0,\, \infty]$ 가 유일하게 존재한다.

측도 μ_F를 만드는 과정은 $\mathbb{R}^n$에서 르베끄 측도를 만드는 과정과 유사하다. 우리는 외측도 $\mu_F^* : \wp(\mathbb{R}) \to [0,\, \infty]$를

$$\mu_F^*(E) = \inf\left\{\sum_{i=1}^{\infty}[F(b_i) - F(a_i)] \mid E \subset \cup_{i=1}^{\infty}(a_i,\, b_i]\right\}$$

로 정의하고 보렐-집합들을 모두 포함하는 가측 집합족으로 μ_F^*의 정의역을 축소시킨다.

다음 예제들은 3가지 유형의 르베끄-스티엘츠 측도를 소개한 것이다.

[예제 2.5] 만약 $F(x) = x$이면, μ_F는

$$\mu_F((a,\, b]) = b - a$$

로 정의되는 $\mathbb{R}$에서 르베끄 측도이다. □

[예제 2.6] 함수 $F:\mathbb{R}\to\mathbb{R}$가

$$F(x) = \begin{cases} 1 & \text{if} \quad x \geq 0 \\ 0 & \text{if} \quad x < 0 \end{cases}$$

로 정의되어 있다면, μ_F는 **지지집합(supporter)**이 $\{0\}$인 δ-측도

$$\mu_F(A) = \begin{cases} 1 & \text{if} \quad 0 \in A \\ 0 & \text{if} \quad 0 \notin A \end{cases}$$

으로 정의된다. □

[예제 2.7] 만약 $F:\mathbb{R}\to\mathbb{R}$가 칸토어-함수이면, δ-측도 μ_F는 르베끄 측도가 0인 칸토어-집합 C에 측도 1을 부여하고 여집합 $\mathbb{R}-C$에는 측도값으로 0을 부여하게 된다. 비록 μ_F의 지지집합이 르베끄 측도가 0인 칸토어-집합이라 할지라도 모든 가산집합들에 대한 μ_F-측도는 0이 된다. □

2.7 연습문제

* 여기서는, 별도로 언급되지 않는 한, μ^*와 μ를 각각 $\mathbb{R}^n$에서 르베끄-외측도와 르베끄-측도로 간주한다.

1. $A \subset \mathbb{R}^n$일 때 다음을 증명하라.

   a) A가 가산집합(countable set)이면 $\mu^*(A) = 0$이다.

   b) $2A = \{2a \mid a \in A\}$로 정의하면 $\mu^*(2A) = 2\mu^*(A)$이다.

2. 부분집합 $A \subset \mathbb{R}$가 르베끄 가측일 필요충분조건이 모든 열린구간 $I \subset \mathbb{R}$에 대해서

$$\mu^*(I) = \mu^*(I \cap A) + \mu^*(I \cap A^c)$$

   인 관계를 만족하는 것임을 증명하라.

3. $I \subset \mathbb{R}$가 유계한 구간일 때, 집합 $A \subset I$가 르베끄 가측일 필요충분조건이

$$\mu^*(I) = \mu^*(I \cap A) + \mu^*(I \cap A^c)$$

   인 관계를 만족하는 것임을 증명하라.

4. $\pi : \mathbb{R}^2 \to \mathbb{R}$가 $\pi(x, y) = x$로 정의되는 사영이고 함수 $\lambda^* : \wp(\mathbb{R} \to [0, \infty]$가 $\lambda^*(A) = \mu^*(\pi(A))$로 정의되어 있다고 했을 때, 다음을 증명하라.

   a) λ^*가 $\mathbb{R}^2$에서 외측도다.

   b) 부분집합 $B \subset \mathbb{R}^2$가 λ^*-가측일 필요충분조건이

$$B_0 \subset B_1, \quad \mu^*(B_1 - B_0) = 0, \quad \& \quad B_0 \times \mathbb{R} \subset B \subset B_1 \times \mathbb{R}$$

   인 조건을 만족하는 르베끄 가측인 집합 B_0와 B_1이 존재하는 것이다.

5. $\mathbb{R}^2$에서 르베끄 외측도를 μ^*라 했을 때, 다음을 증명하라.

   a) $L \subset \mathbb{R}^2$이 직선이면 $\mu^*(L) = 0$이다.

   b) $S \subset \mathbb{R}^2$가 원이이면 $\mu^*(S) = 0$이다.

6. μ^*가 X에서 외측도이고 $Y \subset X$라 하자. 그리고 모든 $E\wp(X)$에 대해서 $\mu^*|_Y(E) = \mu^*(E \cap Y)$로 정의했을 때, 다음을 증명하라.

   a) $\mu^*|_Y$가 X에서 외측도다.

   b) Y가 $\mu^*|_Y$-가측이다.

7. μ^*, μ_1^*, μ_2^*가 X에서 외측도들이고 $k \in [0, \infty)$라 하고 $k\mu^*$와 $\mu_1^* + \mu_2^*$ 그리고 $\max(\mu_1^*,\ \mu_2^*)$를, 모든 집합 $E \subset X$에 대해서

$$(k\mu^*)(E) = k \cdot \mu^*(E), \qquad (\mu_1^* + \mu_2^*)(E) = \mu_1^*(E) + \mu_2^*(E)$$

이고

$$\max(\mu_1^*,\ \mu_2^*)(E) = \max\{\mu_1^*(E),\ \mu_2^*(E)\}$$

로 정의하자. 그러면 $k\mu^*$, $\mu_1^* + \mu_2^*$, $\max(\mu_1^*,\ \mu_2^*)$가 모두 X에서 외측도임을 증명하라.

8. $\{\mu^* \mid n = 1, 2, \ldots\}$가 X에서 외측도 열이라 하고 모든 $E \subset X$에 대해서

$$\mu^*(E) = \sup_n \mu^*(E)$$

로 정의했을 때, μ^*가 X에서 외측도임을 증명하라.

9. μ^*가 X에서 외측도이고

$$A_1 \subset A_2 \subset \cdots \subset A_n \subset A_{n+1} \cdots \subset \mathbb{R}$$

이라 했을 때, 모든 집합 $E \subset X$에 대해서, 다음 등식이 성립함을 증명하라.

$$\lim_{n\to\infty} \mu^*(A_n \cap E) = \mu^* \left(\bigcup_{n=1}^{\infty} (A_n \cap E) \right).$$

10. $\mathcal{M}$이 집합 X에서 σ-대수이고 A, $B \in \mathcal{M}$일 때, 다음이 성립함을 보여라.

$$A \triangle B = (A - B) \cup (B - A) \in \mathcal{M}.$$

11. 전제정리 2.6을 증명하는 과정에서 소개된 식 (2.10), 즉

$$(A \cap E_1 \cap E_2^c) \cup (A \cap E_1^c) = A \cap (E_1 \cap E_2)^c$$

가 성립함을 증명하라.

12. $\mathbb{R}^n$에서 닫힌 반공간(halfspaces)

$$H = \{(x_1, \ldots, x_i, \ldots, x_n) \in \mathbb{R}^n \mid x_i \le a\}$$

와

$$K = \{(x_1, \ldots, x_i, \ldots, x_n) \in \mathbb{R}^n \mid x_i \ge a\}$$

가 모두 르베끄-가측임을 보여라.

13. $A \subset \mathbb{R}^n$이고 $b \in \mathbb{R}^n$이며

$$A + b = \{a + b \mid a \in A\}$$

라 하자. 여기서 A가 르베끄-가측일 필요충분조건이 $A + b$가 르베끄-가측인 것임을 증명하라.

14. μ가 $\mathbb{R}^n$에서 르베끄 측도이고 $A \subset \mathbb{R}^n$에 일 때, 다음 명제들이 서로 동치임을 증명하라.

   a) A가 르베끄 가측이다.

   b) $A = F \cup E$인 F_σ-집합(=가산개의 닫힌집합들의 합집합) F와 $\mu(E) = 0$인 르베끄 가측인 집합 $E \subset \mathbb{R}^n$가 존재한다.

   c) $G = A \cup E$인 G_δ-집합(=가산개의 열린집합들의 교집합) G와 $\mu(E) = 0$인 르베끄 가측인 집합 $E \subset \mathbb{R}^n$가 존재한다.

   d) $F \subset A$이고 $\mu(F - A)$=0인 F_σ-집합 F가 존재한다.

   e) $A \subset G$이고 $\mu(A - G)$=0인 G_δ-집합 G가 존재한다

15. $\mathcal{L}$이 $\mathbb{R}^n$에서 르베끄-가측인 집합들로 이루어진 σ-대수이고 μ를 ($\mathbb{R}^n$, $\mathcal{L}$)에서 르베끄-측도라 했을 때, 다음을 증명하라.

   a) E_1, $E_2 \in \mathcal{L}$이면

   $$\mu(E_1 \cup E_2) = \mu(E_1) + \mu(E_2) + \mu(E_1 \cap E_2)$$

   이다.

   b) $A \in \mathcal{L}$이고 A가 유계이면, $\mu(A) < \infty$이다.

   c) A가 유계하지 않으며 $\mu(A) < \infty$인 $A \in \mathcal{L}$가 존재한다.

   d) $T : \mathbb{R}^n \to \mathbb{R}^n$가 등거리 선형사상이라 하자. 즉, T가 모든 x, $y \in \mathbb{R}^n$에 대해서 $|T(x) - T(y)| = |x - y|$인 사상이라 하자. 그러면 모든 $E \in \mathcal{L}$에 대해서 $\mu(T(E)) = \mu(E)$이다.

16. $T : \mathbb{R}^2 \to \mathbb{R}$가 회전사상(rotation map)—좀더 일반적으로, 거리를 보족하는 선형사상—일 때, 다음을 증명하라.

   a) 부분집합 $A \subset \mathbb{R}^2$가 보렐-집합일 필요충분조건이 $T(A)$가 보렐-집합인 것이다.

   b) 부분집합 $A \subset \mathbb{R}^2$가 보렐-집합이라 하자. 그러면 $\mathbb{R}^2$에서 보렐-측도 μ에 대해서 $\mu(A) = \mu(T(A))$이다.

17. $(\mathbb{R}^n, \mathcal{L}, \mu)$가 르베끄 측도공간이고 $A \in \mathcal{L}$일 때, 다음을 증명하라.

    a) $\mu(A) < \infty$이면, 임의의 $\epsilon > 0$에 대해서, $\mu(U - A) < \epsilon$인 열린집합 $K \supset A$가 존재한다.

    b) $\mu(A) < \infty$이면, 임의의 $\epsilon > 0$에 대해서, $\mu(A - K) < \epsilon$인 컴팩트집합 $K \subset A$가 존재한다.

    c) 모든 j에 대해서 $A \subset U_j$이고 $\lim_{j\to\infty} \mu(U_j) = \mu(A)$인 성질을 만족하는 $\mathbb{R}^n$에서 열린집합열 $\{U_j\}$가 존재한다. 따라서 다음이 성립한다.

$$\mu(A) = \inf\{\mu(U) \mid A \subset U\text{이고} \quad U\text{가 열린집합}\}.$$

    d) 모든 j에 대해서 $A \supset K_j$이고 $\lim_{j\to\infty} \mu(K_j) = \mu(A)$인 성질을 만족하는 $\mathbb{R}^n$에서 컴팩트집합열 $\{K_j\}$가 존재한다. 따라서 다음이 성립한다.

$$\mu(A) = \sup\{\mu(U) \mid K \subset A\text{이고} \quad K\text{가 컴팩트집합}\}.$$

18. μ가 $\mathbb{R}$에서 보렐-측도일 때, $0 < \alpha < 1$인 모든 수 α에 대해서, $\mu(C) = 1$이고 $C \supset U \neq \emptyset$인 닫힌집합 $C \subset [0, 1]$와 열린집합 U가 존재함을 보여라.

19. I가 $\mathbb{R}$에서 유계한 열린구간일 때, $0 < \mu(I \cap A) < \mu(I)$인 보렐-집합 A가 존재함을 보여라.

20. $B \subset \mathbb{R}$이고 $\mu^*(B) > 0$이면, 르베끄 가측이 아닌 B의 부분집합 A가 존재함을 증명하라.

21. $(\mathbb{R}^n, \mathcal{L}, \mu)$가 르베끄 측도공간이고 $\{A_n \mid n \in \mathbb{N} \subset \mathcal{L}$이며 $\sum_{n=1}^{\infty} \mu(A_n) < \infty$이라 하자. 여기서

$$A = \{x \in \mathbb{R}^n \mid \text{무한히 많은 } n\text{에 대해서 } x \in A_n\}$$

로 놓으면, $\mu(A) = 0$임을 증명하라.

22. 모든 $n \in \mathbb{N}$에 대해서 $\mu^*(A_n) = 1$이고 $\cap_{n=1}^{\infty} A_n = \emptyset$인 감소 집합열

$$[0, 1] \supset A_1 \supset A_2 \supset \cdots A_n \supset A_{n+1} \supset \cdots$$

이 존재함을 보여라.

23. $A, B \subset \mathbb{R}$이고 A 르베끄 가측이며 $\mu^*(A \triangle B) = 0$이라 하자. 그러면 B도 르베끄 가측임을 증명하라. (참고로, $A \triangle B = (A - B) \cup (B - A)$이다.)

24. $\{E_i \mid i \in \mathbb{N}\} \subset \wp(\mathbb{R})$가 르베끄 가측인 집합족이라 할 때, 다음을 증명하라.

a) 만약 $E_1 \subset E_2 \subset \cdots$이면, $\mu\left(\lim_{i\to\infty} E_i\right) = \lim \mu(E_i)$이다.

b) $E_1 \supset E_2 \supset \cdots$이고 $\mu(E_1) < \infty$이면, $\mu\left(\lim_{i\to\infty} E_i\right) = \lim_{i\to\infty} \mu(E_i)$이다.

c) 만약 $\mu\left(\bigcup_{i=1}^{\infty} E_i\right) < \infty$이고 $E = \lim_{i\to\infty} E_i$가 존재하면, $\mu(E) = \lim_{i\to\infty} \mu(E_i)$ 이다.

d) $A \subset B \subset \mathbb{R}$이고 B가 르베끄 가측이며 $\mu(B) < \infty$라 하자. 그러면 A가 르베끄 가측일 필요충분조건이 $\mu(B) = \mu(A) + \mu(B - A)$인 것이다.

25. $A \subset \mathbb{R}$이고 $\mu^*(A) < \infty$이면, 임의의 $\epsilon > 0$에 대해서

$$\mu\left[E\triangle\left(\bigcup_{i=1}^{N} I_1\right)\right] < \epsilon$$

인 성질을 만족하는 유한개의 유한구간들 $I_1, I_2, \ldots, I_N$이 존재함을 증명하라.

26. μ^*가 $\mathbb{R}$에서 르베끄 외측도이고 $A \subsetneq \mathbb{R}$에 대해서, $\emptyset \neq A_0 \subsetneq A \subsetneq A_1$일 때 $\mu^*(A_0) = \mu^*(A_1)$인 가측 집합 A_0, $A_1 \subset \mathbb{R}$이 존재함을 증명하라.

27. μ, μ_1, μ_2가 위상공간 X에서 정칙(regular)인 보렐(Borel) 측도들이고 $k \in [0, \infty)$일 때, $k\mu$와 $\mu_1 + \mu_2$가 모두 X에서 정칙인 보렐-측도임을 증명하라.

28. $\mathbb{R}^n$에서 국소유한(locally finite)인 모든 보렐-측도는 σ-유한임을 증명하라.

29. X가 무한집합이라 하고

$$\mathcal{A} = \{A \in 2^X \mid A \text{ 또는 } A^c\text{가 유한집합}\}$$

으로 놓자. 그리고 $\mu : \mathcal{A} \to [0, \infty]$를 다음과 같이 정의하자.

$$\mu(A) = \begin{cases} 0 & \text{if} \quad A\text{가 유한집합} \\ 1 & \text{if} \quad A^c\text{가 유한집합} \end{cases}$$

이때, 다음을 증명하라.

a) $\mathcal{A}$가 σ-대수다.

b) μ가 가법적(additive)이다.

c) X가 가산 무한(countably infinite)집합이면, μ는 가산 가법적이 아니다.

d) X가 비가산 무한(uncountably infinite)집합이면, μ는 가산 가법적이다.

e) X가 가산 무한인 집합이면, X는, 모든 $n \in \mathbb{N}$에 대해서, $A_n \in \mathcal{A}$이고 $\mu(A_n) = 0$인 단조증가인 집합열 $\{A_n \mid n \in \mathbb{N}\}$의 극한으로 표현된다.

제 3 장

가측함수

주어진 함수의 적분(積分, integration)을 다루기 전에 가측함수(可測函數, measurable function)라고 일컫는 적분이 가능한 함수들에 대해서 알아 볼 필요가 있다.

측도론에서 가측함수의 개념은 위상수학에서 연속함수의 개념과 상당히 유사하다. 위상수학에서 연속함수는 공역에서 주어진 집합의 역상에 대한 위상적인 성질을 보존하는 함수인 반면에, 측도론에서 가측함수는 공역에서 속한 가측집합의 역상에 대한 가측이 되게 하는 함수다. 즉, 가측함수는 공역에서 주어진 집합에 대한 원상의 가측성을 보존하는 함수이다.

3.1 가측함수의 정의

이 책에서 르베끄 측도에 관한 이론이 주어진 실직선 $\mathbb{R}$과 n-차원 실공간 $\mathbb{R}^n$ 사이에서 정의된 함수들을 염두에 두고 소개되기는 하나 가측함수와 적분에 관한 대부분의 이론들은, 함수가 정의되는 측도공간(measure space)의 특성에 좌우되지 않기 때문에, 일반적인 측도공간들 안에서 다루어 진다.

[정의 3.1] $(X, \mathcal{A})$와 $(Y, \mathcal{B})$를 가측공간이라 하자. 함수 $f : X \to Y$가 가측(measurable)이라 함은 모든 $B \in \mathcal{B}$에 대해서 $f^{-1}(B) \in \mathcal{A}$임을 뜻한다.

적분을 논하기 전에는 주어진 함수에 대한 가측성(measurability) 여부는 오직 그 함수의 정의역과 공역에 주어진 σ-대수들에만 관계되므로 그 공간들에서 측도가 반드시 정의되어 있을 필요는 없다.

어떤 함수가 가측인지 아닌지를 판별하기 위해서는 그 함수의 공역에서 σ-대수를 생성하는 집합들의 역상에 대한 정의역에서 가측여부를 판별하기만 하면 된다.

[전제정리 3.1]

$(X,\ \mathcal{A})$와 $(Y,\ \mathcal{B})$를 가측공간이라 하고, $\mathcal{B}=\sigma(\mathcal{G})$가 집합족 $\mathcal{G}\subset\wp(Y)$에 의해서 생성된다고 하자. 그러면 $f: X\to Y$가 가측이기 위한 필요충분한 조건은 다음과 같다.

$$\text{모든}\quad G\in\mathcal{G}\text{에 대해서}\quad f^{-1}(G)\in\mathcal{A}\text{이다.}$$

⟨증명⟩ 먼저 $f: X\to Y$가 가측함수라 하고 $G\in\mathcal{G}$라 하자. 그러면 $\mathcal{G}\subset\sigma(\mathcal{G})=\mathcal{B}$이고 f가 가측이므로 $f^{-1}(G)\in\mathcal{A}$이다.

이제 모든 $G\in\mathcal{G}$에 대해서 $f^{-1}(G)\in\mathcal{A}$라고 하자. 여기서

$$\mathcal{M}=\{B\in\wp(Y)\mid f^{-1}(B)\in\mathcal{A}\}$$

로 놓고 $\mathcal{M}$이 $\mathcal{G}$를 포함하는 σ-대수임을 보이겠다. 우선 $\mathcal{M}$의 정의로부터 $\mathcal{G}\subset\mathcal{M}$임은 자명하다. 그리고 다음 3가지 사실들에 의해서 $\mathcal{M}$이 σ-대수임을 알 수 있다.

(1) $f^{-1}(\emptyset)=\emptyset,\ f^{-1}(Y)=X\in\mathcal{A}$이므로 $\emptyset,\ Y\in\mathcal{B}$이다.

(2) $B\in\mathcal{M}$이라 하자. 그러면 $f^{-1}(B)\in\mathcal{A}$이다. 그런데 $\mathcal{A}$가 σ-대수이므로

$$f^{-1}(Y-B)=X-f^{-1}(B)\in\mathcal{A}$$

이다. 따라서 $B^c=Y-X\in\mathcal{M}$이다.

(3) 이제 $\{B_i\mid i\in\mathbb{N}\}\subset\mathcal{M}$이라 하자. 그러면 $\mathcal{M}$의 정의에 의해서, 각 $i\in\mathbb{N}$에 대해서 $f^{-1}(B_i)\in\mathcal{A}$이다. 그런데 $\mathcal{A}$가 σ-대수이므로

$$f^{-1}\left(\bigcup_{i=1}^{\infty}B_i\right)=\bigcup_{i=1}^{\infty}f^{-1}(B_i)\in\mathcal{A}$$

이다. 따라서 $\displaystyle\bigcup_{i=1}^{\infty}B_i\in\mathcal{M}$이다.

위의 세 가지 사실에 의해서 $\mathcal{M}$은 $\mathcal{G}$를 포함하는 σ-대수이다. 그런데 $\mathcal{B}=\sigma(\mathcal{G})$는 $\mathcal{G}$를 포함한 가장 작은 σ-대수이다. 그러므로 $\mathcal{B}\subset\mathcal{M}$이다. 이는 $f: X\to Y$가 가측임을 증명한 것이다. ■

Y가 위상 $\Im_Y$을 갖는 위상공간인 경우에는 특별히 별다른 언급이 없는 한 Y에 주어지는 σ-대수가 열린집합들에 의해서 생성된 보렐 σ 대수 $\sigma(\Im_Y)$로 간주한다.

이 경우에 X에 주어진 σ-대수가 $\mathcal{A}$라고 했을 때, 전제정리 3.1에 의해서 $f : X \to Y$가 가측일 필요충분조건은 모든 $G \in \Im_Y$에 대해서 $f^{-1}(G) \in \mathcal{A}$이다.

특히, 보렐 σ-대수가 주어진 공간들 사이에서 연속인 함수는 가측함수다. 따라서 정의역과 공역에 σ-대수가 주어져 있는 경우에 연속인 함수들보다는 가측인 함수들이 훨씬 더 많다.

3.2 실수값을 갖는 가측함수

이 절에서 우리는 실수값을 갖는 함수

$$f : X \to \mathbb{R}$$

또는 확장된 실수값을 갖는 함수

$$f : X \to \overline{\mathbb{R}}$$

에 대해서 생각하기로 한다. 확장된 양의 실수값을 갖는 함수는

$$f : X \to [0, \infty]$$

로 나타내기로 하자. 이때 양함수는 0의 값을 갖는 것도 허용해야 한다.

실수집합 $\mathbb{R}$과 확장된 실수집합 $\overline{\mathbb{R}}$에 보렐 σ-대수가 각각 $\mathcal{B}(\mathbb{R})$과 $\mathcal{B}(\overline{\mathbb{R}})$로 주어져 있다고 하자. 그러면 $\overline{\mathbb{R}}$에서 보렐-집합은 다음 중 어느 하나에 속한다.

$$B, \quad B \cup \{\infty\}, \quad B \cup \{-\infty\}, \quad B \cup \{\infty, -\infty\}, \quad (\text{단}, B \in \mathcal{B}(\mathbb{R})\text{임}).$$

예제 2.3에서 알 수 있듯이 르베끄-가측이지만 보렐-가측은 아닌 집합에 대한 단조함수에 의한 역상이 그 가측성들을 그대로 유지할 필요는 없다.

이러한 이유로 인해서 보렐-가측이 아닌 르베끄-가측집합들을 $\mathbb{R}$이나 $\overline{\mathbb{R}}$에서 정의되는 σ-대수에는 포함시키지 않는다.

그러나 어떤 함수의 정의역이 측도공간인 경우에는 완비인 측도공간을 활용하는 것이 편리할 때가 많다. 예를 들어, 정의역이 $\mathbb{R}^n$인 경우에 완비성을 필요로 하지 않은 보렐 σ대수를 활용할 수 있음에도 불구하고 우리는 종종

르베끄 σ-대수를 이용한다. 이러한 이유로 인해서 다음 정의 3.2를 따른다. 이 정의들은 실수값을 갖는 함수들에 대한 정의이며 확장된 실수값을 갖는 함수들에 대해서도 비슷하게 정의를 한다.

[정의 3.2] 실직선 $\mathbb{R}$에 상용(표준)위상과 보렐 σ-대수 $\mathcal{B}$가 주어져 있다고 하자.

1. $(X, \mathcal{A})$가 가측공간이고 $f : X \to \mathbb{R}$가 모든 $B \in \mathcal{B}$에 대해서 $f^{-1}(B) \in \mathcal{A}$인 성질을 만족할 때, f를 **가측함수(measurable function)**라 한다.
2. $f : \mathbb{R}^n \to \mathbb{R}$가 $\mathbb{R}$의 모든 $B \in \mathcal{B}$에 대해서 $f^{-1}(B)$가 르베끄-가측일 때, f를 **르베끄-가측함수**라 한다.
3. $f : \mathbb{R}^n \to \mathbb{R}$가 $\mathbb{R}$의 모든 $B \in \mathcal{B}$에 대해서 $f^{-1}(B)$가 보렐-가측이면 f를 **보렐-가측함수**라 한다.

위의 정의에 의하여, $f : \mathbb{R}^n \to \mathbb{R}$가 연속함수이면 f는 보렐-가측함수이다. 만약 함수 $g : \mathbb{R}^n \to \mathbb{R}$가 보렐-측도에 관해서 보렐-가측인 함수와 거의 같다(equal almost everywhere)[1]면, g는 르베끄-가측이 된다. 그리고 $f : \mathbb{R} \to \mathbb{R}$가 보렐-가측이고 $g : \mathbb{R}^n \to \mathbb{R}$가 르베끄(보렐) 가측이면,

$$(f \circ g)^{-1}(B) = g^{-1}\left(f^{-1}(B)\right)$$

이므로, 합성함수 $f \circ g$는 르베끄(보렐)-가측이다. 여기서 유의할 점은 f가 르베끄-가측일 때, B가 보렐-집합일지라도 $f^{-1}(B)$가 보렐-가측이 아닐 수 있으므로, $f \circ g$가 가측이 아닐 가능성이 있다는 것이다.

이제 우리는 보렐-집합을 생성하는 집합족들을 이용해서 주어진 함수의 가측성 여부를 판별할 수 있는 보다 쉬운 조건들을 제시하겠다.

[전제정리 3.2] 실수집합 $\mathbb{R}$에서 보렐 σ-대수 $\mathcal{B}(\mathbb{R})$은 다음 집합들 중 어느 집합에 의해서든 모두 다 생성된다.

$$\{(-\infty, b) \mid b \in \mathbb{R}\},\ \{(-\infty,\, b) \mid b \in \mathbb{R}\},\ \{(a, \infty) \mid a \in \mathbb{R}\},\ \{[a,\, \infty) \mid a \in \mathbb{R}\}.$$

⟨증명⟩ $(-\infty, b)$와 같은 형식의 구간들에 의해서 생성되는 σ-대수를 $\mathcal{B}_1$으로 놓자. 그러면, $(-\infty, b)$가 열린집합이므로, $\mathcal{B}_1$는 보렐 σ-대수 $\mathcal{B}(\mathbb{R})$에 포함된다. 즉, $\mathcal{B}_1 \subset \mathcal{B}(\mathbb{R})$이다. 역으로 $(-\infty, b)$, $[a, \infty) = \mathbb{R} - (-\infty, a) \in \mathcal{B}_1$이므로

[1] $(X, \mathcal{A}, \mu)$가 측도공간일 때, 두 함수 $f, g : X \to Y$가 서로 거의 같다(equal almost everywhere)는 것은 $A = \{x \in X \mid f(x) \neq g(x)\}$에 대해서 $\mu(A) = 0$임을 뜻한다.

$[a,\ b] \in \mathcal{B}_1$이고

$$[a,\ b] = \bigcap_{n=1}^{\infty} \left[a,\ b + \frac{1}{n}\right) \in \mathcal{B}_1$$

이다. 그런데, 보조정리 2.17에 의해서, 보렐 σ-대수 $\mathcal{B}(\mathbb{R})$은 닫힌 구간들의 집합족

$$\{[a,\ b] \mid a,\ b \in \mathbb{R}\}$$

에 의해서 생성되므로, $\mathcal{B}(\mathbb{R}) \subset \mathcal{B}_1$이다. 그러므로 $\mathcal{B}_1 = \mathcal{B}(\mathbb{R})$이다. 다른 구간들에 대한 증명은 같은 방법으로 하면 되므로 연습문제로 남겨둔다. ■

다음 정리의 성질들은 종종 가측함수에 때한 정의로 쓰이기도 한다.

[전제정리 3.3] $(X,\ \mathcal{A})$가 가측공간일 때, $f : X \to R$가 가측일 필요충분조건은 다음 조건들 중에서 어느 하나를 만족하는 것이다.

(1) 모든 $a \in \mathbb{R}$에 대해서, $\{x \in X \mid f(x) > a\} \in \mathcal{A}$이다.

(2) 모든 $a \in \mathbb{R}$에 대해서, $\{x \in X \mid f(x) \geq a\} \in \mathcal{A}$이다.

(3) 모든 $b \in \mathbb{R}$에 대해서, $\{x \in X \mid f(x) < b\} \in \mathcal{A}$이다.

(4) 모든 $b \in \mathbb{R}$에 대해서, $\{x \in X \mid f(x) \leq b\} \in \mathcal{A}$이다.

⟨증명⟩ 모든 $a,\ b \in \mathbb{R}$에 대해서

$$\{x \in X \mid f(x) > a\} = f^{-1}((a,\ \infty)), \quad \{x \in X \mid f(x) \geq a\} = f^{-1}([a,\ \infty))$$

이고

$$\{x \in X \mid f(x) < b\} = f^{-1}((-\infty,\ b)), \quad \{x \in X \mid f(x) \leq b\} = f^{-1}((-\infty,\ b])$$

이므로, 위 결과들은 전제정리 3.1과 전제정리 3.2에 의해서 증명된다. ■

함수 $f : X \to \mathbb{R}$가 정리 3.3의 조건들 중에서 어느 한 조건을 만족한다면 모든 $B \in (\mathbb{R})$에 대해서 $f^{-1}(B) \in \mathcal{B}$이다. 여기서 우리는

$$\{f < b\} = \{x \in X \mid f(x) < b\}$$

와 같은 간단한 개념을 이용하겠다.

$\overline{\mathbb{R}}$에서 보렐 σ-대수 $\mathcal{B}(\overline{\mathbb{R}})$은 $(a,\ \infty)$, $[a,\ \infty]$, $[-\infty,\ b)$, $[-\infty,\ b]$와 같은 구간들에 의해서 생성되므로, 정리 3.3에서 주어지는 조건들과 똑같은 조건들은

확장된 실수값을 갖는 함수 $f : X \to \overline{\mathbb{R}}$의 가측성에 대한 조건에 해당한다. 이러한 경우에는 전제정리 3.3에서 a, b를 확장된 실수 $a, b \in \overline{\mathbb{R}}$로 까지 확대할 수도 있다. 그러나 이러한 조건이 $f : X \to \overline{\mathbb{R}}$가 가측함수가 되는 데에 반드시 필요한 것은 아니다.

다음 정리를 통해서 사칙연산에 관해서 함수들의 가측성은 그대로 유지된다는 것을 알 수 있다.

[전제정리 3.4] $f, g : X \to \mathbb{R}$가 가측인 함수들이고 $c \in \mathbb{R}$이면, 다음 함수들은 모두 가측이다.

$$cf, \quad f+g, \quad fg, \quad f/g \text{ (단, } g \neq 0).$$

⟨증명⟩ 만약 $c > 0$이면

$$\{cf > a\} = \{f > a/c\}$$

이므로 cf가 가측이고, $c < 0$이거나 $c = 0$인 경우에도 유사하게 증명된다. 그리고

$$\{f+g > a\} = \bigcup_{q+r>a;\ q,r\in\mathbb{Q}} (\{f > q\} \cap \{g > r\})$$

이므로 $f+g$도 가측이다. 그리고 $b \geq 0$이면

$$\{f^2 < b\} = \{-\sqrt{b} < f < \sqrt{b}\}$$

이므로 f^2도 가측이다. 따라서

$$fg = \frac{1}{2}\left[(f+g)^2 - f^2 - g^2\right]$$

도 가측이다. 마지막으로 $g \neq 0$이면

$$\{1/g < b\} = \begin{cases} \{1/b < g < 0\} & \text{if} \quad b < 0, \\ \{-\infty < g < 0\} & \text{if} \quad b = 0, \\ \{-\infty < g < 0\} \cup \{1/b < g < \infty\} & \text{if} \quad b > 0 \end{cases}$$

이므로, $1/g$가 가측이고 f/g도 가측이다. ■

위의 정리와 비슷한 결과들이 확장된 실수값을 갖는 함수들에 대해서도 그 연산들이 잘 정의되어 있는 경우에 한하여 똑같이 적용된다.

예를 들어, 가측함수 $f(x)$와 $g(x)$가 동시에 ∞와 $-\infty$값을 갖지 않는다면 합 $f+g$는 가측이 되고, $f(x)$와 $g(x)$가 동시에 0과 $\pm\infty$값을 갖지 않는다면 곱 fg도 가측이 된다.

[전제정리 3.5] 두 함수 $f, g : X \to \overline{\mathbb{R}}$가 모두 가측이라 하자. 그러면

$$|f|, \quad \max(f, g), \quad \min(f, g)$$

가 모두 가측함수들이다.

⟨증명⟩ 임의의 $b \in \mathbb{R}$에 대해서

$$\begin{aligned} \{\max(f, g) < b\} &= \{f < b\} \cap \{g < b\}, \\ \{\min(f, g) < b\} &= \{f < b\} \cup \{g < b\} \end{aligned}$$

이고

$$|f| = \max(f, 0) - \min(f, 0)$$

이므로, 주어진 함수들은 모두 가측이다. ■

3.3 함수열의 점별수렴성

가측성(measurability)은 함수열의 극한에 의해서도 보존된다. 다음 정리에 나타난 연산들은 점별연속성에 관한 가측성을 말해준다. 예를 들면

$$\left(\sup_{n \in \mathbb{N}} f_n\right)(x) = \sup_{n \in \mathbb{N}} \{f_n(x)\}$$

이다.

[정리 3.6] 만약 $\{f_n \mid n \in \mathbb{N}\}$이 가측인 함수열 $f_n : X \to \overline{\mathbb{R}}$이면, 극한

$$\sup_{n \in \mathbb{N}} f_n, \quad \inf_{n \in \mathbb{N}} f_n, \quad \limsup_{n \to \infty} f_n, \quad \liminf_{n \to \infty} f_n$$

은 모두 X에서 가측이며 확장된 실수값을 갖는 함수들이다.

⟨증명⟩ 임의의 $b \in \mathbb{R}$에 대해서

$$\left\{\sup_{n \in \mathbb{N}} f_n \le b\right\} = \bigcap_{n=1}^{\infty} \{f_n \le b\}, \quad \left\{\inf_{n \in \mathbb{N}} f_n < b\right\} = \bigcup_{n=1}^{\infty} \{f_n < b\}$$

이므로 $\sup_{n \in \mathbb{N}} f_n$과 $\inf_{n \in \mathbb{N}} f_n$은 모두 가측이다. 또한

$$\limsup_{n \to \infty} f_n = \inf_{n \in \mathbb{N}} \sup_{k \ge n} f_k, \quad \liminf_{n \to \infty} f_n = \sup_{n \in \mathbb{N}} \inf_{k \ge n} f_k$$

이므로 $\limsup_{n \to \infty} f_n$과 $\liminf_{n \to \infty} f_n$도 모두 가측이다. ■

주어진 함수열에 의해서 새로운 함수가 만들어지는 가장 중요한 방식이 점별수렴성에 의한 것이다.

[정의 3.3] 함수열 $\{f_n \mid f_n : X \to \overline{\mathbb{R}}\}$이 함수 $f : X \to \overline{\mathbb{R}}$로 **점별 수렴한다**(pointwise converges)는 뜻은 각 $x \in X$에 대해서 $\lim_{n\to\infty} f_n(x) = f(x)$임을 의미한다.

함수열의 점별수렴성은 (연속성은 보존하지 않지만) 가측성을 보존한다. 이러한 사실이 해석학에서 가측함수들이 차지하는 비중이 매우 크다는 것을 잘 설명해 준다.

[정리 3.7] 만약 $\{f_n \mid n \in \mathbb{N}\}$이 가측인 함수들 $f_n : X \to \overline{\mathbb{R}}$의 열이고, $n \to \infty$일 때, 점별로 $f_n \to f$이면 $f : X \to \overline{\mathbb{R}}$는 가측함수다.

⟨증명⟩ 만약 점별로 $f_n \to f$이면

$$f = \limsup_{n\to\infty} f_n = \liminf_{n\to\infty} f_n$$

이므로, 정리 3.6에 의해서, $f \to \overline{\mathbb{R}}$는 가측이다. ■

3.4 단순함수

X의 부분집합 E의 **특성함수**(characteristic function) 또는 **지시함수**(indicator function) $\chi_E : X \to \mathbb{R}$은 다음과 같이 정의된다.

$$\chi_E(x) = \begin{cases} 1 & \text{if} \quad x \in E \\ 0 & \text{if} \quad x \notin E \end{cases}$$

여기서 알아야 할 사실은 특성함수 χ_E가 가측일 필요충분조건은 E가 가측집합인 것이다.

[정의 3.4] $(X, \mathcal{A})$가 가측공간이고 $c_1, \ldots, c_N \in \mathbb{R}$이며 $E_1, \ldots, E_N \in \mathcal{A}$일 때

$$\phi(x) = \sum_{n=1}^{N} c_n \chi_{E_n}(x) \tag{3.1}$$

와 같이 정의되는 함수 $\chi : X \to \mathbb{R}$를 **단순함수**(simple function)라 부른다.

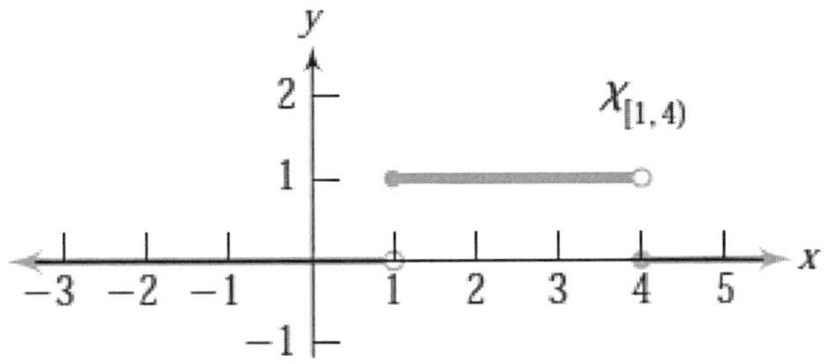

그림 3.1: 특성함수(characteristic function)

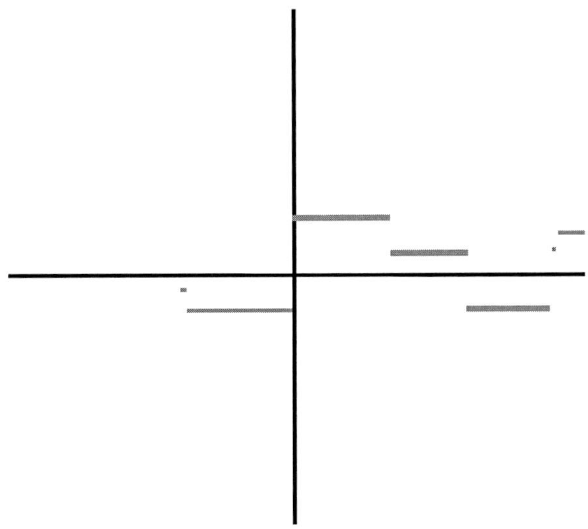

그림 3.2: 단순함수(simple function)

정의 3.4에 의하면 모든 단순함수는 가측이다. 식 (3.1)에서 ϕ를 표현한 식이 유일한 방식은 아니다. 만약 $c_1, \ldots, c_N$이 각기 다른 수이고 집합 $E_1, \ldots, E_N$이 서로소이면, 식 (3.1)로 표현되는 함수 ϕ를 가리켜서 **표준형**이라 한다.

[정리 3.8] 만약 $f : X \to [0, \infty]$가 가측인 양함수이면

$$\phi_1 \leq \phi_2 \leq \cdots \leq \phi_n \leq \cdots$$

이고, $n \to \infty$일 때 점별로 $\phi_n \to f$이며 단조증가인 양의 단순함수열 $\phi_n : X \to [0, \infty)$이 존재한다. 만약 f가 유계인 함수이면 함수열 $\{\phi_n\}$이 f로 균등하게 (uniformly) 수렴한다.

〈증명〉 각 $n \in \mathbb{N}$에 대해서 f의 치역에 속한 구간 $[0,\, 2^n]$을 길이가 2^{-n}인 2^{2n}개의 부분구간

$$I_{k,n} = \left[k2^{-n},\, (k+1)2^{-n}\right], \quad (k = 0,\, 1, \ldots, 2^{2n} - 1)$$

로 나누고 $J_n = (2^n,\, \infty]$을 f의 치역의 나머지 영역으로 놓은 다음

$$E_{k,n} = f^{-1}(I_{k,n}), \quad F_n = f^{-1}(J_n)$$

으로 정의하자. 그러면

$$\phi_n = \sum_{k=0}^{2^{2n}-1} k2^{-n}\chi_{E_{k,n}} + 2^n\chi_{F_n}$$

로 정의된 단순함수열이 이 정리의 성질들을 모두 만족한다. ■

가측함수 $f : X \to \mathbb{R}$에 대한 르베끄-적분을 정의할 때 우리는 단순함수를 써서 근사시킬 것이다. 반면에 함수 $f : [a,\, b] \to \mathbb{R}$의 리이만-적분을 정의할 때는 구간 $[a,\, b]$를 부분구간들로 분할한 다음 각 부분구간에서 상수값을 갖는 계단함수들로 근사시킨다.

두 적분들의 사이의 주된 차이점은 적분값을 근사시킬 때에 리이만-적분에서는 주어진 함수 f의 정의역을 분할하고 르베끄 적분에서는 치역을 분할한다는 것이다.

3.5 거의 모든 곳에서 성립하는 성질들

때때로 우리는 측도가 0인 집합의 밖(여집합)에서 정의되는 함수나 극한을 다루게 된다. 그러한 경우에 완비측도공간을 활용하는 것이 편리하다.

[전제정리 3.9] $(X,\, \mathcal{A},\, \mu)$를 완비측도공간이라 하고 $f,\, g : X \to \overline{R}$가 함수라 하자. 만약 거의 모든 곳에서 점별로 $f = g$ (μ-a.e. : μ-almost everywhere)이고 f가 가측이면, g도 가측이다.

〈증명〉 $N \in \mathcal{A}$이고 $\mu(N) = 0$이며 $N^c = X - N$에서 $f = g$라 하자. 그러면

$$\{g < b\} = (\{f < b\} \cap N^c) \cup (\{g < b\} \cap N)$$

이고 $\{f < b\} \cap N^c$가 가측이며 $\{g < b\} \cap N$은 측도가 0인 집합 N의 부분집합이다. 그런데 X가 완비공간이므로 $\{g < b\} \cap N$가 가측이고 $\{g < b\}$도 가측이다. 그러므로 g가 가측함수다. ■

위 정리에서 X의 완비성은 필수다. 예를 들어, X가 완비공간이 아니고 E가 측도가 0인 집합 N의 부분집합으로서 비가측(non-measurable)이면, 상수함수 0과 특성함수 χ_E는 거의 모든곳에서 서로 같다. 즉, $\chi_E = 0$, μ-a.e 이다.

그런데 0은 가측함수이고 χ_E는 비가측함수이다.

[전제정리 3.10] $(X, \mathcal{A}, \mu)$를 완비측도공간이라 하자. 만약 $\{f_n \mid n \in \mathbb{N}\}$이 가측인 $f_n : X \to \overline{R}$들로 구성된 함수열이고 $n \to \infty$일 때, 거의 모든 곳에서 (μ-a.e.) 점별로 $f_n \to f$ 이면 $f : X \to \overline{\mathbb{R}}$도 가측함수다.

⟨증명⟩ 모든 f_n이 가측이므로, $g = \limsup_{n\to\infty} f_n$가 가측이고 $f = g(\mu\text{-a.e.})$ 이므로, 정리 3.9에 의해서, 위 정리가 성립한다. ■

3.6 연습문제

∗ 별도로 언급을 하지 않는 한, X는 가측공간(measurable space)으로 간주하고 $\mathbb{R}$ 또는 $\mathbb{R}^n$은 보렐-측도 공간으로 간주한다. 또한 $\mathbb{R}$ 또는 $\mathbb{R}^n$을 위상공간으로 생각할 때는 유클리드 거리공간 또는 상용(표준)위상공간으로 생각한다.

1. $(X, \mathcal{M})$이 가측공간이고 $\{A_n \mid n \in \mathbb{N}\} \subset \mathcal{M}$이라 하자. 여기서

$$\begin{aligned} A &= \{x \in X \mid \text{무한히 많은 } n\text{에 대해서 } x \in A_n\text{이다}\} \\ B &= \{x \in X \mid \text{유한개만을 제외한 무한히 많은 } n\text{에 대해서 } x \in A_n\text{이다}\} \\ C &= \{x \in X \mid \text{유한개d의 } n\text{에 대해서만 } x \in A_n\text{이다}\} \end{aligned}$$

로 놓았을 때, A, B, C가 모두 가측집합임을 증명하라.

2. 다음 명제가 참인지 거짓인지를 판별하라. 참인 경우에는 그 이유를 밝히고 거짓인 경우에는 반례를 들어서 설명하라.

   a) $\mathcal{A}_1$과 $\mathcal{A}_2$가 X에서 σ-대수이면, 합 $\mathcal{A}_1 \cup \mathcal{A}_2$도 X에서 σ-대수다.

   b) $\{\mathcal{A}_n \mid n \in \mathbb{N}\}$이 X에서 σ-대수열이고 $\mathcal{A}_1 \subseteq \mathcal{A}_2 \subseteq \cdots$ 이면 $\mathcal{A} = \cup_{n=1}^{\infty} \mathcal{A}_n$이 X에서 σ-대수다.

   c) $(X, \mathcal{A})$가 가측공간이고 $f : X \to Y$가 함수이면 $\mathcal{B}_1 = \{f(A) \mid A \in \mathcal{A}\}$가 Y에서 σ-대수다.

   d) $(X, \mathcal{A})$가 가측공간이고 $g : Y \to X$가 함수이면 $\mathcal{B}_2 = \{g^{-1}(A) \mid A \in \mathcal{A}\}$가 Y에서 σ-대수다. (단, 여기서 $g^{-1}(A) = \{y \in Y \mid g(y) \in A\}$이다.)

3. $f: X \to \mathbb{R}$가 가측함수이고 $c \in [0, \infty]$이면, 집합 $E_c = \{x \in X \mid f(x) = c\}$가 가측합합임을 증명하라.

4. $(X, \mathcal{A})$가 가측공간이고 $A \subset X$라 하자. 특성함수 $\chi_A : X \to [0, \infty)$가 가측일 필요충분조건이 $A \in \mathcal{A}$인 것임을 증명하라.

5. $f : \mathbb{R} \to \mathbb{R}$가 함수일 때, 다음이 성립함을 증명하라.

   a) f가 증가함수이면 f는 가측함수다.

   b) f가 감소함수이면 f는 가측함수다.

   c) f가 우연속 함수이면, 즉 $\lim_{t \to x^+} f(t) = f(x)$이면 f는 가측함수다.

   d) f가 좌연속 함수이면, 즉 $\lim_{t \to x^-} f(t) = f(x)$이면 f는 가측함수다.

6. $f : X \to \mathbb{R}$가 가측함수일 때, 모든 보렐-집합 $B \subset \mathbb{R}$에 대해서 $f^{-1}(B)$가 가측임을 증명하라.

7. 함수 $f : \mathbb{R}^n \to \overline{\mathbb{R}}$가 가측일 때, 집합 $f^{-1}(\{\infty\})$와 $f^{-1}(\{-\infty\})$가 모두 가측임을 보여라.

8. $|f|$가 가측이지만 f는 가측이 아닌 함수 $f : X \to \mathbb{R}$을 구하라.

9. 보렐-집합은 아니면서 르베끄-측도가 0인 실수집합을 찾아라.

10. 함수 $f : [0, 1] \to \mathbb{R}$를

$$f(x) = \begin{cases} 0 & \text{if} \quad x = 0, \\ x\sin(1/x) & \text{if} \quad 0 < x \leq 1 \end{cases}$$

로 정의했을 때, 집합 $E = \{x \in [0, 1] \mid f(x) \geq 0\}$의 측도를 구하라.

11. $(X, \mathcal{A})$가 가측공간이고 $\{f_n \mid f : X \to \overline{\mathbb{R}}\}$가 가측인 함수들의 열이라고 했을 때, 집합

$$A = \{x \in X \mid \lim_{n \to \infty} f(x)\text{가 유한한 실수값으로 수렴함}\}$$

가 $\mathcal{A}$에 속함을 증명하라.

12. X가 집합이고 $\{A_k \mid k \in \mathbb{N}\} \subset \wp(X)$라 하고

$$B = \bigcup_{n=1}^{\infty} \left(\bigcap_{k=n}^{\infty} A_i \right), \qquad C = \bigcap_{n=1}^{\infty} \left(\bigcup_{k=n}^{\infty} A_i \right)$$

로 놓았을 때, 다음을 증명하라.

a) $\liminf_{k\to\infty} \chi_{A_k} = \chi_B$.

b) $\limsup_{k\to\infty} \chi_{A_k} = \chi_C$.

13. $(X, \mathcal{A})$가 가측공간이고 $f, g : X \to \mathbb{R}$가 함수들이라 할 때, 다음을 증명하라.

a) f와 g가 모두 $\mathcal{A}$-가측인 단순함수들일 때, 합 $f+g$와 곱 fg가 모두 $\mathcal{A}$-가측이다.

b) f와 g가 모두 $\mathcal{A}$-가측인 임의의 함수들일 때, 합 $f+g$와 곱 fg가 모두 $\mathcal{A}$-가측이다.

14. $(X, \mathcal{A})$가 가측공간이고 $f_1, f_2, \ldots, f_n : X \to \mathbb{R}$이 모두 가측함수들일 때, 합 $f_1 + f_2 + \cdots + f_n$과 곱 $f_1 f_2 \cdot \ldots \cdot f_n$이 모두 가측임을 보여라.

15. $(X, \mathcal{A})$가 가측공간일 때, 다음을 증명하라.

a) $E \subset X$일 때 지시함수(특성함수) $\chi_E : X \to \mathbb{R}$가 가측일 필요충분조건이 $E \in \mathcal{A}$인 것이다.

b) $E_1, E_2, \ldots, E_n \in \mathcal{A}$이고 $c_1, c_2, \ldots, c_n \in \mathbb{R}$이면 단순함수

$$\phi(x) = \sum_{n=1}^{N} c_n \chi_{E_n} : X \to \mathbb{R}$$

가 가측함수다.

16. $f : \mathbb{R} \to \mathbb{R}$가 단조증가(감소)인 함수이면 f가 가측임을 증명하라.

17. 다음 두 조건을 모두 만족하는 함수 $f, g : \mathbb{R} \to \mathbb{R}$을 구하라.

a) f와 g가 모두 보렐-가측인 함수다.

b) $E = \{x \in \mathbb{R} \mid f(x) = g(x)\}$일 때, E는 $\mathbb{R}$에서 조밀(즉, $\overline{E} = \mathbb{R}$)하고 $\mu(\mathbb{R} - E) = 0$이다.

18. $\{E_n\}$이 서로소인 가측집합열이고 $\cup_{n=1}^{\infty} E_n = \mathbb{R}^n$이며 $\{f_n \mid f_n : E_n \to \mathbb{R}\}$이 가측인 함수열일 때, $x \in E_n$이면 $f(x) = f_n(x)$로 정의되는 함수 $f : \mathbb{R}^n \to \mathbb{R}$가 가측임을 보여라.

19. 함수 $f, g : \mathbb{R} \to \mathbb{R}$를 각각

$$f(x) = \begin{cases} 1 & \text{if} \quad x \in \mathbb{Q}, \\ 0 & \text{if} \quad x \notin \mathbb{Q} \end{cases}$$

와

$$g(x) = \begin{cases} \frac{1}{q} & \text{if} \quad x = \frac{p}{q}, \quad (p\text{와 } q > 0\text{는 서로 소인 정수}) \\ 0 & \text{if} \quad x = 0 \quad \text{또는} \quad x \notin \mathbb{Q} \end{cases}$$

로 정의했을 때, 다음에 답하여라.

a) f는 어느 곳에서도 연속이지 않다. 즉

$$E_f = \{x \in \mathbb{R} \mid f\text{가 } x\text{에서 연속}\}$$

일 때, $E_f = \emptyset$이다.

b) g의 거의 모든 곳에서(μ-a.e.) 연속이다. 즉

$$E_g = \{x \in \mathbb{R} \mid f\text{가 } x\text{에서 연속}\}$$

일 때, $\mu(\mathbb{R} - E_g) = 0$이다.

20. $f : \mathbb{R}^n \to \mathbb{R}$가 가측함수이고 $g : \mathbb{R}^n \to \mathbb{R}$가 f와 거의 모든 곳에서 같다($g = f$)면, g가 가측함수임을 보여라.

21. $(X,\ \mathcal{A},\ \mu)$가 측도공간이고 $(Y,\ \mathcal{B})$가 가측공간이라 하자. 그리고

$$\mathcal{F} = \{f \mid f : X \to Y\}$$

로 놓자. 그리고 함수 $f,\ g \in \mathcal{F}$에 대해서 관계 $f \sim g$를 다음과 같이 정의하자.

$$f \sim g \quad \Leftrightarrow \quad f\text{와 } g\text{가 모두 가측이고 거의 모든 곳에서 서로 같다.}$$

그러면 $\sim$가 $\mathcal{F}$에서 동치관계임을 증명하라.

22. $(X,\ \mathcal{A},\ \lambda)$가 측도공간이고 $f : X \to \mathbb{R}$가 가측인 함수일 때, f의 본질적 상한(essential supremum)과 본질적 하한(essential infimum)을

$$\operatorname{ess\,sup} f = \inf\{\alpha \in \mathbb{R} \mid f \leq \alpha \text{ (a.e.)}\}, \quad \operatorname{ess\,inf} f = \sup\{\alpha \in \mathbb{R} \mid f \geq \alpha \text{ (a.e.)}\}.$$

와 같이 정의한다. 그러면, $f,\ g : X \to \mathbb{R}$가 가측함수들일 때, 다음을 증명하라.

a) $f \leq \operatorname{ess\,sup} f$, (a.e.)이다.

b) $\operatorname{ess\,sup} f \leq \sup f$이다.

c) $\operatorname{ess\,sup}(f + g) \leq \operatorname{ess\,sup} f + \operatorname{ess\,sup} g$이다.

d) $\operatorname{ess\,sup} f = -\operatorname{ess\,inf}(-f)$이다.

e) f와 g가 가측이고 $g \leq 0$이면, $fg \leq (\operatorname{ess\,sup} f)g$ (a.e.)이다.

제 4 장

르베끄 적분

이 장에서 우리는 측도공간 X에서 정의된 함수 $f : X \to \mathbb{R}$의 적분을 정의하고 여기에 대한 기본적인 성질들을 소개하겠다. 여기서 소개하는 적분을 가리켜서 르베끄 적분이라고 부르는데 함수의 정의역 X가 르베끄 측도공간 $\mathbb{R}^n$의 부분집합이든 아니든 상관이 없다.

르베끄(Lebesque) 적분은 리이만(Riemann) 적분보다 더 많은 함수들에 적용할 수 있고 점별수렴성에 관해서 리이만 적분보다 훨씬 더 효과적이다.

르베끄 적분은 세 단계로 정의된다. 먼저 양의 단순함수에 대한 적분을 정의하고 다음으로 양의 실수값을 갖는 가측함수에 대해서 적분을 정의하며 마지막으로 확장된 실수값을 갖는 가측함수에 대해서 적분을 정의한다.

4.1 단순함수의 적분

앞으로 우리는 $(X,\ \mathcal{A},\ \mu)$를 측도공간으로 간주하도록 하자.

[정의 4.1] $\phi : X \to [0,\ \infty)$가

$$\phi = \sum_{i=1}^{N} c_i \chi_{E_i}$$

로 정의된 양의 단순함수일 때, 측도 μ에 관한 ϕ의 적분을

$$\int \phi \, d\mu = \sum_{i=1}^{N} c_i \, \mu(E_i) \tag{4.1}$$

로 정의한다.

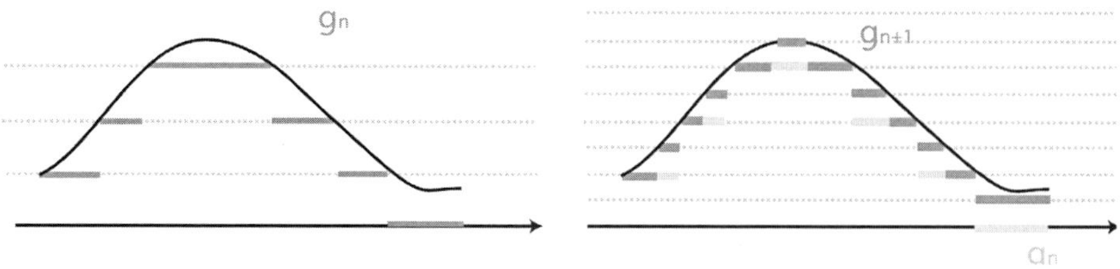

그림 4.1: 함수 $y = f(x)$의 단순함수에 의한 근사화

식 (4.1)에서 $c_i = 0$이고 $\mu(E_i) = \infty$인 경우에, 측도가 ∞인 집합에서 0을 값으로 갖는 함수의 적분을 0으로 계산하기 위하여 $0 \cdot \infty = 0$을 활용하도록 한다. 만약 $c_i > 0$이고 $\mu(E_i) = \infty$인 $i \in \{1, 2, \ldots, N\}$가 존재하면, 적분값이 ∞가 된다. 우리는 함수 ϕ가 특성함수들의 선형결합으로 표현되는 방식에 상관없이 (4.1)로 정의된 ϕ의 적분값이 항상 같다는 것을 쉽게 증명할 수 있다.

[예제 4.1] 유리수 집합 $\mathbb{Q}$의 특성함수 $\chi_{\mathbb{Q}} : \mathbb{R} \to \mathbb{R}$는 길이가 0 아닌 유계한 닫힌 구간에서 리이만 적분이 가능하지 않다. 그러나 이 함수에 대해서 르베끄 적분은 가능하여

$$\int \chi_{\mathbb{Q}} d\mu = 1 \cdot \mu(\mathbb{Q}) = 0$$

이다. □

단순함수에 대한 르베끄 적분은 일반적인 리이만 적분에 대한 성질들을 대부분 만족한다. 특히, 식 (4.1)로 정의되는 단순함수의 적분은 선형적이고 단조적이다.

[전제정리 4.1] $\phi,\ \psi : X \to [0,\ \infty)$가 측도공간 X에서 정의되는 양의 단순함수라 하자. 그러면 다음 성질들이 성립한다.

(1) $\displaystyle\int k\,\phi\, d\mu = k \int \phi\, d\mu, \quad (k \in [0,\ \infty)).$

(2) $\displaystyle\int (\phi + \psi) d\mu = \int \phi\, d\mu + \int \psi\, d\mu.$

(3) $\displaystyle 0 \le \phi \le \psi \quad \Longrightarrow \quad 0 \le \int \phi\, d\mu \le \int \psi\, d\mu.$

⟨증명⟩ 정의 4.1에 의하여 자명하므로, 증명은 생략한다. ■

4.2 양함수의 적분

나중에 가측함수의 적분을 양함수와 음함수에 대한 적분으로 나누어 계산을 하게 되므로, 먼저 양함수에 대한 적분을 정의하는 것으로 시작하겠다.

[정의 4.2] 만약 $f : X \to [0,\ \infty]$가 양의 확장된 실수값을 갖는 가측함수이면

$$\int f\,d\mu = \sup\left\{\int \phi\,d\mu \mid \phi\text{는 단순함수이고 } 0 \le \phi \le f\right\}$$

로 정의한다. 그리고 함수 $f : X \to [0,\ \infty]$가 가측이고

$$\int f\,d\mu < \infty$$

일 때, f는 적분가능하다(integrable)고 말한다.

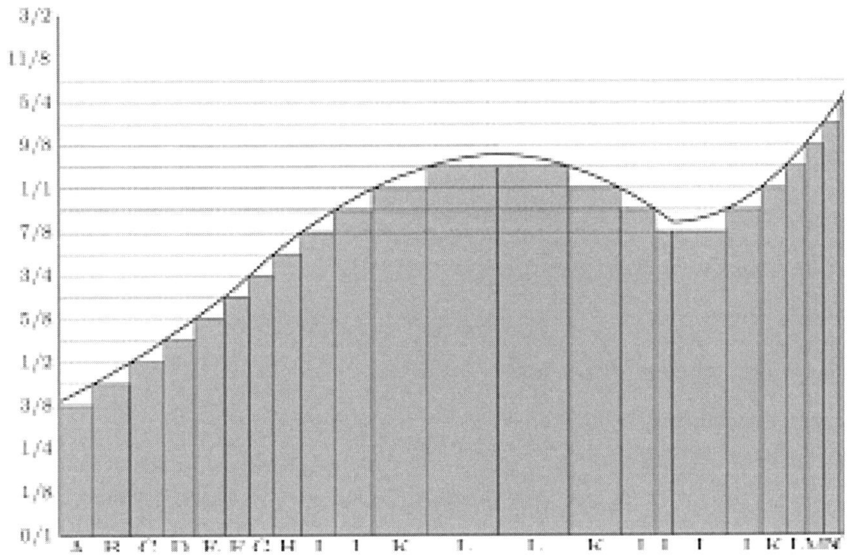

그림 4.2: 르베끄 적분법

이 정의에서 함수 $f \ge 0$의 적분을 아래로부터 단순함수들을 근사시켜서 계산한다. 리이만 적분과는 다르게 함수 f에 대한 르베끄 적분을 정의하기 위해서는 f가 유계인 함수일 필요는 없다.

만약 $f : X \to [0,\ \infty]$가 가측함수이고 $A(\subset X)$가 가측집합이면

$$\int_A f\,d\mu = \int f \cdot \chi_A\,d\mu$$

로 정의한다. 직사각체가 아닌 다른 유형에 의한 적분은 매우 복잡한 문제

를 야기하는 리이만 적분과는 다르게 르베끄 적분은 가측인 모든 집합에서 정의될 수 있다.

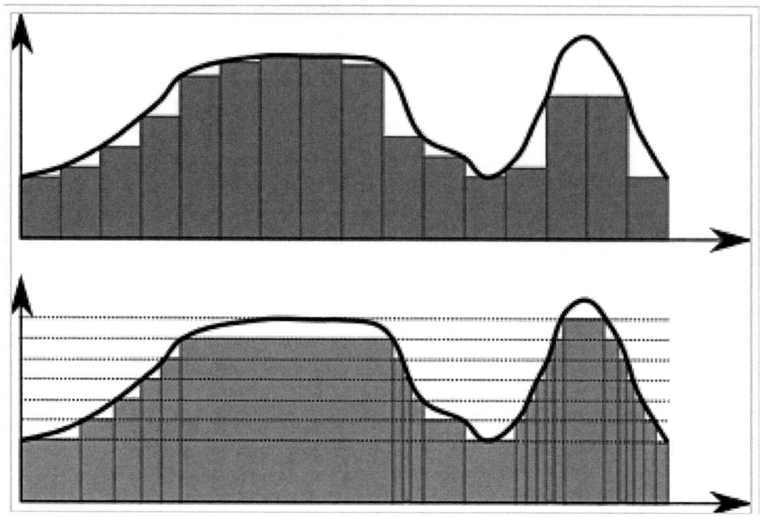

그림 4.3: 리이만 적분과 르베끄 적분의 비교

다음 정리는 위의 정리와 단순함수에 대한 성질들로부터 직접 얻어진다.

[전제정리 4.2] 만약 $f,\ g : X \to [0,\ \infty]$가 가측함수이면 다음이 성립한다.

(1) $k \geq 0$가 임의의 상수이면 $\int kf\,d\mu = k\int f\,d\mu$이다.

(2) $0 \leq f \leq g$이면, $\int f\,d\mu \leq \int g\,d\mu$이다.

양함수들에 대한 적분의 선형성을 보이기 위해서는 먼저 르베끄 적분에 대한 수렴성에 관한 기본정리인 **단조 수렴성 정리**(monotone convergence theorem)를 소개해야 한다.

[정리 4.3](단조 수렴성 정리) 각 $n \in \mathbb{N}$에 대해서 $f_n : X \to [0,\ \infty]$이 가측이고 $\{f_n \mid n \in \mathbb{N}\}$이

$$0 \leq f_1 \leq f_2 \leq \cdots \leq f_n \leq f_{n+1} \leq \cdots$$

인 단조증가 함수열이라 하자. 여기서 $f = \lim_{n\to\infty} f_n$으로 정의하면

$$\int f\,d\mu = \lim_{n\to\infty}\int f_n\,d\mu$$

이다.

⟨증명⟩ $\{f_n\}$이 단조증가이므로 $\{f_n\}$의 점별로 수렴하는 함수 $f : X \to [0,\ \infty]$가 존재한다. 또한 르베그 적분의 단조성에 의해서

$$\int f_n\, d\mu \le \int f_{n+1} d\mu \le \int f\, d\mu$$

이고

$$\lim_{n\to\infty} \int f_n d\mu \le \int f\, d\mu$$

인 관계가 성립한다.

이제 반대 부등식이 성립함을 보이기 위해서 $\phi : X \to [0,\ \infty)$가 단순함수이고 $0 \le \phi \le f$라 하자. 여기서 $t \in (0,\ 1)$를 고정시키자. 여기서

$$A_n = \{x \in X \mid f_n(x) \ge t\,\phi(x)\}$$

로 정의하면, $\{A_n \mid n \in \mathbb{N}\}$은

$$A_1 \subseteq A_2 \subseteq \cdots \subseteq A_n \subseteq A_{n+1} \subseteq \cdots$$

인 성질을 만족하는 가측인 증가 집합열이고 $\cup_{n=1}^{\infty} A_n = X$이다. 따라서

$$\int f_n\, d\mu \ge \int_{A_n} f_n\, d\mu \ge t \int_{A_n} \phi\, d\mu \tag{4.2}$$

이다. 또한

$$\phi = \sum_{i=1}^{N} c_i\, \chi_{E_i}$$

이면, μ의 단조성에 의해서, $n \to \infty$이면

$$\int_{A_n} \phi\, d\mu = \sum_{i=1}^{N} c_i\, \mu(E_i \cap A_n) \to \sum_{i=1}^{N} c_i\, \mu(E_i) = \int \phi\, d\mu$$

이다. 따라서 (4.2)에서 $n \to \infty$경우에 대한 극한을 취하면

$$\lim_{n\to\infty} \int f_n\, d\mu \ge t \int \phi\, d\mu$$

인 관계를 얻는다. 그런데 $t \in (0, 1)$가 임의의 수이므로

$$\lim_{n\to\infty} \int f_n\, d\mu \ge \int \phi\, d\mu$$

인 관계가 성립하고, $\phi(\le f)$가 임의의 단순함수이므로, ϕ의 적분들에 대한 상한을 취하면

$$\lim_{n\to\infty} \int f_n\, d\mu \ge \int f\, d\mu$$

인 관계를 얻는다. 그러므로 정리가 증명되었다. ■

특별히 이 정리는 가측인 양함수 f의 적분을, 정의 4.2에서와 같은 $\phi \le f$인 단순함수 ϕ의 적분값들에 대한 상한으로써가 아니라, 증가인 단순함수들에 대한 적분의 극한으로 구할 수 있다는 것을 말해주고 있다. 정리 3.8에서 설명한 바와 같이 이와 같은 단수함수열은 언제나 존재한다.

[전제정리 4.4] 만약 $f,\ g : x \to [0,\ \infty]$가 가측인 양함수들이면

$$\int (f+g)\,d\mu = \int f\,d\mu + \int g\,d\mu$$

이다.

⟨증명⟩ $\{\phi_n \mid n \in \mathbb{N}\}$과 $\{\psi_n \mid n \in \mathbb{N}\}$이 각각 $n \to \infty$일 때 $\phi_n \to f$이고 $\psi_n \to g$며 단조증가인 양의 단순함수열들이라 하자. 그러면 $\{\phi_n + \psi_n\}$은 $\phi_n + \psi_n \to f + g$이고 단조증가인 양의 단순함수열이다. 따라서 단조수렴성 정리(정리 4.3)와 단순함수들에 대한 적분의 선형성에 의해서

$$\begin{aligned}
\textstyle\int (f+g)\,d\mu &= \lim_{n\to\infty} \textstyle\int (\phi_n + \psi_n)\,d\mu \\
&= \lim_{n\to\infty} \left(\textstyle\int \phi_n\,d\mu + \int \psi_n\,d\mu\right) \\
&= \lim_{n\to\infty} \textstyle\int \phi_n\,d\mu + \lim_{n\to\infty} \int \psi_n\,d\mu \\
&= \textstyle\int f\,d\mu + \int g\,d\mu
\end{aligned}$$

이다. ■

4.3 가측함수의 적분

만약 $f : X \to \overline{R}$가 확장된 실수값을 갖는 함수이면, f의 양함수와 음함수 부분 $f^+,\ f^{-1} : X \to [0,\ \infty]$를

$$f^+ = \max\{f,\ 0\}, \quad f^- = \min\{-f,\ 0\} \tag{4.3}$$

와 같이 정의한다. 따라서

$$f = f^+ - f^- \text{이고} \quad |f| = f^+ + f^-$$

이다. 여기서 주목해야할 점은 f가 가측일 필요충분조건이 f^+와 f^-가 모두 가측이라는 것이다.

[정의 4.3] 만약 $f : X \to \overline{\mathbb{R}}$가 가측함수이고 $\int f^+ d\mu$와 $\int f^- d\mu$ 중에서 적어도 하나는 유한한 값을 가지면, f의 적분을 다음과 같이 정의한다.

$$\int f\, d\mu = \int f^+\, d\mu - \int f^-\, d\mu$$

만약 $\int f^+ d\mu < \infty$이고 $\int f^- d\mu < \infty$이면, 'f는 적분가능하다(integrable)'고 말한다.

특히, $\int f^+ d\mu < \infty$이고 $\int f^- d\mu < \infty$일 필요충분조건은

$$\int |f|\, d\mu < \infty$$

인 것이다. 정의 4.3에 의하면, 적분 $\int f\, d\mu$의 값이 ∞이거나 $-\infty$일 수도 있다. 만일 $\int f^+ d\mu = \infty$이고 $\int f^- d\mu = \infty$이면 $\int f\, d\mu$는 정의되지 않는다.

르베그 적분은 리이만 적분에 관한 성질들을 모두 갖는다. 우리는 $\infty - \infty$와 같이 확장된 실수들을 포함한 정의되지 않는 표현을 피하기 위해서 앞으로 적분이 가능한 함수들에 대해서만 생각하기로 하겠다.

[전제정리 4.5] 만약 $f,\ g : X \to \mathbb{R}$가 모두 가측이면 다음이 성립한다.

(1) 임의의 상수 $k \in \mathbb{R}$에 대해서 $\displaystyle\int kf\, d\mu = k \int f\, d\mu$이다.

(2) $\displaystyle\int (f+g) d\mu = \int f\, d\mu + \int g\, d\mu$이다.

(3) $f \le g$이면 $\displaystyle\int f\, d\mu \le \int g\, d\mu$이다.

(4) $\displaystyle\left|\int f\, d\mu\right| \le \int |f|\, d\mu$이다.

〈증명〉 위 결과들은 함수들을 양함수와 음함수 부분으로 분할해서 표현한 다음에 양함수들에 대한 적분의 성질들을 이용하면 된다.

만약 $f = f^+ - f^-$이고 $k \ge 0$이면 $(kf)^+ = kf^+$이고 $(kf)^- = kf^-$이므로

$$\int kf\, d\mu = \int kf^+ - \int kf^- d\mu = k \int f^+ d\mu - k \int f^- d\mu = k \int f\, d\mu$$

이다. 마찬가지로 $(-f)^+ = f^-$이고 $(-f)^- = f^+$이므로

$$\int (-f) d\mu = \int f^- d\mu - \int f^+ d\mu = -\int f\, d\mu$$

이다.

만약 $h = f + g$이고

$$f = f^+ - f^-, \quad g = g^+ - g^-, \quad h = h^+ - h^-$$

가 각각 f, g, h에 대한 양함수와 음함수 부분으로 분할할 표현들이라 하면

$$h^+ - h^- = f^+ - f^- + g^+ - g^-$$

이다. 여기서 $h^+ = f^+ + g^+$일 필요는 없지만

$$f^- + g^- + h^+ = f^+ + g^+ + h^-$$

인 관계는 성립한다. 따라서 양함수들에 대한 적분의 선형성을 적용시키면

$$\int f^- d\mu + \int g^- d\mu + \int h^+ d\mu = \int f^+ d\mu + \int g^+ d\mu + \int h^- d\mu$$

이고

$$\begin{aligned} \int h\, d\mu &= \int h^+ d\mu - \int h^- d\mu \\ &= \int f^+ d\mu - \int f^- d\mu + \int g^+ d\mu - \int g^- d\mu \\ &= \int f\, d\mu + \int g\, d\mu \end{aligned}$$

이다. 따라서 $\int (f+g) d\mu = \int f\, d\mu + \int g\, d\mu$이다.

만약 $f \leq g$이면, $g - f \geq 0$이므로

$$0 \leq \int (g-f) d\mu = \int g\, d\mu - \int f\, d\mu$$

이고 $\int f\, d\mu \leq \int g\, d\mu$이다. 이러한 결과와 $-|f| \leq f \leq |f|$인 관계에 의해서 $\left|\int f\, d\mu\right| \leq \int |f|\, d\mu$인 관계도 증명된다. ■

여기서 르베끄 적분에 관한 두 개의 기본적인 예를 보도록 하자.

[예제 4.2] $X = \mathbb{N}$이고 $\nu : \wp(\mathbb{N}) \to [0, \infty]$가 셈측도(counting measure)라 하자. 만약 $f : \mathbb{N} \to \mathbb{R}$가 $f(n) = x_n$으로 정의되어 있다면

$$\int_{\mathbb{N}} f\, d\nu = \sum_{n=1}^{\infty} x_n$$

이고 $\int_{\mathbb{N}} f\, d\nu$가 유한한 값을 갖기 위한 필요충분조건은 급수 $\int_{\mathbb{N}} f\, d\nu$가 절대수렴하는 것이다. 따라서 절대수렴하는 급수에 대한 이론은 르베끄 적분론의 특수한 경우에 해당한다. □

그러나 교대 조화급수와 같은 조건부적으로 수렴하는 급수는 양항급수 부분과 음항급수 부분이 모두 발산하므로 르베끄 적분론과 관계되지 않는다.

[예제 4.3] $X = [a,\ b]$가 컴팩트인 구간이고 $\mu : \mathcal{L}([a,\ b]) \to \mathbb{R}$가 르베끄 측도라 하자. 4.8절에서 우리는 리이만 적분이 가능한 모든 함수 $f : [a,\ b] \to \mathbb{R}$는 르베끄 측도 μ에 관해서 적분이 가능하다는 사실과 f에 대한 리이만 적분과 르베끄 적분이 같아서

$$\int_a^b f(x)\,dx = \int_{[a,\ b]} f\,d\mu$$

임을 알게 될 것이다. 따라서 리이만 적분에 관한 모든 성질은 실직선 $\mathbb{R}$에서 르베끄 적분에 관해서도 그대로 유지된다. 따라서 우리는 $\mathbb{R}$ 또는 $\mathbb{R}^n$에서 정의되는 함수 f의 르베끄 적분을 $\displaystyle\int f\,dx$로 표현해도 무방하다. □

비록 어떤 구간에서 정의되는 르베끄 가측 함수들이 그 구간에서 리이만 적분이 가능한 함수들보다 훨씬 더 많다 하더라도, 르베끄 적분이 존재하지 않는 함수에 대해서 리이만 이상적분이 존재하는 경우도 있다.

[예제 4.4] 르베끄 적분

$$\int_0^1 \left(\frac{1}{x}\sin\frac{1}{x} + \cos\frac{1}{x}\right) dx$$

은 존재하지 않는다. 그러나 리이만 이상적분

$$\lim_{\epsilon\to 0^+}\int_\epsilon^1 \left(\frac{1}{x}\sin\frac{1}{x} + \cos\frac{1}{x}\right) dx = \lim_{\epsilon\to 0^+}\int_\epsilon^1 \frac{1}{dx}\left[x\cos\frac{1}{x}\right] dx = 1$$

은 존재한다. □

[예제 4.4] 적분

$$\int_{-1}^1 \frac{1}{x}\,dx$$

가 비록 주요값 적분

$$\text{p.v.}\int_{-1}^1 \frac{1}{x}dx = \lim_{\epsilon\to 0}\left\{\int_{-1}^{-\epsilon} \frac{1}{x}dx + \int_\epsilon^1 \frac{1}{x}dx\right\} = 0$$

으로 존재한다고 해도 르베끄 적분으로는 정의되지 않는다. 그러나 르베끄 적분

$$\int_0^1 \frac{1}{x}\,dx = \infty, \quad \int_{-1}^0 \frac{1}{x}\,dx = -\infty$$

는 확장된 실수로써 정의된다. □

4.4 함수의 절대연속성

다음 정리는 유한한 적분값을 갖는 함수는 거의 모든 곳에서 유한한 값을 갖고(finite a. e.) 그 적분은 거의 모든 곳에서 점별로 (pointwise a. e.) 주어진 함수의 값에만 의존한다는 것을 나타낸다.

[전제정리 4.6] 만약 $f : X \to \overline{\mathbb{R}}$가 적분이 가능한 함수, 즉 $\int |f|\, d\mu < \infty$이면 f는 X의 거의 모든 곳에서 유한(finite a. e.)하다.

⟨증명⟩ 일반성을 잃지 않고 $f \geq 0$이라고 하자. 그리고

$$E = \{x \in X \mid f(x) = \infty\}$$

일때 $\mu(E) > 0$이라고 가정해 보자. 그러면, 임의의 $t > 0$에 대해서, $f > t \cdot \chi_E$이고

$$\int f\, d\mu \geq \int t \cdot \chi_E\, d\mu = t \cdot \mu(E) \to \infty \quad \text{as} \quad t \to \infty$$

이므로 $\int f\, d\mu = \infty$이다. ■

[전제정리 4.7] $f : X \to \overline{\mathbb{R}}$가 확장된 실수값을 갖는 가측함수라 하자. 그러면 $\int |f|\, d\mu = 0$일 필요충분조건은 $f = 0$ (μ-a. e.)이다.

⟨증명⟩ 절대함수 $|f|$를 f로 치환한다고 간주하여, 일반성을 잃지 않고, $f \geq 0$이라고 하자. 여기서 $f = 0$ (μ-a. e.)이라고 가정하자. 만약 ϕ가

$$\phi = \sum_{i=1}^{N} c_i \chi_{E_i}$$

로 표현되는 단순함수이고 $0 \leq \phi \leq f$고 하자. 그러면 $\phi = 0$ (μ-a. e.)이고 $\mu(E_i) \neq 0$이면 $c_i = 0$이다. 따라서

$$\int \phi\, d\mu = \sum_{i=1}^{N} c_i \mu(E_i) = 0$$

이고, 정의 4.2에 의해서, $\int f\, d\mu = 0$이다.

반대로 $\int f\, d\mu = 0$이라고 가정해 보자. 여기서, 각 $n \in \mathbb{N}$에 대하여

$$E_n = \{x \in X \mid f(x) \geq 1/n\}$$

으로 놓자. 그러면 E_n은 가측집합이고 $0 \leq (1/n)\chi_{E_n} \leq f$이므로

$$0 \leq \int \frac{1}{n}\mu(E_n) = \int \frac{1}{n}\chi_{E_n}\, d\mu \leq \int f\, d\mu = 0$$

이고 $\mu(E_n) = 0$이다. 그런데

$$E = \{x \in X \mid f(x) > 0\} = \bigcup_{n=1}^{\infty} E_n$$

이므로, μ의 가산가법성에 의해서, $\mu(E) = 0$이고 $f = 0$ (μ-a. e.)이다. ■

특별히 유의할 점은 $f : X \to \overline{\mathbb{R}}$가 가측함수이고 $\mu(A) = 0$이면

$$\int_A f \, d\mu = 0 \tag{4.4}$$

가 성립한다는 것이다.

적분이 가능한 함수들에 대해서 우리는 정리 4.6보다 강한 '**적분의 절대 수렴성**(absolute continuity of integral)'이라 불리는 다음 정리를 얻는다.

[전제정리 4.8] $f : X \to \overline{\mathbb{R}}$가 적분이 가능한 함수, 즉 $\int |f| \, d\mu < \infty$이라 하자. 그러면, 임의의 수 $\epsilon > 0$에 대해서, A가 가측집합이고 $\mu(A) < \delta$이면

$$0 \le \int |f| \, d\mu < \epsilon \tag{4.5}$$

성질을 만족하는 $\delta > 0$가 존재한다.

〈증명〉 일반성을 잃지 않고 $f \ge 0$이라고 가정하자. 그리고 각 $n \in \mathbb{N}$에 대해서 $f_n : X \to [0, \ \infty]$을

$$f_n(x) = \begin{cases} n & \text{if} \quad f(x) \ge n, \\ f(x) & \text{if} \quad 0 \le f(x) < n \end{cases}$$

로 정의하자. 그러면 $\{f_n\}$은 양함수들로 구성된 증가인 가측함수열로서 f로 점별수렴한다. 이제 A위에서 f의 적분을 다음과 같이 계산할 수 있다.

$$\begin{aligned} \textstyle\int_A f \, d\mu &= \textstyle\int_A (f - f_n) d\mu + \int_A f_n \, d\mu \\ &\le \textstyle\int_X (f - f_n) d\mu + n \cdot \mu(A) \end{aligned}$$

여기서, 단조수렴성 정리를 적용하면, $n \to \infty$일 때

$$\int_X f_n \, d\mu \to \int_X f \, d\mu < \infty$$

이다. 따라서 주어진 임의의 수 $\epsilon > 0$에 대해서

$$0 \le \int_X (f - f_n) \, d\mu < \frac{\epsilon}{2}$$

인 n을 택한 다음

$$\delta = \frac{\epsilon}{2n}$$

으로 택할 수 있다. 그러므로, 이러한 $\delta > 0$에 대해, $\mu(A) < \delta$이면 식 (4.5)가 성립함을 알 수 있다. ■

만약 f가 적분가능하지 않으면 정리 4.8은 성립하지 않을 수 있다는 것을 다음 예제를 통해서 알 수 있다.

[예제 4.6] 측도 $\nu : \mathcal{B}((0,\ 1)) \to [0,\ \infty]$를 르베끄 측도 μ에 관한 적분

$$\nu(A) = \int_A \frac{1}{x} dx$$

로 정의하자. 그러면 $\mu(A) = 0$일 때 $\nu(A) = 0$이 된다. 그러나 $f(x) = \frac{1}{x}$은 $(0,\ 1)$에서 르베끄-적분이 가능하지 않고 관계 (4.5)도 성립하지 않는다. □

절대적으로 연속인 측도를 적분의 개념으로 표현한 정리 4.8에 대한 역의 정리(Radon-Nikodym 정리–정리 6.11)가 있다.

4.5 함수열의 수렴성에 관한 정리

적분론에서 가장 기본적인 질문들 중의 하나가 '함수열 $\{f_n\}$이 f로 점별수렴할 때

$$\int f_n d\mu \to \int f d\mu \tag{4.6}$$

인가?'하는 문제다.

리이만 적분은 이 질문에 대한 만족스런 해답을 해줄 만큼 충분히 일반적이지 못하다. 아마도 적분의 수렴성을 보장해 줄 수 있는 가장 간단한 조건은 함수열 $f_n : X \to \mathbb{R}$이 함수 $f : X \to \mathbb{R}$로 균등하게 수렴하고 X가 유한한 측도를 갖는 것일 것이다. 만약 이러한 조건이 충족된다면, $n \to \infty$일 때

$$\left| \int f_n\, d\mu - \int f\, d\mu \right| \le \int |f_n - f|\, d\mu \le \mu(X) \sup_X |f_n - f| \to 0$$

이 된다. 균등연속성은 다양한 목적을 위해서 너무 강한 조건인 반면에 르베끄 적분은 적분의 수렴성에 대한 간단하고 광범위하게 응용될 수 있는 이론들을 구성할 수 있게 해준다.

이러한 것들 중에서 가장 간단한 정리가 단조수렴성 정리(정리 4.3)이고 르베끄의 지배적인 수렴성 정리(dominated convergence theorem—정리 4.10)이다. 대부분 이러한 결과들의 효용성이 르베끄 적분의 장점을 설명해 준다.

그러나, 아주 간단한 예들을 통해서 알게 되겠지만, 식 (4.6)에서 함수열 $\{f_n\}$에 대한 몇 가지 조건들은 적분의 수렴성을 보장해 주는 데에 필요하다.

[예제 4.7] $f_n : \mathbb{R} \to \mathbb{R}$을

$$f_n(x) = \begin{cases} n & \text{if} \quad 0 < x < 1/n, \\ 0 & \text{if} \quad x \le 0 \quad \text{or} \quad x \ge 1/n \end{cases}$$

로 정의하자. 그러면 $n \to \infty$일 때 f_n이 $\mathbb{R}$에서 0으로 점별로 수렴함에도 불구하고, 모든 $n \in \mathbb{N}$에 대해서, 다음 등식이 성립한다.

$$\int f_n \, dx = 1$$

또한 $g_n : \mathbb{R} \to \mathbb{R}$을

$$g_n(x) = \begin{cases} n^2 & \text{if} \quad 0 < x < 1/n, \\ 0 & \text{if} \quad x \le 0 \quad \text{or} \quad x \ge 1/n \end{cases}$$

로 정의하면, 함수열 $\{g_n\}$은 0으로 점별로 수렴하지만

$$\lim_{n\to\infty} \int g_n \, dx = \lim_{n\to\infty} n = \infty$$

이다. □

[예제 4.8] 함수 $f_n : \mathbb{R} \to \mathbb{R}$을

$$f_n(x) = \begin{cases} 1/n & \text{if} \quad 0 < x < n, \\ 0 & \text{if} \quad x \le 0 \quad \text{or} \quad x \ge n \end{cases}$$

으로 정의하자. 그러면 $n \to \infty$일 때 함수열 $\{f_n\}$이 0으로 균등하게 수렴하지만, 모든 $n \in \mathbb{N}$에 대해서, 다음 등식이 성립한다.

$$\int f_n \, d\mu = 1 \qquad \square$$

[예제 4.9] 함수 $f_n : \mathbb{R} \to \mathbb{R}$을

$$f_n(x) = \begin{cases} 1 & \text{if} \quad n < x < n+1, \\ 0 & \text{if} \quad x \le n \quad \text{or} \quad x \ge n+1 \end{cases}$$

로 정의하자.

그러면 $n \to \infty$일 때 함수열 $\{f_n\}$이 0으로 점별로 수렴하지만, 모든 $n \in \mathbb{N}$에 대해서

$$\int f_n \, d\mu = 1$$

이다. □

단조수렴성 정리는, 주어진 함수열 $\{f_n\}$이 균등수렴하지 않거나 정의역 X가 무한한 측도 $\mu(X) = \infty$를 갖는 경우에는, 비록 $\{f_n\}$이 단조 증가하는 함수열이라 할지라도 적분의 수렴성이 실패할 가능성이 있음을 말해준다.

여기서 우리는 단조 수렴성 정리가 리이만 적분에는 성립하지 않는다는 점에 주목해야 한다. 실제로 리이만 적분이 가능하고 단조 증가인 유계 함수열 $\{f_n\}$의 점별 극한함수 f가 리이만 적분이 가능하지 않을 수도 있다.

[예제 4.10] $\{q_i \mid i \in \mathbb{N}\}$가 구간 $[0,\ 1]$에 있는 유리수들을 배열한 수열이라 하고, 함수 $f_n : [0,\ 1] \to [0,\ \infty)$을

$$f_n(x) = \begin{cases} 1 & \text{if} \quad x = q_i \quad \text{for some} \quad 1 \le i \le n, \\ 0 & \text{if} \quad i > n \end{cases}$$

으로 정의하자. 그러면 $\{f_n\}$은 유계하고 리이만 적분이 가능한 양함수들의 단조증가 함수열이고, 모든 $n \in \mathbb{N}$에 대해서

$$\int_0^1 f_n(x)dx = 0$$

이다. 또한 함수열 $\{f_n\}$은 $E = \mathbb{Q} \cap [0,\ 1]$의 특성함수 $\chi_E : [0,\ 1] \to \mathbb{R}$에 점별로 수렴한다. 그러나 $\chi_E : [0,\ 1] \to \mathbb{R}$는 리이만 적분이 가능하지 않다. □

다음은 단조수렴성 정리를 일반화 시킨 매우 유용한 정리이다.

[정리 4.9](파토우의 정리, Fatou's Lemma)
모든 $n \in \mathbb{N}$에 대해서 $f_n : X \to [0,\ \infty]$이 가측인 함수라 하자. 그러면 다음 부등식이 성립한다.

$$\int \liminf_{n\to\infty} f_n d\mu \le \liminf_{n\to\infty} \int f_n \, d\mu. \tag{4.7}$$

〈증명〉 각 $n \in \mathbb{N}$에 대해서

$$g_n = \inf_{k \ge n} f_k$$

로 정의하자. 그러면 $\{g_n\}$은 단조 증가인 함수열이고, $n \to \infty$일 때, $\liminf f_n$에 점별로 수렴한다. 따라서 단조수렴성 정리에 의해서

$$\lim_{n\to\infty}\int g_n\,d\mu=\int\liminf_{n\to\infty} f_n\,d\mu \tag{4.8}$$

이다. 또한, 모든 $k \geq n$에 대해서, $g_n \leq f_k$이므로

$$\int g_n\,d\mu \leq \inf_{k\geq n}\int f_k\,d\mu$$

이고

$$\lim_{n\to\infty}\int g_n\,d\mu \leq \liminf_{n\to\infty}\int f_n\,d\mu$$

이다. 이 부등식에 식 (4.8)을 적용시키면 부등식 (4.7)을 얻게 된다. ■

앞의 예제들에서 보았듯이 식 (4.7)에서 등식(=)이 성립하지 않을 수도 있다. 그러나 단조 수렴성 정리와 파토우의 정리(정리 4.9)는 우리로 하여금 함수들의 적분가능성을 판별할 있게 해준다.

[예제 4.11] 각 $\alpha \in \mathbb{R}$에 대해서

$$f(x)=\begin{cases} x^{-\alpha} & \text{if} \quad 0<x\leq 1, \\ \infty & \text{if} \quad x=0 \end{cases}$$

으로 정의되는 함수 $f : [0,\ 1] \to [0,\ \infty]$를 생각하자. 그리고 각 $n \in \mathbb{N}$에 대해서

$$f_n(x)=\begin{cases} x^{-\alpha} & \text{if} \quad 1/n\leq x\leq 1, \\ n^{\alpha} & \text{if} \quad 0\leq x<1/n \end{cases}$$

로 정의하자. 그러면 $\{f_n\}$은 르베끄 가측(f_n이 연속이므로)이고 증가인 함수열이고 f로 점별수렴한다. 여기서 구간 $[0,\ 1]$에서 르베끄 측도에 관한 f의 적분을 $\int_0^1 f(x)dx$로 표현하자. 그러면 단조수렴성 정리에 의해서

$$\int_0^1 f(x)dx=\lim_{n\to\infty}\int f_n(x)dx$$

이다. 또한 $\alpha < 1$이면

$$\lim_{n\to\infty}\int f_n(x)dx=\frac{1}{1-\alpha}$$

이고, $\alpha \geq 1$이면

$$\lim_{n\to\infty}\int f_n(x)dx=\infty$$

이다. 그러므로 f가 적분가능하기 위한 필요충분조건은 $\alpha < 1$인 것이다 □

아마도 가장 자주 활용되는 수렴성의 결과는 모든 적분들이 반드시 유한할 필요가 있는 다음의 **지배적인 수렴성 정리**(dominated convergence theorem)일 것이다.

[정리 4.10](르베끄의 지배적 수렴성 정리)
$\{f_n \mid n \in \mathbb{N}\}$을 가측인 $f_n : X \to \mathbb{R}$들의 함수열이라 하자. 그리고 $n \to \infty$일 때 $\{f_n\}$이 가측함수 $f : X \to \mathbb{R}$로 점별수렴하고, $g : X \to [0,\ \infty]$가 적분 가능(즉, $\int g\, d\mu < \infty$)하고 모든 $n \in \mathbb{N}$에 대해서 $|f_n| \le g$라고 하자. 그러면

$$\lim_{n\to\infty} f_n\, d\mu = \int f\, d\mu$$

이다.

⟨증명⟩ 모든 $n \in \mathbb{N}$에 대해서 $g + f_n \ge 0$이므로 파토우 정리에 의해서

$$\int (g+f)\, d\mu \le \liminf_{n\to\infty} \int (g+f_n)\, d\mu \le \int g\, d\mu + \liminf_{n\to\infty} \int f_n\, d\mu$$

이고

$$\int f\, d\mu \le \liminf_{n\to\infty} \int f_n\, d\mu$$

이다. 또한, 모든 $n \in \mathbb{N}$에 대해서, $g - f_n \ge 0$이므로

$$\int (g-f)\, d\mu \le \liminf_{n\to\infty} \int (g-f_n)\, d\mu \le \int g\, d\mu - \limsup_{n\to\infty} \int f_n\, d\mu$$

이고

$$\int f\, d\mu \ge \limsup_{n\to\infty} \int f_n\, d\mu$$

이다. 그러므로

$$\lim_{n\to\infty} f_n\, d\mu = \int f\, d\mu$$

이다. ■

지배적인 수렴성 정리의 보다 이해하기 쉬운 증명은 에고로프 (Egoroff)[1] 의 정리나 적분의 절대연속성을 통해서 얻어질 것이다. 에고로프의 정리의 내용은 다음과 같다.

[에고로프의 정리] $\{f_n\}$이 다음과 같은 조건들을 만족한다고 하자.

(1) $(X,\ \mathcal{A},\ \mu)$가 유한 가측공간이고, 모든 $n \in \mathbb{N}$에 대해서, $f_n : X \to \mathbb{R}$ 이 가측함수다.

(2) $\{f_n\}$이 가측함수 $f : X \to \mathbb{R}$로 점별수렴한다.

그러면, 임의 $\epsilon > 0$에 대해서 의, $\mu(X - A) < \epsilon$이고 A에서 $\{f_n\}$이 A에서 f로 균등수렴하는 집합 $A \in \mathcal{A}$가 존재한다.

---

[1]측도론에서, 예고로프의 정리(Egoroff's theorem)는 가측 함수에 대하여, 점별 수렴과 균등 수렴이 거의 일치한다는 정리이다.

4.6 복소수 값을 갖는 함수열의 수렴성

여기서 우리는 앞 절의 내용들을 거의 모든 곳에서 점별수렴하는 복소수 값을 갖는 함수열로 일반화 시켜서 적용하려고 한다. 여기서 몇 가지만 간단하게 수정하면 된다.

만약 $f : X \to \mathbb{C}$가 $f = g + ih$로 표현되는 복소수 값을 갖는 함수이면, f가 가측이 되기 위한 조건으로 실수부와 허수부 함수 $g, h : X \to \mathbb{R}$가 모두 가측인 것으로 정한다. 그리고 $f = g + ih$가 적분가능하기 위한 조건도 g와 h가 모두 적분가능한 것으로 정한다. 이러한 경우에 다음과 같이 정의한다.

$$\int f\,d\mu = \int g\,d\mu + i\int h\,d\mu.$$

여기서 유의해야 점은 확장된 실수값을 갖는 함수나 무한적분은 허용되지 않는다는 것이다. 그리고 보렐 σ-대수가 주어진 복소수 공간 $\mathbb{C}$를 공변역으로 하는 함수 $f : X \to \mathbb{C}$가 가측이 되기 위한 조건이 f의 실수부와 허수부가 모두 가측이 되어야 한다는 논리는 뒷 장에서 다루어질 **곱측도**(product measure)에 관한 논의에서 유도된다.

복소수 값을 갖는 함수들은 정리 4.5에서 주어진 성질들을 만족하는 데 이때 상수 k는 $k \in \mathbb{C}$이면 되고 $f \geq g$라는 조건은 실수값을 갖는 함수들에 대해서만 해당된다. 예를 들어, $\left|\int f\,d\mu\right| \leq \int |f|\,d\mu$임을 보이기 위해서, 적당한 편각 θ에 대해서 $\int f\,d\mu = \left|\int f\,d\mu\right| e^{i\theta}$로 놓으면

$$\left|\int f\,d\mu\right| = e^{-i\theta}\int f\,d\mu = \int \mathrm{Re}(e^{-i\theta}f)\,d\mu \leq \int \left|\mathrm{Re}(e^{-i\theta}f)\right|\,d\mu \leq \int |f|\,d\mu$$

이다. 또한, 복소수 값을 갖는 함수들은 4.4절에서 주어진 성질들도 만족한다.

만약 확장된 실수값을 갖는 함수열 $\{f_n\}$이 거의 모든 곳(a. e.)에서 점별로 $f_n \uparrow f$일 때 단조 수렴성 정리가 성립하고, 거의 모든 곳에서 점별로 $f_n \to f$이고 적분이 가능한 확장된 실수값을 갖는 적분가능한 함수 $g : X \to \overline{\mathbb{R}}$가 존재하여 거의 모든 곳에서 점별로 $|f_n| \leq g$ 이면 르베끄 지배수렴성 정리가 적용될 수 있다.

이러한 결과들을 증명하기 위해서는, N이 측도가 0인 집합이고 $N^c = X - N$에서 함수열 $\{f_n\}$이 점별로 수렴한다고 했을 때, 함수 f_n을 $f_n \cdot \chi_{N^c}$으로 치환한 다음에 앞에서 소개된 정리들을 그대로 적용시키면 된다. 이때 모든 적분값은 전혀 영향을 받지 않는다.

4.7 L^1-공간

이 절에서 우리는 측도공간 X에서 적분이 가능한 모든 함수들의 공간 $L^1(X)$를 도입하고 $L^1(X)$에 관한 성질들을 소개하려고 한다.

[정의 4.4] $(X,\ \mathcal{A},\ \mu)$가 측도공간일 때, $L^1(X)$를 적분이 가능한 모든 함수 $f : X \to \mathbb{R}$로 놓자. 그러면 $L^1(X)$는 스칼라 장 $\mathbb{R}$위에서 백터공간이 된다. 이제 $L^1(X)$에서 노름(norm)을

$$||f||_{L^1} = \int |f|\, d\mu < \infty$$

로 정의하면, $L^1(X)$은 $||\cdot||_{L^1}$을 노름으로 갖는 노름공간(norm space)이 된다.

그리고 노름공간 $L^1(X)$에서 함수열 $\{f_n \in L^1(X) \mid n \in \mathbb{N}\}$이 함수 $f \in L^1(X)$로 수렴한다는 것은

$$n \to \infty \text{일 때}, \quad ||f_n - f||_{L^1} = \int |f_n - f|\, d\mu \to \infty$$

임을 뜻한다. □

또한 적분이 가능한 복소수 값을 갖는 함수 $f : X \to \mathbb{C}$들의 공간도 $L^1(X)$로 표현한다. 앞으로 우리는 특별한 언급이 없는 한 실수값을 갖는 함수들에 대해서만 생각하기로 하겠다.

대부분의 경우 실수값을 갖는 함수들이 대한 성질들은 복소수 값을 갖는 함수들에게도 그대로 적용된다.

평균수렴성은 거의 점별수렴성과 동치가 아니다. 다음 예제는 평균적으로 수렴하지만 거의 점별수렴은 하지 않는 함수열의 예을 보여 준다.

[예제 4.12] 함수 $f_n : [0,\ 1] \to \mathbb{R}$을

$$f_1(x) = 1,\ f_2(x) = \begin{cases} 1 & \text{if} \quad 0 \le x \le 1/2 \\ 0 & \text{if} \quad 1/2 < x \le 1 \end{cases},\ f_3(x) = \begin{cases} 0 & \text{if} \quad 0 \le x < 1/2 \\ 1 & \text{if} \quad 1/2 \le x \le 1 \end{cases}$$

$$f_4(x) = \begin{cases} 1 & \text{if} \quad 0 \le x \le 1/4 \\ 0 & \text{if} \quad 1/4 < x \le 1 \end{cases},\ f_5(x) = \begin{cases} 0 & \text{if} \quad 1 \le x < 1/4 \\ 1 & \text{if} \quad 1/4 \le x \le 1/2, \\ 0 & \text{if} \quad 1/2 < x \le 1 \end{cases} \cdots$$

등과 같이 정의한다. 즉, $2^m \le n < 2^{m+1}$에 대해서, n이 2^m에서 $2^{m+1} - 1$까지 증가할 때, f_n은 폭이 2^{-m}인 하나의 막대가 높이가 1의 위치에서 구간 $[0,\ 1]$을 가로지르면서 나타나는 그림으로 연상할 수 있다. 그러면 함수열 $\{f_n\}$은 0으로 평균수렴하나 $[0,\ 1]$에 속한 어떠한 점에서도 점별수렴하지 않는다. □

그러나 충분히 빠르게 평균적으로 수렴하는 수열은 거의 모든 곳에서 점별로 수렴한다.

결과적으로, 평균적으로 수렴하는 모든 수열은 거의 모든 곳에서 점별로 수렴하는 부분 수열을 갖게 된다(보조정리 7.4와 따름정리 7.6을 참조).

이제 특별히 공간 $L^1(\mathbb{R}^n)$을 생각하자. 여기서 우리는 르베끄 측도의 보렐 정칙성(regularity)에 대한 응용으로써 $\mathbb{R}^n$에서 적분이 가능한 함수는 컴팩트 지지집합(compact support)을 갖는 연속함수들로 근사시킬 수 있다는 것을 증명하려고 한다. 이는 $C_c(\mathbb{R}^n)$가 컴팩트 지지집합을 갖는 모든 연속함수들로 구성된 공간이라고 할 때, $L^1(\mathbb{R}^n)$이 $L^1(\mathbb{R}^n)$-노름에 관해서 $C_c(\mathbb{R}^n)$의 완비공간이 된다는 것을 의미한다. 함수 $f : \mathbb{R}^n \to \mathbb{R}$의 **지지집합(support)**은

$$\operatorname{supp} f = \overline{\{x \in \mathbb{R}^n \mid f(x) \neq 0\}}$$

으로 정의된다. 따라서 f가 컴팩트인 지지집합을 갖기 위한 필요충분조건은 f가 유계한 집합의 외부에서 0을 함수값으로 갖는 것이다.

[정리 4.11] 공간 $C_c(\mathbb{R}^n)$은 $L^1(\mathbb{R}^n)$ 조밀한 부분공간이다. 즉, $f \in L^1(\mathbb{R}^n)$이고 $\epsilon > 0$이 임의의 수이면

$$||f - g||_{L^1} < \epsilon$$

인 함수 $g \in C_c(\mathbb{R}^n)$가 존재한다.

⟨증명⟩ 먼저, 지배적인 수렴정리에 의해서, $R \to \infty$일 때

$$||f - f\chi_{B_{R(0)}}||_{L^1} \to 0$$

이므로 $f \in L^1(\mathbb{R}^n)$가 컴팩트 지지집합을 갖는다는 점에 주목하자. 여기서 $f = f^+ - f^{-1}$로 분할할 수 있으므로 f가 양함수라고 가정헤도 무방하다. 그러면 f로 점별수렴하고 컴팩트한 지지집합을 갖는 단순함수들로 구성된 증가함수열 $\{\phi_n\}$이 존재한다. 실제로, 단조적인 지배수렴성 정리에 의해서, 함수열 $\{\phi_n\}$은 f로 평균수렴한다. 그런데 모든 단순함수는 유한개의 특성함수들의 선형결합이므로 유계하고 가측인 집합 $A \subset \mathbb{R}^n$의 특성함수 χ_A에 대해서 증명하면 된다.

그런데 르베끄 측도의 보렐 정칙성에 의해서, 임의의 수 $\epsilon > 0$에 대하여 $K \subset A \subset G$이고 $\mu(G - K) < \epsilon$인 성질을 만족하는 열린집합 G와 컴팩트집합 K가 존재하게 된다. 이제 $g \in C_c(\mathbb{R}^n)$을 K에서 $g = 1$이고 G^c에서 $g = 0$이며

$0 \le g \le 1$인 **유리손**(Urysohn)[2] 함수라 하자. 예를 들어, 함수 g를

$$g(x) = \frac{d(x, G^c)}{d(x, K) + d(x, G^c)}$$

로 정의할 수 있는데, 여기서 집합 $F \subset \mathbb{R}^n$로 부터의 거리함수 $d(\cdot,\ F) : \mathbb{R}^n \to \mathbb{R}$은

$$d(x, F) = \inf\{|x - y| \mid y \in F\}$$

로 정의된다. 만약 F가 닫힌집합이면 $d(\cdot,\ F)$는 연속이므로 g도 연속이 된다. 따라서

$$\chi_A - g\|_{L^1} = \int_{G-K} |\chi_A - g|\, dx \le \mu(G - K) < \epsilon$$

이므로 증명이 끝났다. ■

4.8 리이만 적분

리이만 적분이 가능한 모든 함수 $f : [a,\ b] \to \mathbb{R}$는 르베끄 적분이 가능하다. 그러나 르베끄 적분이 가능한 함수들 중에는 리이만 적분이 되지 않는 함수들이 있다. 여기서 우리는 르베끄 측도를 이용해서 리이만 적분이 가능하기 위한 필요충분한 조건을 제시할 수 있다.

[정리 4.12] 만약 $f : [a,\ b] \to \mathbb{R}$가 리이만-적분 가능하면, f는 유계한 폐구간 $[a,\ b]$에서 르베끄 적분이 가능하고 f의 리이만-적분과 르베끄-적분은 같다. 르베끄 적분이 가능한 함수 $f : [a,\ b] \to \mathbb{R}$가 리이만 적분 가능하기 위한 필요충분한 조건은 f가 유계한 함수이고 불연속인 점들의 집합

$$A = \{x \in [a,\ b] \mid f\text{가 점}x\text{에서 불연속이다}\}$$

의 르베끄-측도가 0인 것이다.

⟨증명⟩ 증명은 생략한다. ■

[예제 4.13] $[0,\ 1]$에서 유리수 집합 $E = \mathbb{Q} \cap [0,\ 1]$의 특성함수 χ_E가 모든 점에서 불연속이고 $[0,\ 1]$에서 리이만 적분이 불가능하다. 그러나 χ_E는 르베끄 측도에 관해서 $[0,\ 1]$의 거의 모든 점에서 0과 같으므로 르베끄 적분이 가능할 뿐만 아니라 리이만적분도 가능하다.

---

[2] Urysohn은 유대인 가정에서 태어난 소비에트 연방의 수학자다. 모스크바 대학교를 1915년부터 1921년까지 다녔고, 졸업 후 모교에서 조교수가 되었으며 일반위상수학에 많은 기여를 하였다.

유계이며 가산개의 점들을 제외한 나머지 점들에서 연속인 함수는 모두 리이만 적분이 가능하나, 이러한 함수만 리이만 적분이 가능한 것은 아니다. 예를 들어, 0인 측도를 갖는 칸토어 집합의 특성함수는 비가산개의 점들에서 불연속이지만 리이만 적분이 가능하다. □

4.9 벡터값을 갖는 함수의 적분

우리는 정의 4.2에서 $\overline{\mathbb{R}}$의 **순서성**을 이용해서 실함수 $f : X \to \mathbb{R}$의 적분을 단순함수들의 상한으로 정의하였다. 따라서 복소수함수의 적분이나 공역이 유한차원의 벡터공간인 함수들에 대한 적분은 성분함수들의 적분을 이용해서 정의하면 된다.

측도공간 X에서 **바나-공간**(Banach space) Y로 가는 벡터값을 갖는 함수 $f : X \to Y$의 적분을 정의하는 또 다른 방식은 벡터값을 갖는 단순함수들의 적분을 노름(norm)에 관한 적분으로 정의한다. 벡터값을 갖는 단순함수에 대한 적분은 $\mu(E_n) < \infty$이고, Y가 벡터공간일 때, $c_n \in Y$이라고 가정한 상태에서 식 (4.1)과 같이 정의하면 된다. 만약, Y공간에 주어진 노름(norm) $||\cdot||$에 관해서 점별로 $\phi_n \to f$인 적분가능한 단순함수열 $\{\phi_n : X \to Y\}_{n\in\mathbb{N}}$이 존재한다면 $f : X \to Y$는 적분이 가능하고

$$n \to \infty \text{일 때} \quad \int ||f - \phi_n||\, d\mu \to 0\text{이다.}$$

그러므로 이러한 경우에 대해서

$$\int f\, d\mu = \lim_{n\to\infty} \int \phi_n\, d\mu$$

로 정의한다. 이러한 적분의 정의는 앞에서 정의한 실수값을 갖는 적분가능한 함수에 대한 적분의 정의와 일치하고 L^1-노름에 관한 완비성에 의하여 적분이 가능한 함수에 대한 적분의 정의와 같다.

이 책에서는 더 이상 이러한 적분을 다루지 않겠지만, 이 정의는 무한차원의 바나-공간(Banach space)에서 함수값을 갖는 함수들의 적분을 정의하는 데에 매우 유용하게 쓰인다.

4.10 연습문제

† 여기서는, 특별한 언급이 없는 한, $(X,\ \mathcal{A},\ \mu)$가 측도공간이고 $\mathbb{R}$에는는 보렐 σ-대수가 주어져 있다고 가정한다.

1. $(X,\ \mathcal{A},\ \mu)$가 측도공간이고 $f : X \to [0,\ \infty]$가 가측인 함수일 때, $f = 0,\ (a.e.)$이면 $\int f\, d\mu = 0$임을 증명하라.

2. $f, g : X \to \mathbb{R}$가 가측인 함수들이고, $f \le g$이며 $\int f\, d\mu < \infty$일 때, 다음 등식이 성립함을 증명하라.
$$\int g\, d\mu - \int f\, d\mu = \int (g - f)\, d\mu.$$

3. $\{f_n : X \to \mathbb{R}\}$이 가측함수열이고 $f : X \to \mathbb{R}$가 가측함수이며, 모든 n에 대해서 $f_n \le f$이고 점별로 $\lim_{n\to\infty} f_n = f$일 때, 다음 등식이 성립함을 증명하라.
$$\int f\, d\mu = \lim_{n\to\infty} \int f_n\, d\mu.$$

4. $f : X \to [0,\ \infty)$가 가측함수라 하고, 각 $n \in \mathbb{N}$에 대해 $f_n(x) = \min\{f(x),\ n\}$으로 정의 했을 때, 다음 등식이 성립함을 증명하라.
$$\int f_n\, d\mu \uparrow \int f\, d\mu.$$

5. $\{f_n : X \to [0,\ \infty)\}$가 가측인 함수열이고 $f_n \downarrow f$라 하자. 만약 어떤 $k \in \mathbb{N}$에 대해서 $\int f_k d\mu < \infty$이면 $\lim_{n\to\infty} \int f_n\, d\mu = \int f\, d\mu$이고, 모든 n에 대해서 $\int f_n\, d\mu = \infty$이면 $\int f\, d\mu = \infty$임을 증명하라.

6. $\{f_n : X \to [0,\ \infty)\}$가 가측함수열이고 $\lim_{n\to\infty} f_n = f$ (a. e.)이며 $\lim_{n\to\infty} \int f_n\, d\mu = \int f\, d\mu < \infty$라 하자. 그러면, 모든 가측집합 $E \subset X$에 대해서, $\lim_{n\to\infty} \int_E f_n\, d\mu = \int_E f\, d\mu$인 관계가 성립함을 증명하라.

7. 모든 가측인 함수 $f : X \to \mathbb{R}$에 대해서 $f = g$ (a. e.)인 보렐-가측인 함수 $g : X \to \mathbb{R}$가 존재함을 보여라.

8. 함수 $f : (0,\ 1) \to [0,\ \infty)$를
$$f(x) = \begin{cases} 0 & \text{if} \quad x\text{가 유리수}, \\ \left[\frac{1}{x}\right]^{-1} & \text{if} \quad x\text{가 무리수} \end{cases}$$
로 정의했을 때 $\int_0^1 f\, dx = \infty$임을 증명하라. (단, 여기서 $[x]$는 x의 정수부를 가리킨다.)

9. $f : \mathbb{R} \to \mathbb{R}$은 리이만-적분은 가능하지 않으나 f은 르베그-적분이 가능한 예를 들어라. (힌트: 적당한 가측함수 $A,\ B \subset \mathbb{R}$에 대해서, $f = \chi_A - \chi_B$로 정의하라.)

10. $f : X \to [0,\ \infty]$가 가측함수일 때 다음을 증명하라.

    a) 각 $x \in X$에 대해서 $f(x)$가 음이 아닌 정수이거나 $+\infty$이면

    $$\int f\, d\mu = \sum_{n=1}^{\infty} \mu(\{x \in X \mid f(x) \geq n\})\text{이다.}$$

    b) μ가 X에서 유한측도라고 가정했을 때, f가 적분가능하기 위한 필요충분조건이 $\sum_{n=1}^{\infty} \mu(\{x \in X \mid f(x) \geq n\}) < \infty$인 성질을 만족하는 것이다.

11. $f,\ g : X \to \mathbb{R}$가 가측이며 적분가능한 함수들이고 $h = f + g$ (a. e.)라 하자. 그러면 h가 적분가능하고 $\int h\, d\mu = \int f\, d\mu + \int g\, d\mu$임을 증명하라.

12. $f,\ g : X \to \mathbb{R}$가 모두 가측이고 $f \leq g$ (a. e.)라 하자. 만약 f가 적분이 가능하고 $\int f\, d\mu > -\infty$이면, g가 적분이 가능하고 $\int f\, d\mu \leq \int g\, d\mu$임을 증명하라.

13. **(제 2의 단조수렴성 정리)** $f_1,\ f_2,\ f_3, \ldots : X \to [-\infty,\ \infty]$가 가측함수들이고

    $$f_1 \leq f_2 \leq f_3 \leq \cdots$$

    이며, 거의 모든 $x \in X$에 대해서, $f(x) = \lim_{n\to\infty} f_n(x)$라고 하자. 이러한 경우에 f_1이 적분가능하면 $\int f\, d\mu = \lim_{n\to\infty} \int f_n d\mu$임을 증명하라.

14. $(X,\ \mathcal{A})$가 가측공간이고 $f,\ g : X \to \mathbb{R}$가 가측함수들이라 하자. 그러면 $f + g$와 fg가 모두 가측임을 증명하라.

15. $f : X \to \mathbb{C}$가 가측함수이면 $|f| : X \to [0,\ \infty)$가 가측임을 증명하라.

16. $(X,\ \mathcal{A})$가 가측공간이고 $f,\ g : X \to \mathbb{R}$가 가측함수들이라 하자. 만약 $g \neq 0$이면 f/g가 가측임을 증명하라.

17. X와 Y가 집합들이고 $f : X \to Y$가 함수일 때, 다음을 증명하라.

    a) $\mathcal{A}$가 X에서 σ-대수면, $\mathcal{B} = \{B \in \wp(Y) \mid f^{-1}(B) \in \mathcal{A}\}$가 Y에서 σ-대수다.

    b) $\mathcal{B}$가 Y에서 σ-대수면, $\mathcal{A} = \{f^{-1}(B) \mid B \in \mathcal{B}\}$가 X에서 σ-대수이다.

    c) 만약 $\mathcal{C} \subset \wp(Y)$이면, 다음이 성립한다

    $$\sigma(\{f^{-1}(C) \mid C \in \mathcal{C}\}) = \{f^{-1}(B) \mid B \in \sigma(\mathcal{C})\}.$$

18. $\nu : \mathbb{R} \to [0,\ \infty)$가 보렐-측도라 하고, $F : \mathbb{R} \to \mathbb{R}$가 $F(x) = \nu((-\infty,\ x])$로 정의되는 함수라 하자. 그리고 구간 $I = (0,\ \lim_{x\to+\infty} F(x))$에서 함수 g를

$$g(x) = \inf\{t \in \mathbb{R} \mid F(t) \geq x\}$$

로 정의했을 때, 다음을 증명하라.

a) g는 실수값을 갖는 단조증가이고 보렐-가측인 함수다.

b) μ를 $\mathbb{R}$에서 르베끄-측도라 할 때, 모든 보렐-집합 $B \subset \mathbb{R}$에 대해서, $\nu(B) = \mu(g^{-1}(B))$이다.

19. $\{f_n : X \to \mathbb{R} \mid n \in \mathbb{N}\}$이 가측함수들의 열이고 $g : X \to \mathbb{R}$가 적분이 가능한 함수이며, 모든 $n \in \mathbb{N}$에 대해서, $|f_n| \leq g$라 하자. 이때, 부등식

$$\int \liminf_{n\to\infty} f_n dx \leq \liminf_{n\to\infty} \int f_n dx \limsup_{n\to\infty} \int f_n dx \leq \int \limsup_{n\to\infty} f_n dx$$

가 성립함을 증명하라.

20. 여기서 $\mathcal{B}(\mathbb{R})$을 실직선 $\mathbb{R}$의 보렐 σ-대수라 하자. 그리고 집합 $A \subset \mathbb{R}^2$와 $x \in \mathbb{R}$에 대해서, A_x를 A의 x-축에 관한 단면, 즉

$$A_x = \{y \in \mathbb{R} \mid (x,\ y) \in A\}$$

로 놓자. 그리고

$$\mathcal{A} = \{A \in \wp(\mathbb{R}^2) \mid A_x \in \mathcal{B}(\mathbb{R}) \text{ for each } x \in \mathbb{R}\}$$

로 놓고 $\nu : \mathcal{A} \to [0,\ \infty]$를

$$\nu(A) = \begin{cases} \sum_x \mu(A_x) & \text{if} \quad A_x \neq \emptyset \quad \text{for only countably many} \quad x \in \mathbb{R}, \\ +\infty & \text{if} \quad A_x \neq \emptyset \quad \text{for uncountably many} \quad x \in \mathbb{R} \end{cases}$$

로 정의했을 때, 다음을 증명하라.

a) $\mathcal{A}$가 $\mathbb{R}^2$에서 σ-대수이다.

b) ν가 $(\mathbb{R}^2, \mathcal{A})$에서 측도다.

c) $B = \{(x, y) \in \mathbb{R}^2 \mid y = 0\}$가 ν에 관해서 영집합(null set)이 아니다.

제 5 장

곱측도(Product measure)

측도공간 $(X,\ \mathcal{A},\ \mu)$와 $(Y,\ \mathcal{B},\ \nu)$로부터 곱측도공간(product measure space) $(X\times Y,\ \mathcal{A}\otimes\mathcal{B},\ \mu\otimes\nu)$를 만들 수 있다. 곱측도의 원형은 $\mathbb{R}^2$에서 르베그 측도를 실직선 $\mathbb{R}$에 주어진 르베그 측도들의 곱으로 만드는 것이다.

곱공간 $X\times Y$에서 가측인 함수의 적분은, X와 Y가 모두 σ-유한이고 함수의 성분들이 양함수이거나 적분가능할 때 중적분으로 정의된다. 푸비니 정리(Fubini's theorem)[1]로 불리는 이 결과는 르베그 적분의 기본적이고도 가장 유용한 성질들 중의 하나다.

5.1 곱 σ-대수

우선 곱 σ-대수부터 설명하는 것으로부터 시작하겠다. $(X,\ \mathcal{A})$와 $(Y,\ \mathcal{B})$가 가측공간들일 때, $A\in\mathcal{A}$이고 $B\in\mathcal{B}$인 $X\times Y$의 부분집합 $A\times B$를 가리켜서 $X\times Y$에서 **가측 직사각체(measurable rectangle)**라 부르기로 하자.

예를 들어, $\mathbb{R}$에 보렐 σ-대수가 주어져 있을 때, 유리수 집합 $\mathbb{Q}$가 $\mathbb{R}$에서 가측이므로, $\mathbb{Q}^2=\mathbb{Q}\times\mathbb{Q}$은 $\mathbb{R}^2$에서 가측인 직사각체에 해당한다.

참고 가측 직사각체 $A\times B\subset\mathbb{R}\times\mathbb{R}$의 변 A와 B는 가측인 집합들일 뿐 구간일 필요는 없다.

---

[1] Fubini's theorem 또는 Fubini-Tonelli theorem은 간단히 설명하면

1. 이중적분은 두 개의 일변수 적분을 계산하여 구할 수 있고,
2. 그런 두 개 일변수 적분의 순서 변경이 가능하다는 것

의 둘을 보장해 주는 정리이다. 이탈리아 수학자 Fubini의 이름이 붙어 있다.

[정의 5.1] $(X,\ \mathcal{A})$와 $(Y,\ \mathcal{B})$가 모두 가측공간이라 하자. 그러면 $X \times Y$에서 σ-대수 $\mathcal{A} \otimes \mathcal{B}$는 모든 가측 직사각체들의 집합족에 의해서 생성된다. 즉

$$\mathcal{A} \otimes \mathcal{B} = \sigma(\{A \times B \mid A \in \mathcal{A},\ B \in \mathcal{B}\})$$

이다. 이때, $(X \times Y,\ \mathcal{A} \otimes \mathcal{B})$를 가리켜서 가측 공간 $(X,\ \mathcal{A})$와 $(Y,\ \mathcal{B})$의 가측 곱공간(measurable product space)이라 한다.

$E \subset X \times Y$이고 $x \in Y$와 $y \in Y$일 때, x-단면 E_x와 y-단면 E^y를

$$E_x = \{y \in Y \mid (x,\ y) \in E\}, \quad E^y = \{x \in x \mid (x,\ y) \in E\}$$

로 정의하자. 다음 정리에서 알 수 있듯이 가측 곱공간에서 모든 가측집합의 단면들은 가측이다.

[전제정리 5.1] $(X,\ \mathcal{A})$와 $(Y,\ \mathcal{B})$가 가측공간들이고 $E \in \mathcal{A} \otimes \mathcal{B}$이면, 모든 $x \in X$와 $y \in Y$에 대해서, $E^x \in \mathcal{A}$이고 $E^y \in \mathcal{B}$이다.

⟨증명⟩ 여기서

$$\mathcal{M} = \{E \subset X \times Y \mid \text{모든 } x \in X\text{와 } y \in Y\text{에 대해서} \quad E^x \in \mathcal{A}, \quad E^y \in \mathcal{B}\}$$

로 놓자. 그러면 $X \times Y$에서, 가측인 직사각체 $A \times B$의 x-단면과 y-단면은 각각 $A \in \mathcal{A}$이고 $B \in \mathcal{B}$이므로, 모든 가측 직사각체는 $\mathcal{M}$에 포함된다. 또한 $\mathcal{M}$이 σ-대수라는 사실은 쉽게 증명된다. 예를 들어, $E,\ E \subset X \times Y$이고 $x \in X$이면

$$(E^c)_x = (E_x)^c, \quad \left(\bigcup_{i=1}^{\infty} E_i\right)_x = \bigcup_{i=1}^{\infty} (E_i)_x$$

이다. 따라서 $\mathcal{A} \otimes \mathcal{B} \subset \mathcal{M}$이므로, 이 정리에 대한 증명이 끝났다. ■

이제는 $\mathbb{R}^n$에서 보렐 σ-대수에 대해서 생각하기로 하자.

[전제정리 5.2] $\mathbb{R}^m$과 $\mathbb{R}^n$에 각각 σ-대수 $\mathcal{B}(\mathbb{R}^m)$과 $\mathcal{B}(\mathbb{R}^n)$이 주어져 있다고 하고 $\mathbb{R}^{m+n} = \mathbb{R}^m \times \mathbb{R}^n$으로 놓자. 그러면 $\mathbb{R}^{m+n}$에서 σ-대수는 다음과 같다.

$$\mathcal{B}(\mathbb{R}^{m+n}) = \mathcal{B}(\mathbb{R}^m) \otimes \mathcal{B}(\mathbb{R}^n).$$

⟨증명⟩ 모든 $m+n$ 차원의 직사각체는 n 차원 직사각체와 m 차원 직사각체의 곱이다. 따라서 $\mathcal{R}(\mathbb{R}^{m+n})$을 $\mathbb{R}^{m+n}$에서 모든 직사각체들의 집합이라 하면

$$\mathcal{R}(\mathbb{R}^{m+n}) \subset \mathcal{B}(\mathbb{R}^m) \otimes \mathcal{B}(\mathbb{R}^n)$$

이다. 그런데, 보조정리 2.16에 의해서, 직사각체들이 보렐 σ-대수를 생성하므로

$$\mathcal{B}(\mathbb{R}^{m+n}) \subset \mathcal{B}(\mathbb{R}^m) \otimes \mathcal{B}(\mathbb{R}^n)$$

이다.

이제 반대의 포함관계를 증명하기 위해서

$$\mathcal{M} = \{A \subset \mathbb{R}^m \mid A \times \mathbb{R}^n \in \mathcal{B}(\mathbb{R}^{m+n})\}$$

로 놓자. 그러면 $\mathcal{B}(\mathbb{R}^{m+n})$이 σ-대수이고

$$A^c \times \mathbb{R}^n = (A \times \mathbb{R}^n)^c, \quad \left(\bigcup_{i=1}^{\infty} A_i\right) \times \mathbb{R}^n = \bigcup_{i=1}^{\infty} (A_i \times \mathbb{R}^n)$$

이므로 $\mathcal{M}$은 σ-대수이다. 또한, G가 $\mathbb{R}^m$에서 열린집합이면 $G \times \mathbb{R}^n$이 $\mathbb{R}^{m+n}$에서 열린집합이므로, $\mathcal{M}$은 $\mathbb{R}^n$의 모든 열린 부분집합들을 포함한다. 따라서 $\mathcal{B}(\mathbb{R}^m) \subset \mathcal{M}$이고, 모든 $A \in \mathcal{B}(\mathbb{R}^m)$에 대해서 $A \times \mathbb{R}^n \in \mathcal{B}(\mathbb{R}^{m+n})$이다. 이는

$$\{A \times \mathbb{R}^n \mid A \in \mathcal{B}(\mathbb{R}^m)\} \subset \mathcal{B}(\mathbb{R}^{m+n})$$

임을 의미한다. 마찬가지로

$$\{\mathbb{R}^m \times B \mid B \in \mathcal{B}(\mathbb{R}^n)\} \subset \mathcal{B}(\mathbb{R}^{m+n})$$

이다. 따라서 $\mathcal{B}(\mathbb{R}^{m+n})$이 교집합들에 대해서 닫혀있으므로

$$\{A \times B \mid A \in \mathcal{B}(\mathbb{R}^m),\ B \in \mathcal{B}(\mathbb{R}^n)\} \subset \mathcal{B}(\mathbb{R}^{m+n})$$

이고

$$\mathcal{B}(\mathbb{R}^{m+n}) \supset \mathcal{B}(\mathbb{R}^m) \otimes \mathcal{B}(\mathbb{R}^n)$$

이다. ■

위 결과를 반복해서 적용하면 $\mathbb{R}^n$에서 보렐 σ-대수는 $\mathbb{R}$에서 보렐 σ-대수의 n-곱임을 알 수 있다. 이는 $\mathbb{R}^n$에서 르베그 측도를, 우리가 앞에서 직접적으로 정의한 방식 대신에, $\mathbb{R}$에서 르베그 측도의 n-곱으로 정의할 수 있음을 암시해준다.

5.2 전측도(Premeasure)

전측도(前測度, premeasure)는 앞에서 소개한 외측도와 측도를 일반화시키는 유용한 도구이기 때문에, 우리는 전측도를 이용해서 곱측도를 정의하게 될 것이다.

이 절에서 우리는 전측도와 나중에 사용할 관련된 측도들에 관한 몇 가지 일반적인 성질들을 소개하겠다. 전측도는 σ-대수가 아닌 대수(algebra)에서 정의되지만 가산가법성도 갖게 된다.

[정의 5.2] $\mathcal{A}$가 집합 X에서 대수(algebra)라는 의미는 다음 조건들을 만족한다는 뜻이다.

(1) $\emptyset, X \in \mathcal{A}$ 이다.

(2) $A \in \mathcal{A}$이면 $A^c = X - A \in \mathcal{A}$ 이다.

(3) $A_1, A_2, \ldots, A_n \in \mathcal{A}$이면 $\bigcup_{i=1}^{n} A \in \mathcal{A}$ & $\bigcap_{i=1}^{n} A \in \mathcal{A}$ 이다.

$\mathcal{A}$가 집합 X에서 대수(algebra)라는 뜻은 $\emptyset$과 X를 포함하는 X의 부분집합족으로서 여집합과 유한합 그리고 유한교집합(inite intersection)에 대해서 닫혀있다는 것을 의미한다.

$\mathcal{F}$가 X의 부분집합족, 즉 $\mathcal{F} \subset \wp(X)$이면, 집합족 $\mathcal{F}$에 의해서 생성되는 대수란 $\mathcal{F}$를 포함하는 가장 작은 대수를 말한다. 집합족 $\mathcal{F}$의해서 생성되는 대수를 정확하게 묘사하는 일은 σ-대수를 묘사하는 일보다는 훨씬 쉽다.

예를 들어, 만약 $\mathcal{F}$가, 임의의 $A, B \in \mathcal{F}$에 대해서, $A \cap B \in \mathcal{F}$이고 여집합 A^c가 $\mathcal{F}$에 속한 유한개의 집합들의 합으로 표현된다면, $\mathcal{F}$에서 생성되는 대수 $\mathcal{A}$는 $\mathcal{F}$에 속한 집합들의 유한합들(finite unions)의 전체집합이다.

[정의 5.3] $\mathcal{A}$가 X의 부분집합들로 구성된 대수(algebra)라 하자. 그러면 λ가 대수 $\mathcal{A}$에서 전측도(前測度, pre-measure)라는 것은 다음 두 가지 성질을 모두 만족하는 $\lambda : \mathcal{A} \to [0, \infty]$인 함수라는 뜻이다.

(1) $\lambda(\emptyset) = 0$이다.

(2) 만약 $\{A_i \mid i \in \mathbb{N}\} \subset \mathcal{A}$가 서로 소인 가산집합족이고 $\bigcup_{i=1}^{\infty} A_i \in \mathcal{A}$ 이면

$$\lambda\left(\bigcup_{i=1}^{\infty} A_i\right) = \sum_{i=1}^{\infty} \lambda(A_i) \text{ 이다.}$$

정의 5.3에서, $i \geq N$에 대하여 $A_i = \emptyset$으로 택할 수 있으므로, 전측도 λ는 유한 가법적(finitely additive)이다. 또한 $A \subset B$일 때

$$\lambda(A) \leq \lambda(A) + \lambda(B - A) = \lambda(B)$$

이므로, 전측도 λ는 단조적(monotone)이다.

전측도와 관련된 외측도를 정의하기 위해서 우리는 대수에 속한 집합들로 구성된 가산 덮개들(countable coverings)을 활용한다.

[정의 5.4] $\mathcal{A}$가 X에서 대수이고 $\lambda : \mathcal{A} \to [0, \infty]$가 전측도라 하자. 이때 집합 $E \subset X$에 대해서 λ와 관련한 외측도 $\lambda^* : \wp(X) \to [0, \infty]$를

$$\lambda^*(E) = \inf \left\{ \sum_{i=1}^{\infty} \lambda(A_i) \mid \{A_i\} \subset \mathcal{A} \quad \& \quad E \subset \cup_{i=1}^{\infty} A_i \right\}$$

로 정의한다.

다음 정리에서 알 수 있듯이 함수 λ^*는 외측도이다. 그리고 $\mathcal{A}$에 속한 모든 집합은 λ^*-가측이고 $\lambda^*|_{\mathcal{A}} = \lambda$이다.

[전제정리 5.3] 정의 5.4에서 정의된 함수 $\lambda^* : \wp(X) \to [0, \infty]$는 외측도다. 그리고 모든 $A \in \mathcal{A}$는 가측이고 $\lambda^*(A) = \lambda(A)$이다.

⟨증명⟩ λ^*가 외측도라는 것은 르베끄-측도에 대한 보조정리 2.1의 증명과 동일하다.

만약 $A \in \mathcal{A}$이면 A가 자신을 커버하므로 $\lambda^*(A) \leq \lambda(A)$이다. 이제 반대의 부등식이 성립함을 증명하기 위해서 $\{A_i \mid i \in \mathbb{N}\} \subset \mathcal{A}$를 A의 가산 덮개라 하자. 여기서

$$B_1 = A \cap A_1, \quad B_j = A \cap \left(A_j - \bigcup_{i=1}^{j-1} A_i \right), \quad (j = 2, 3, \ldots)$$

로 정의하자. 그러면 $\{B_j \mid j \in \mathbb{N}\}$은 $\mathcal{A}$에 포함되고 서로소인 집합족이며 $A = \cup_{j=1}^{\infty} B_j$이다. 따라서 $B_j \subset A_j$이므로

$$\lambda(A) = \sum_{j=1}^{\infty} \lambda(B_j) \leq \sum_{j=1}^{\infty} \lambda(A_j)$$

이다. 그러므로 $\lambda(A) \leq \lambda^*(A)$이고 $\lambda^*(A) \leq \lambda(A)$이다.

만약 $E \subset X$이고 $A \in \mathcal{A}$이고 $\epsilon > 0$이 임의의 수이면

$$\sum_{i=1}^{\infty} \lambda(B_i) \leq \lambda^*(E) + \epsilon$$

인 E의 덮개 $\{B_i \in \mathcal{A} \mid i \in \mathbb{N}\}$가 존재한다. 그런데 λ가 $\mathcal{A}$에서 가산적으므로

$$\lambda^*(E) + \epsilon \geq \sum_{i=1}^{\infty} \lambda(B_i \cap A) + \sum_{i=1}^{\infty} \lambda(B_i \cap A^c) \geq \lambda^*(E \cap A) + \lambda^*(E \cap A^c)$$

이다. 또한 $\epsilon > 0$이 임의의 수이므로 $\lambda^*(E) \geq \lambda^*(E \cap A) + \lambda^*(E \cap A^c)$이다. 이는 A가 가측임을 증명한 것이다. ■

대수 $\mathcal{A}$에 주어진 모든 전측도는 $\sigma(\mathcal{A})$에서 측도로 확장될 수 있다는 것을 정리 2.9와 정의 2.5를 통해서 알 수 있다.

이때 '그러한 확장은 유일한가?' 하는 자연스런 의문을 갖게 된다. 그러한 의문에 대해서, '일반적으로는 아니다'라고 말할 수 있지만, 다음 정리에서 설명되는 것처럼 일정한 범위안에서 유일하게 확장된다고 말할 수 있다.

[정의 5.5] X가 집합이고 λ가 대수 $\mathcal{A} \subset \wp(X)$에 주어진 전측도라 하자. 만약 $X = \cup_{i=1}^{\infty} A_i$이고, 모든 $i \in \mathbb{N}$에 대해서, $\lambda(A_i) < \infty$인 가산집합족 $\{A_i \in \mathcal{A}\}$가 존재하면, λ를 가리켜서 'σ-**유한이다**'라고 말한다.

[정리 5.4] 만약 $\lambda : \mathcal{A} \to [0, \infty]$가 대수 $\mathcal{A}$에서 σ-유한인 전측도이고 $\tilde{\mathcal{A}}$가 $\mathcal{A}$에 의해서 생성된 σ-대수이면, 모든 $A \in \mathcal{A}$에 대해서 $\mu(A) = \lambda(A)$인 측도 $\mu : \tilde{\mathcal{A}} \to [0, \infty]$가 유일하게 존재한다. □

5.3 곱측도(Product measure)

이 절에서 우리는 측도공간 X와 Y의 곱공간 $X \times Y$에서 곱측도를 가측인 직사각체의 측도가 각 변의 측도들의 곱이 되는 조건을 만족하는 측도로 만들려고 한다.

이렇게 하기 위해서 우리는 카라테오도리(Carathéodory)의 방법(정의 2.4)을 활용해서 가측인 직사각체들에 대해서 정의된 전측도를 가지고 곱집합 $X \times Y$에서 외측도를 먼저 정의한다. 이러한 과정은 $\mathbb{R}^n$에서 르베그 측도를 만드는 데에 이용했던 방법과 똑같다.

$(X,\ \mathcal{A})$와 $(Y,\ \mathcal{B})$가 모두 가측공간이라 하자. 그러면 가측인 직사각체들의 교집합은 가측 직사각체

$$(A \times B) \cap (C \times D) = (A \cap C) \times (B \cap D)$$

이고 가측 직사각체의 여집합은 가측인 직사각체들의 유한합

$$(A \times B)^c = (A^c \times B) \cup (A \times B^c) \cup (A^c \times B^c)$$

로 표현된다. 따라서 $X \times Y$에서 가측인 직사각체들의 유한합들의 집합족 $\mathcal{E}$는 대수(algebra)를 형성한다. 일반적으로 이러한 대수 $\mathcal{E}$은 σ-대수는 아니지만 가측인 직사각체들과 같은 곱 σ-대수를 생성한다.

모든 $E \in \mathcal{E}$는 유일한 방식은 아니지만 유한개의 서로소인 가측 직사각체들의 합으로 표현될 수 있다. 대수 $\mathcal{E}$에서 전측도를 정의하기 위해서 우리는 가측인 직사각체들에 대한 전측도를 먼저 정의해야 한다.

[정의 5.6] 만약 $(X,\ \mathcal{A},\ \mu)$와 $(Y,\ \mathcal{B},\ \nu)$가 가측공간들이면, 가측인 직사각체 $A \times B (\subset X \times Y)$의 전측도 $\lambda(A \times B)$를

$$\lambda(A \times B) = \mu(A) \cdot \nu(B)$$

로 정의한다. 여기서는 $\infty \cdot 0 = 0$으로 활용한다.

직사각체들에 대해서 전측도 λ는 가산가법적이다. 이를 증명하는 간단한 방법은 직사각체들의 특성함수들에 대한 적분을 써서 단조 수렴성 정리를 활용하는 것이다.

[전제정리 5.5] 만약 가측인 직사각체 $A \times B$가 가산개의 서로소인 직사각체들 $\{A_i \times B_i \mid i \in \mathbb{N}\}$의 합으로 표현되면

$$\lambda(A \times B) = \lambda\left(\bigcup_{i=1}^{\infty}(A_i \times B_i)\right) = \sum_{i=1}^{\infty} \lambda(A_i \times B_i)$$

이다.

〈증명〉 $A \times B = \bigcup_{i=1}^{\infty}(A_i \times B_i)$가 서로소인 직사각체들의 합이면, 특성함수 $\chi_{A \times B} : X \times Y \to [0,\ \infty)$는

$$\chi_{A \times B}(x,\ y) = \sum_{i=1}^{\infty} \chi_{A_i \times B_i}(x,\ y)$$

이다. 따라서

$$\chi_{A\times B}(x,\ y)=\chi_A(x)\chi_B(y)=\sum_{i=1}^{\infty}\chi_{A_i}(x)\chi_{B_i}(y)$$

이다. 여기서 $x\in X$를 고정시킨 다음 이 식을 Y에서 적분하고 단조수렴성 정리를 활용하면

$$\chi_A(x)\nu(B)=\sum_{i=1}^{\infty}\chi_{A_i}(x)\nu(B_i)$$

를 얻는다. 이것을 다시 x에 관해서 적분하면

$$\lambda(A\times B)=\mu(A)\nu(B)=\sum_{i=1}^{\infty}\mu(A_i)\nu(B_i)=\sum_{i=1}^{\infty}\lambda(A_i\times B_i)$$

이다. ■

λ가 직사각체들에 대해 유한 가법적이므로 $\mathcal{A}$로 확장해서 정의될 수 있다.

[정의 5.7] $(X,\ \mathcal{A},\ \mu)$와 $(Y,\ \mathcal{B},\ \nu)$가 모두 측도공간이고 $\mathcal{E}$이 가측인 직사각체들의 집합족 $\{A\times B : A\in\mathcal{A},\quad B\in\mathcal{B}\}$에 의해서 생성된 대수라 하자. 그러면 곱 전측도 $\lambda:\mathcal{E}\to[0,\infty]$는, $E=\cup_{i=1}^{N}(A_i\times B_i)$가 서로소인 가측 직사각체들의 합일 때

$$\lambda(E)=\sum_{i=1}^{N}\mu(A_i)\nu(B_i)$$

로 정의된다.

전측도 λ와 관련된 곱 외측도 $(\mu\otimes\nu)^*$는 가산개의 가측인 직사각체들로 구성되는 덮개들(covers)에 의해서 다음과 같이 정의될 수 있다.

[정의 5.8] $(X,\ \mathcal{A},\ \mu)$와 $(Y,\ \mathcal{B},\ \nu)$가 가측공간들이라 하자. 그러면 $X\times Y$에서 집합 $E\subset X\times Y$에 대한 **곱 외측도**(product outer measure)

$$(\mu\otimes\nu)^*:\wp(X\times Y)\to[0,\ \infty]$$

는 다음과 같이 정의된다.

$$(\mu\otimes\nu)^*(E)=\inf\left\{\sum_{i=1}^{\infty}\mu(A_i)\nu(B_i)\mid\{A_i\times B_i\}\subset\mathcal{A}\times\mathcal{B}\ \&\ E\subset\cup_{i=1}^{\infty}(A_i\times B_i)\right\}$$

그리고

$$\mu\otimes\nu=(\mu\otimes\nu)^*|_{\mathcal{A}\otimes\mathcal{B}}:\mathcal{A}\otimes\mathcal{B}\to[0,\ \infty]$$

는 곱 σ-대수 $\mathcal{A}\otimes\mathcal{B}$에서 곱측도다.

전제정리 5.3에 의해서, $(\mu\otimes\nu)^*$는 외측도이고 가측인 모든 직사각체는 $(\mu\otimes\nu)^*$-가측이고 곱 전측도와 같은 측도를 갖는다. 여기서 우리는 곱측도의 경우에 대한 카라테오도리(Carathéodory) 정리(정리 2.9)와 정리 5.4를 다음 정리로 요약한다.

[정리 5.6] 만약 $(X,\ \mathcal{A},\ \mu)$와 $(Y,\ \mathcal{B},\ \nu)$가 측도공간들이면

$$\mu\otimes\nu:\mathcal{A}\otimes\mathcal{B}\to[0,\ \infty]$$

은 $X\times Y$에서 측도이고, 모든 $A\in\mathcal{A}$와 $B\in\mathcal{B}$에 대해서

$$(\mu\otimes\nu)(A\times B)=\mu(A)\nu(B)$$

이다. 또한 $(X,\ \mathcal{A},\ \mu)$와 $(Y,\ \mathcal{B},\ \nu)$가 모두 σ-유한이면, 곱측도 $\mu\otimes\nu$는 $\mathcal{A}\otimes\mathcal{B}$에서 위 성질을 갖는 유일한 측도다.

일반적으로 곱외측도 $(\mu\otimes\nu)^*$에 관해서 가측인 집합들로 이루어진 σ-대수는 곱 σ-대수보다 훨씬 크다는 사실에 유념하라. 예를 들어, $\mathbb{R}^m$과 $\mathbb{R}^n$에 보렐 σ-대수와 르베끄 측도가 주어져 있다고 했을 때, 곱집합 $\mathbb{R}^{m+n}=\mathbb{R}^m\times\mathbb{R}^n$에서 σ-대수는 르베끄 σ-대수 $\mathcal{L}(\mathbb{R}^{m+n})$인 반면에, 곱 σ-대수는 보렐 σ-대수 $\mathcal{B}(\mathbb{R}^{m+n})$이다.

5.4 가측함수(Measurable function)

만약 $f:X\times Y\to\mathbb{C}$가 함수이면, 각 원소 $x\in X$와 $y\in Y$에 대해서, x-단면 $f_x:X\to\mathbb{C}$와 y-단면 $f^y:X\to\mathbb{C}$를

$$f_x(y)=f(x,\ y),\quad f^y(x)=f(x,\ y)$$

로 정의한다.

[정리 5.7] $(X,\ \mathcal{A},\ \mu)$와 $(Y,\ \mathcal{B},\ \nu)$가 측도공간들이고 $f:X\times Y\to\mathcal{C}$가 가측인 함수이면, 각 $x\in X,\ y\in Y$에 대해서, $f_x:Y\to\mathcal{C}$와 $f^y:X\to\mathcal{C}$가 모두 가측이다. 또한 $(X,\ \mathcal{A},\ \mu)$와 $(Y,\ \mathcal{B},\ \nu)$가 모두 σ-유한이면

$$g(x)=\int f_x\,d\nu,\quad h(y)=\int f^y\,d\nu$$

로 정의되는 함수 $g:X\to\mathcal{C}$와 $h:Y\to\mathcal{C}$가 모두 가측이다.

⟨증명⟩ 증명은 연습문제로 남긴다. ■

5.5 단조 집합족 정리

여기서는 나중에 푸비니의 정리를 증명하는 데에 이용할, **단조 집합족 정리**(monotone class theorem)라 불리는, σ-대수에 관한 보다 일반적인 정리를 소개하려고 한다. 어떤 집합 X의 한 부분집합족이 가산 증가인 집합열의 합(union)과 가산 감소인 집합열의 교(intersection)에 관해서 닫혀 있을 때, 그 집합을 가리켜서 **단조 집합족**(monotone class)이라 한다.

[정의 5.9] X가 집합이고 $\mathcal{C} \subset \wp(X)$라 하자. 이때 집합족 $\mathcal{C}$가 **단조 집합족**(monotone class)이라 함은 $\{E_i \mid i \in \mathbb{N}\}$, $\{F_i \mid i \in \mathbb{N}\} \subset \mathcal{C}$이고

$$E_1 \subset E_2 \subset \cdots \subset E_i \subset \cdots, \quad F_1 \supset F_2 \supset \cdots \supset F_i \supset \cdots$$

이면

$$\bigcup_{i=1}^{\infty} E_i \in \mathcal{C}, \quad \bigcap_{i=1}^{\infty} F_i \in \mathcal{C}$$

인 성질을 만족한다는 뜻이다.

모든 σ-대수가 단조 집합족이지만 역은 성립하지 않는다. σ-대수의 경우에서와 마찬가지로, 모든 집합족 $\mathcal{F} \subset \wp(X)$에 대해서, $\mathcal{F}$에 의해서 생성되는 단조 집합족이라 불리는 가장 작은 단조 집합족에 포함된다. 다음 정리에서 서술하듯이 만약 $\mathcal{F}$가 대수이면, $\mathcal{F}$에 의해서 생성된 단조 집합족은 사실상 σ-대수가 된다.

[정리 5.8] 만약 $\mathcal{F}$가 대수(algebra)이면, $\mathcal{F}$에 의해서 생성되는 단조집합열은 $\mathcal{F}$에 의해서 생성되는 σ-대수다.

⟨증명⟩ 증명은 연습문제로 남긴다. ■

5.6 푸비니 정리(Fubini's theorem)

푸비니 정리 또는 푸비니-토넬리 정리(Fubini-Tonelli theorem)는 간단히

(1) 이중적분은 두 개의 일변수 적분을 계산하여 구할 수 있고,

(2) 그런 두 개 일변수 적분의 순서 변경이 가능하다는 것

을 보장해 주는 정리이다.

[정리 5.9](푸비니의 정리, Fubini's theorem) $(X,\ \mathcal{A},\ \mu)$와 $(Y,\ \mathcal{B},\ \nu)$가 모두 σ-유한인 측도공간이라 할 때, 함수 $f : X \times Y \to \mathbb{C}$가 가측일 필요충분조건은 이중적분

$$\int \left(\int |f^y|\, d\mu \right) d\nu \quad \text{와} \quad \int \left(\int |f^x|\, d\nu \right) d\mu$$

중에서 하나는 유한이다. 이 경우에

$$\int f\, d\mu \otimes d\nu = \int \left(\int f^y\, d\mu \right) d\nu = \int \left(\int f_x\, d\nu \right) d\mu$$

이다. □

[예제 5.1] $\mathbb{N} \times \mathbb{N}$에서 셈측도(counting measure)에 대해서 푸비니의 정리를 이용하자. 만약 $\{a_{m,n} \mid m,\ n \in \mathbb{N}\} \subset \mathbb{C}$이 복소수들로 구성된 이중으로 첨수화된 수열로서

$$\sum_{m=1}^{\infty} \left(\sum_{n=1}^{\infty} |a_{m,n}| \right) < \infty$$

이면

$$\sum_{m=1}^{\infty} \left(\sum_{n=1}^{\infty} a_m m \right) = \sum_{n=1}^{\infty} \left(\sum_{m=1}^{\infty} a_m m \right)$$

이다.

⟨증명⟩ 증명은 연습문제로 남긴다. ■

5.7 곱측도의 완비성

완비 측도공간들의 곱측도가 반드시 완비 측도일 필요는 없다.

[예제 5.1] 만약 $N \subset \mathbb{R}$이 르베끄-가측이 아닌 집합이면, 곱 σ-대수에 속한 집합의 모든 단면이 가측이 되어야 하므로, $\{0\} \times N$은 $\mathbb{R}^2 = \mathbb{R} \times \mathbb{R}$에서 곱 σ-대수 $\mathcal{L}(\mathbb{R}) \otimes \mathcal{L}(\mathbb{R})$에 속하지 않는다. 그런데 $\{0\} \times N$은 측도가 0인 $\{0\} \times \mathbb{R}$의 부분집합이고 $\mathbb{R}^2$가 르베끄-측도에 관해서 완비공간이므로 $\{0\} \times N$이 $\mathbb{R}^2$이 $\mathcal{L}(\mathbb{R}^2)$에 속한다. 실제로 $\mathbb{R}^{m+n}$에서 르베끄 σ-대수는 르베끄-측도에 관해서 $\mathbb{R}^m$과 $\mathbb{R}^n$의 σ-대수들의 곱의 완비(completion)이다. 즉

$$\mathcal{L}(\mathbb{R}^{m+n}) = \overline{\mathcal{L}(\mathbb{R}^m) \otimes \mathcal{L}(\mathbb{R}^n)}$$

이다. □

여기서 $\mathbb{R}^n$에서 르베끄 가측함수들에 대한 푸비니-정리를 소개한다.

[정리 5.10] 르베끄 가측함수 $f : \mathbb{R}^{m+n} \to \mathbb{C}$가 적분가능, 즉

$$\int_{\mathbb{R}^{m+n}} |f(x,y)|\,dx\,dy < \infty$$

일 필요충분조건은 두 이중적분

$$\int_{\mathbb{R}^n} \left(\int_{\mathbb{R}^m} |f(x,y)|\,dx \right) dy \quad \text{와} \quad \int_{\mathbb{R}^m} \left(\int_{\mathbb{R}^n} |f(x,y)|\,dy \right) dx$$

중에서 적어도 하나는 유한이다. 이러한 경우에

$$\int_{\mathbb{R}^{m+n}} f(x,y)\,dx\,dy = \int_{\mathbb{R}^n} \left(\int_{\mathbb{R}^m} f(x,y)\,dx \right) dy = \int_{\mathbb{R}^m} \left(\int_{\mathbb{R}^m} f(x,y)\,dy \right) dx$$

이고, 이 적분들은 모두 잘 정의되어 있으며 거의 유한(finite a.e.)이다. □

5.8 연습문제

1. $(X,\ \mathcal{A})$와 $(Y,\ \mathcal{B})$가 모두 가측공간들이라 하고 $A \in \mathcal{A}$이며 $B \in \mathcal{B}$라 할 때 $A \times B$가 비가측(non-measurable)일 필요충분조건이 A가 비가측이고 $B \neq \emptyset$이거나 B가 비가측이고 $A \neq \emptyset$임을 증명하라.

2. $(X,\ \mathcal{A},\ \mu)$와 $(Y,\ \mathcal{B},\ \nu)$가 완비측도공간들임에도 불구하고 $\mu \times \nu$가 $X \times Y$에서 완비측도가 아닌 예를 들어라.

3. $(\mathbb{R},\ \mathcal{B}(\mathbb{R}))$가 보렐 가측공간이고 μ와 λ가 $(\mathbb{R},\ \mathcal{B}(\mathbb{R}))$에서 각각 르베끄-측도이며 셈측도(counting measure)라 하자. 여기서 $L = \{(x, y) \in \mathbb{R}^2 \mid x = y\}$로 놓고 $\chi_L : \mathbb{R}^2 \to \mathbb{R}$을 L의 특성함수(characteristic function)라고 할 때

$$\iint f(x,y)\mu(dx)\lambda(dy) \neq \iint f(x,y)\lambda(dy)\mu(dx)$$

임을 증명하라.

4. 다음을 증명하라.
   a) μ가 가측공간 $(X,\ \mathcal{A})$에서 측도라 하자. 만약 μ가 σ-유한이면 $\mu = \sum_{n=1}^{\infty} \mu_n$인 $(X,\ \mathcal{A})$에서 가산개의 유한측도들 $\mu_1,\ \mu_2, \ldots$가 존재한다.
   b) a)의 역이 성립하지 않는 예를 들어라.
   c) $(X,\ \mathcal{A},\ \mu)$와 $(Y,\ \mathcal{B},\ \nu)$를 측도공간들이라 하고 $f : X \times Y \to [0, \infty]$가 $\mathcal{A} \times \mathcal{B}$-가측인 함수라 하자. 만약 μ와 ν가 유한측도들의 급수(series)들로 표현된다면, 함수

   $$x \mapsto \int f(x,y)\nu(dy)\text{와} \quad y \mapsto \int f(x,y)\mu(dx)$$

   가 모두 가측이고

   $$\iint f(x,y)\nu(dy)\mu(dx) = \iint f(x,y)\mu(dx)\nu(dy)$$

   인 관계가 성립함을 증명하라.

5. μ_1와 μ_2가 가측공간 $(X,\ \mathcal{A})$에서 정의된 측도들일 때, 'μ_2가 μ_1에 관해서 절대연속(absolutely continuous)이다($\mu_2 \ll \mu_1$으로 표현)'는 뜻은 다음을 만족한다는 의미이다.

   $\mu_1(A) = 0$인 모든 $A \in \mathcal{A}$에 대해서, $\mu_2(A) = 0$이다.

   이제 $(X,\ \mathcal{A})$와 $(Y,\ \mathcal{B})$가 가측공간들이라 하고 $\mu_1,\ \mu_2$가 $(X,\ \mathcal{A})$에서 유한측도들이며 $\nu_1,\ \nu_2$가 $(Y,\ \mathcal{B})$에서 유한측도들이라 하자. 이때 $\mu_2 \ll \mu_1$이고 $\nu_2 \ll \nu_1$이면 $\mu_2 \times \nu_2 \ll \mu_1 \times \nu_1$임을 증명하라.

6. $(X, \mathcal{A}, \mu)$와 $(Y, \mathcal{B}, \nu)$가 확률 측도공간들일 때, $\mu \otimes \nu : \mathcal{A} \otimes \mathcal{B} \to [0, 1]$가 확률 측도임을 증명하라.

7. $(X, \mathcal{A}, \mu)$와 $(Y, \mathcal{B}, \nu)$가 모두 σ-유한인 측도공간들이라 하자. 여기서 $(\mathcal{A} \times \mathcal{B})_{\mu\times\nu}$를 $\mu \times \nu$에 관한 $\mathcal{A} \times \mathcal{B}$의 완비 σ-대수라 놓고 $\overline{\mu \times \nu}$를 $\mu \times \nu$의 완비측도라 하고 $f : X \times Y \to [0, \infty]$가 $(\mathcal{A} \times \mathcal{B})_{\mu\times\nu}$-가측인 함수라 할 때, 다음을 증명하라.

   (i) 거의 모든 $x \in X$에 대해서 $f_x : Y \to [0, \infty]$ $(y \mapsto f(x, y))$가 $\mathcal{B}_\nu$-가측이고, 거의 모든 $y \in Y$에 대해서 $f^y : X \to [0, \infty]$ $(x \mapsto f(x, y))$가 $\mathcal{A}_\mu$ 가측이다.

   (ii) f_x가 $\mathcal{B}_\nu$-가측이 아니면 $\int f(x,y)\overline{\nu}(dy) = 0$으로 정의하고 f_y가 $\mathcal{A}_\mu$-가측이 아니면 $\int f(x,y)\overline{\mu}(dx) = 0$으로 정의했을 때

$$\begin{aligned}\int f\, d\overline{(\mu \times \nu)} &= \iint f(x,y)\overline{\nu}(dy)\overline{\mu}(dx) \\ &= \iint f(x,y)\overline{\mu}(dx)\overline{\nu}(dy)\ \text{이다.}\end{aligned}$$

8. $(X, \mathcal{A}, \mu)$가 σ-유한인 측도공간이고 $f, g : X \to [0, \infty]$가 모두 $\mathcal{A}$-가측인 함수라 하자. 만약 모든 $t > 0$에 대해서

$$\mu(\{x \in X \mid f(x) > t\}) \leq \mu(\{x \in X \mid g(x) > t\})$$

이면, $\int f\, d\mu \leq \int g\, d\mu$ 임을 증명하라.

9. μ를 $\mathbb{R}$에서 르베끄-측도라 하고 $f : \mathbb{R} \to (0, \infty)$가 가측인 함수라 하자. 여기서

$$O_f = \{(x, y) \in \mathbb{R} \times [0, \infty) \mid 0 \leq y < f(x)\}$$

로 정의했을 때, 다음을 증명하라.

   a) O_f는 가측집합이다.

   b) $(\mu \times \mu)(O_f) = \int f\, dx$이다.

   c) f의 그래프 $G_f = \{(x, f(x)) \mid x \in \mathbb{R}\}$가 가측이다.

   d) f의 그래프 G_f의 측도는 0이다.

10. 이중수열 $\{a_{m,n} \mid (m, n) \in \mathbb{N} \times \mathbb{N}\}$을

$$a_{m,n} = \begin{cases} 1 & \text{if} \quad m = n, \\ -1 & \text{if} \quad m = n + 1, \\ 0 & \text{if} \quad m \neq n\ \&\ m \neq n + 1 \end{cases}$$

으로 정의했을 때, 푸비니의 정리를 이용해서

$$\sum_{n=1}^{\infty}\left(\sum_{m=1}^{\infty} a_{m,n}\right) \neq \sum_{m=1}^{\infty}\left(\sum_{n=1}^{\infty} a_{m,n}\right)$$

임을 증명하라.

11. $n \in \mathbb{N}$에 대해서 $\mathcal{B}_n \subset \mathbb{R}^n$를 보렐 σ-대수라 하고

$$\mu_n : \mathcal{B}_k \to [0,\ \infty]$$

를 르베끄-측도라 하자. 그리고 $k,\ l \in \mathbb{N}$이며 $n = k + l$이라 하자. 따라서 $\mathbb{R}^k \times \mathbb{R}^l = \mathbb{R}^n$이고

$$\mathcal{B}_k \otimes \mathcal{B}_l = \mathcal{B}_n$$

이다. 이때, 곱측도 $\mu_k \otimes \mu_l$이 이동변환에 대해서 불변이고 $\mu_k \otimes \mu_l([0,\ 1]^n) = 1$ 임을 증명하라.

12. $(X,\ \mathcal{A},\ \mu)$가 측도공간이고 $\mathcal{B}(\mathbb{R})$가 $\mathbb{R}$에서 보렐 σ-대수이며 $f : X \to [0,\ \infty]$가 $\mathcal{A}$-가측인 함수일 때, 다음을 증명하라.

    a) 두 집합

    $$A_f = \{(x, y) \in X\times\mathbb{R} \mid 0 \le y < f(x)\}\text{와}\quad G_f = \{(x, y) \in X\times\mathbb{R} \mid y = f(x)\}$$

    가 모두 $\mathcal{A} \otimes \mathbb{B}_{\mathbb{R}}$-가측이다.

    b) 만약 μ가 σ-유한이고 ν가 $(\mathbb{R},\ \mathcal{B}(\mathbb{R}))$에서 보렐 측도이면

    $$(\mu \otimes \nu)(A_f) = \int_X f\, d\mu\text{이고}\quad (\mu \otimes \nu)(G_f) = 0$$

    이다.

13. X와 Y가 모두 $\emptyset$이 아닌 집합들이고

$$X \in \mathcal{M} \subset \wp(X), \quad Y \in \mathcal{R} \subset \wp(Y)$$

일 때

$$\sigma(\mathcal{M} \otimes \mathcal{R}) = \sigma(\mathcal{M}) \otimes \sigma(\mathcal{R})$$

임을 증명하라.

14. $(X,\ \mathcal{A},\ \mu)$와 $(Y,\ \mathcal{B},\ \nu)$가 σ-유한인 완비측도공간들이고 $(X \times Y,\ \mathcal{A}\hat{\otimes}\mathcal{B},\ \mu\hat{\otimes}\nu)$를 $(X \otimes Y,\ \mathcal{A}\otimes\mathcal{B},\ \mu\otimes\nu)$의 완비공간이라 할 때, $C \in \mathcal{A}\hat{\otimes}\mathcal{B}$이고 $\mu\hat{\otimes}\nu(C) = 0$이면 $\nu(C_x) = 0$ (μ-a.e.)이고 $\mu(C_y) = 0$ (ν-a.e.)임을 증명하라.

15. $(X,\, \mathcal{A},\, \mu)$가 σ-유한인 측도공간이고 $f : X \to [0,\, \infty]$가 가측함수라 하자. 집합 $E \in \mathcal{A}$에 대해서

$$R(f,\, E) = \{(x,\, y) \in E \times [0,\, \infty) \mid 0 \leq y < y\}$$

로 정의하고, 실수 $y > 0$에 대해서

$$F(y) = \mu(\{x \in E \mid f(x) > y\}) \quad (E\text{에서 } f\text{의 분포함수라 일컬음})$$

로 정의했을 때, $\mathbb{R}$에서 르베끄-측도 ν에 관해서

$$\int_E d\, d\mu = (\mu \otimes \nu)(R(f,\, E)) = \int_0^\infty F(y) d\, \nu(y)$$

임을 증명하라.

제 6 장

미분

측도론에서 미분에 관한 이론은 적분에 관한 이론에 비해서 비교적 덜 분명하지만 이들을 다루는 방법들은 상호 보완적이다.

먼저 매끄러운 1변수 함수에 대한 미적분학의 기본 이론들을 살펴보도록 하자. 잘 알려진 이론들 중의 하나는 적분의 미분은 원래의 함수가 된다는 것, 즉

$$f(x) = \frac{d}{dx}\int_a^x f(t)\,dt \tag{6.1}$$

라는 사실이다. 또 다른 하나는 미분한 것을 적분하면 원래의 함수로 복구된다는 것, 즉

$$F(x) = F(a) + \int_a^x f(t)dt, \quad F'(x) = f(x) \tag{6.2}$$

이다. 나중에 알겠지만 f가 적분가능하면 식 (6.1)은 거의 모든 곳에서(a. e.) 점별로 성립한다. 그러나 거의 모든 곳에서 점별로 미분과 적분이 가능한 연속함수 F에 대해서 식 (6.2)가 항상 성립하는 것은 아니고, 식 (6.2)가 성립하기 위해서는 F가 절대연속(absolutely continuous)이 되어야 한다. 칸토어(Cantor)-함수[1]가 이에 대한 좋은 반례다.

우선, (6.1)을 일반화시켜 $\mathbb{R}^n$에서 국소적으로 적분가능한 함수로 일반화시켜서 르베그 미분정리를 유도하자. 함수 $f : \mathbb{R}^n \to \mathbb{R}$가 국소적으로 적분이 가능하다는 것은 f가 가측이고, 모든 컴팩트 부분집합 $K \subset \mathbb{R}^n$에 대해서

$$\int_X |f|\,dx < \infty$$

[1]칸토어-함수는 연속이지만 절대연속은 아닌 함수다.

인 관계가 성립한다는 것을 의미한다. $\mathbb{R}^n$에서 국소적으로 적분가능한 함수들의 공간을 $L^1_{\text{loc}}(\mathbb{R}^n)$로 놓고

$$B_r(x) = \{y \in \mathbb{R}^n \mid |y - x| < r\} \tag{6.3}$$

을 중심이 $x \in \mathbb{R}^n$이고 반경이 $r > 0$인 열린공(open ball)이라 하자. $\mathbb{R}^n$에서 르베끄 측도를 μ로 놓고 공(ball) B의 르베끄 측도를 $\mu(B) = |B|$으로 놓자.

르베끄 미분정리를 소개하기 위하여 식 (6.1)을 구간이 대칭적인 적분

$$f(x) = \lim_{r \to 0+} \frac{1}{2r} \int_{x-r}^{x+r} f(t)\, dt \tag{6.4}$$

로 표현할 수 있다는 사실에 주목하자. 다시 말해서 점 x에서 f의 값이 x를 중심으로 해서 구간 길이가 0으로 수렴하는 구간에서 f의 국소적인 평균들의 극한으로 표현될 수 있다는 것이다. $\mathbb{R}^n$에서 정의되는 함수 $f : \mathbb{R}^n \to \mathbb{R}$에 대한 식 (6.4)의 표현은

$$f(x) = \lim_{r \to 0+} \frac{1}{|B_r(x)|} \int_{B_r(x)} f(t)\, dt \tag{6.5}$$

인데, 이때 적분은 n-차원의 르베끄 측도에 의한 적분이다. 르베끄 미분정리는 국소적으로 적분이 가능한 모든 함수 f에 대해서 식 (6.5)가 거의 모든 곳에서 점별로 성립한다는 것을 말해 준다.

이 정리를 증명하기 위해서는 적분이 가능한 함수의 극대함수(maximal function)의 개념을 소개해야 하는데, 중요한 성질은 하디-리틀우드(Hardy-Littlewood) 정리[2]에서 서술되어 있듯이 극대함수가 약한 L^1-함수가 된다는 것이다. 이 성질은 다음 절에서 증명할 예정인 단순 덮개정리(simple covering theorem)를 이용해서 증명된다.

이제 적분으로 표현된 함수 (6.2)에 관한 일반화를 생각해 보자. 일반적인 측도공간에서 적분을 정의할 때 실직선 보다는 일반적인 집합에서 정의된 함수들을 생각하는 것이 당연하다. 예를 들어, 식 (6.2)에서, $\nu : \mathcal{C}([a,\ b]) \to \mathbb{R}$가 부호를 갖는 측도이고 $F(x) = \nu([a,\ x])$로 정의되는 함수 $F : [a,\ b] \to \mathbb{R}$를 생각할 수 있다. 이러한 해석은 다음과 같은 질문을 갖게 한다. 만약 μ와 ν가 측도공간 X에서 정의된 측도들이면

$$\nu(A) = \int_A f\, d\mu$$

---

[2]하디-리틀우드 정리는 실해석학과 조화해석학에서 활용하는 아주 중요한 정리다.

인 성질을 만족하는 함수 $f : X \to [0, \infty]$가 존재하는가? 이 질문에 대한 답이 사실인 경우에, 우리는 $f = d\nu/d\mu$를 μ에 관한 ν의 레이던-니코다임(Radon-Nikodym)의 미분으로 정의한다. 더 나아가 값이 양의 실수인 측도로 제한하지 않고 부호를 갖는 실수 측도나 복소수 측도를 생각할 수 있다.

레이던-니코다임(Radon-Nikodym)의 정리[3]는 σ-유한인 측도공간이라는 전제하에서 측도 μ에 관한 ν의 미분이 존재하기 위한 필요충분조건으로 측도 ν가 측도 μ에 관해서 절대적으로 연속이어야 한다는 내용이다.

6.1 덮개 정리(Covering lemma)

이 책에서 우리는 다음과 같은 간단한 형식의 덮개정리만 필요로 한다.

바이탈리(Vitali)-정리나 베이코비치(Beicovitch)-정리와 같은 좀더 복잡한 덮개에 관한 정리들이 있지만 이 책에서는 더 이상 언급하지 않겠다.

[보조정리 6.1] $\{B_1, B_2, \ldots, B_N\}$을 $\mathbb{R}^n$에서 유한개의 공(ball)들의 집합이라 하자. 그러면

$$\mu\left(\bigcup_{i=1}^{N} B_i\right) \le 3^n \sum_{i=1}^{M} |B'_j|$$

인 관계를 만족하는 서로소인 부분집합족

$$\{B'_1, B'_1, \ldots, B'_M\} \subset \{B_1, B_2, \ldots, B_N\}$$

이 존재한다.

⟨증명⟩ B가 열린공일 때, B의 중심과 같은 중심이고 B의 3배인 반경을 갖는 열린공을 $\hat{B}$로 놓자. 그러면

$$|\hat{B}| = 3^n|B|$$

이다. 또한, B_1과 B_2가 서로소가 아닌 열린공들이고 B_1의 반경이 B_2의 반경보다 크거나 같으면 $\hat{B}_1 \supset B_2$이다.

이제 다음과 같은 반복적인 과정을 통해서 부분집합족

$$\{B'_1, B'_1, \ldots, B'_M\} \subset \{B_1, B_2, \ldots, B_N\}$$

을 얻도록 한다.

---

[3] Radon-Nikodym 정리는 어떤 가측 공간에 대한 σ-유한인 측도가 존재하고 이 유한측도에 대해 연속인 또 다른 σ-유한인 측도가 동일한 공간에 존재할 경우 이 둘의 관계를 나타내는 가측함수가 존재한다는 정리이다.

먼저 $\{B_1, B_2, \ldots, B_N\}$에서 반경이 가장 큰 열린공을 B_1'으로 놓은 다음 B_1'과 서로소가 아닌 모든 B_i를 제외시킨다.

다음으로 남아 있는 나머지 공들중에서 반경이 가장 큰 것을 B_2'으로 놓고 이것과 서로소가 아닌 모든 B_i를 제외시킨다. 이와 같은 과정들을 반복해서 시행하면 $M(\leq N)$개의 열린공들로 구성된 부분집합족 $\{B_1', B_1', \ldots, B_M'\} \subset \{B_1, B_2, \ldots, B_N\}$을 얻게 된다. 그러면 $\{B_1', B_1', \ldots, B_M'\}$은 서로소인 집합족이고

$$\bigcup_{i=1}^{N} B_i \subset \bigcup_{j=1}^{M} \hat{B}_j'$$

이다. 따라서

$$\mu\left(\bigcup_{i=1}^{N} B_i\right) \leq \sum_{j=1}^{M} |\hat{B}_j'| = 3^n \sum_{i=1}^{M} |B_j'|$$

이다. ■

6.2 극대 함수(Maximal function)

국소적으로 적분가능한 함수에 대한 극대함수는 주어진 점에 관해서 함수의 절대평균값들에 대한 상한을 취함으로써 얻어진다. 극대함수의 개념은 하디와 리틀우드에 의해서 처음 소개되었으며, 이러한 함수들은 적분이 가능한 함수들에 대한 점별 성질들(pointwise properties)을 증명하는 데에 중요하게 쓰인다. 이 함수들은 조화해석학에서도 매우 중요한 역할을 한다.

[정의 6.1] 만약 $f \in L^1_{\text{loc}}(\mathbb{R}^n)$이면, f의 극대함수 Mf는

$$Mf(x) = \sup_{r>0} \frac{1}{|B_r(x)|} \int_{B_r(x)} |f(y)|\, dy$$

로 정의된다.

극대함수를 정의하기 위해 열린공들을 활용하는 것은 편의성 때문이다. 우리는 극대함수를 정의할 때 열린공 대신에 직사각입체를 활용할 수도 있다.

여기서 주목해야 할 사실은 거의 모든 곳에서 같은 두 함수는 같은 극대함수를 갖는다는 것이다. 즉, $f = g$ (a.e.) 이면 $Mf = Mg$이다.

[예제 6.1] 만약 $f : \mathbb{R} \to \mathbb{R}$가

$$f(x) = \begin{cases} 1 & \text{if} \quad x \geq 0, \\ 0 & \text{if} \quad x < 0 \end{cases}$$

이면

$$Mf(x) = \begin{cases} 1 & \text{if} \quad x > 0, \\ 1/2 & \text{if} \quad x \leq 0 \end{cases}$$

이다. □

이 예제는 다음 정리에 대한 예이다.

[전제정리 6.2] 만약 $f \in L^1_{\text{loc}}(\mathbb{R}^n)$이면, 극대함수 Mf는 하반연속(lower semi-continuous)이므로 보렐-가측이다.

⟨증명⟩ 만약 모든 $0 < t < \infty$에 대해서

$$E_t = \{x \mid M\, f(x) > t\}$$

가 열린집합이면함수 Mf가 하반연속이다. E_t가 열린집합임를 보이기 위해서 $x \in E_t$라 하자. 그러면

$$\frac{1}{|B_r(x)|} \int_{B_r(x)} |f(y)|\, dy > t$$

인 $r > 0$이 존재한다. 여기서

$$\frac{1}{|B'_r(x)|} \int_{B_r(x)} |f(y)|\, dy > t$$

인 $r' > r$을 택하자. 만약 $|x' - x| < r' - r$이면 $B_r(x) \subset B_{r'}(x')$이고

$$t < \frac{1}{|B'_r(x)|} \int_{B_r(x)} |f(y)|\, dy \leq \frac{1}{|B'_r(x')|} \int_{B'_r(x')} |f(y)|\, dy \leq Mf(x')$$

이므로 $x' \in E_t$이다. 이는 E_t가 열린집합임을 증명한 것이다. ■

0아닌 $f \in L^1(\mathbb{R}^n)$의 극대함수는, ∞의 근방에서 매우 느리게 감소하므로 그 적분이 수렴할 수 없기 때문에, $L^1(\mathbb{R}^n)$에 속하지 않는다. 이를 알기 위해서 $a > 0$이고 $|x| \geq a$라고 가정하자. 그러면 반경이 $r = 2|x|$인 공(ball)위에서 x에서 $|f|$의 평균을 생각하고 $B_a(0) \subset B_{2|x|}$이라는 사실은 이용했을 때

$$\begin{aligned} Mf(x) &\geq \tfrac{1}{|B_{2|x|}(x)|} \textstyle\int_{B_{2|x|}(x)} |f(y)|\, dy \\ &\geq \tfrac{C}{|x|^n} \textstyle\int_{B_a(0)} |f(y)|\, dy \end{aligned}$$

인 상수 $C > 0$가 존재한다. 그런데 $1/|x|^n$이 $\mathbb{R}^n - B_a(0)$에서 적분가능하지 않다. 만약 Mf가 적분가능하다면, 모든 $a > 0$에 대해서

$$\int_{B_a(0)} |f(y)|\, dy = 0$$

이므로, $\mathbb{R}^n$의 거의 모든 곳에서(a. e.) $f = 0$임을 의미한다.

다음 예제에서 볼 수 있듯이 적분가능한 함수의 극대함수가 국소적으로 적분이 가능할 필요는 없다.

[예제 6.2] 함수 $f : \mathbb{R} \to \mathbb{R}$을 다음과 같이 정의하자.

$$f(x) = \begin{cases} 1/(x \log^2 x) & \text{if} \quad 0 < x < 1/2, \\ 0 & \text{if} \quad x \le 0 \quad \text{or} \quad x \ge 1/2. \end{cases}$$

그러면 변수변환 $u = \log x$에 의해서

$$\int_0^{1/2} \frac{1}{x|\log x|^n} dx < \infty$$

일 필요충분조건은 $n > 1$인 것이다. 따라서 $f \in L^1(\mathbb{R})$이고 $0 < x < 1/2$일 때

$$\begin{aligned} Mf(x) &\ge \tfrac{1}{2x} \int_0^{2x} |f(y)|\, dy \\ &\ge \tfrac{1}{2x} \int_0^{x} \tfrac{1}{y \log^2 y} dy \\ &\ge \tfrac{1}{2x \log x|} \end{aligned}$$

이므로 $Mf \notin L^1_{\text{loc}}(\mathbb{R})$이다. □

6.3 약한 L^1-공간

적분이 가능한 함수 f의 극대함수 Mf가 비록 적분이 가능하지는 않더라도 적분이 가능한 함수에 비해서 상황이 아주 나쁜 것만은 아니다. 다음 절에서 볼 수 있듯이 다음에서 정의되는 약한 L^1-공간에 속한다.

[정의 6.2] 약한 $L^1(\mathbb{R}^n)$은 모든 $0 < t < \infty$에 대해서

$$\mu\{x \in \mathbb{R}^n \mid |f(x)| > t\}] \le \frac{C}{t}$$

인 성질을 만족하면서 f에는 관계되나 t와 무관한 상수 $C > 0$가 존재하는 가측함수 $f : \mathbb{R}^n \to \mathbb{R}$ 전체로 구성된다. □

정의 6.2에서 적분이 가능한 함수 f가 약한 $L^1(\mathbb{R}^n)$에 속하는지의 여부에 대한 평가는 다음 정리의 체비쉐브(Chebyshev)의 부등식으로 할 수 있다.

[정리 6.3](체비쉐브의 부등식) $(X,\ \mathcal{A},\ \mu)$가 측도공간이고 $f : X \to \mathbb{R}$가 가측함수이며 $0 < t < \infty$라 하자. 그러면

$$\mu(\{x \in X \mid |f(x)| > t\}) \leq \frac{1}{t}||f||_{L^1} \tag{6.6}$$

이다.

⟨증명⟩ 여기서 $E_t = \{x \in X \mid |f(x)| > t\}$로 놓자. 그러면

$$\int |f|\, d\mu \geq \int_{E_t} |f|\, d\mu \geq t\mu(E_t)$$

이다. ■

체비쉐브의 부등식에 의해서, f가 $L^1(\mathbb{R}^n)$에 속하면 f는 약한 $L^1(\mathbb{R}^n)$에도 속한다. 그러나 그 역은 성립하지 않는다.

[예제 6.2] 함수 $f : \mathbb{R} \to \mathbb{R}$을

$$f(x) = \frac{1}{x}, \quad (x \neq 0)$$

로 정의하면

$$\mu(\{x \in \mathbb{R} \mid |f(x)| > t\}) = \frac{2}{t}$$

이므로 f가 약한 $L^1(\mathbb{R}^n)$에는 속하지만 (국소적으로) 적분이 가능하지 않기 때문에, $L^1(\mathbb{R}^n)$에는 속하지 않는다. □

6.4 하디-리틀우드의 정리

다음 하디-리틀우드(Haedy-Wood)의 정리는 적분가능한 함수는 약한 L^1에 속한다는 것을 말해 준다.

[정리 6.4](하디-리틀우드의 정리) 만약 $f \in L^1(\mathbb{R}^n)$이면, 모든 $0 < t < \infty$에 대해서

$$\mu(\{x \in \mathbb{R}^n \mid Mf(x) > t\}) \leq \frac{C}{t}||f||_{L^1}$$

인 관계를 만족하며 $C = 3^n$은 n에만 관계된다.

⟨증명⟩ $t > 0$를 고정시키고

$$E_t = \{x \in \mathbb{R}^n \mid Mf(x) > t\}$$

로 놓자. 그러면 르베끄-측도의 내부 정칙성(inner regularity)에 의해서

$$\mu(E_t) = \sup\{\mu(K) \mid K \subset E_t \quad \& \quad K\text{는 컴팩트}\}$$

이므로, 모든 컴팩트 부분집합 K에 대해서

$$\mu(K) \leq \frac{C}{t}\int_{\mathbb{R}}^{n} |f(y)|\, dy$$

임을 증명하면 된다. 만약 $x \in K$이면

$$\frac{1}{|B_x|}\int_{B_x} |f(y)|\, dy > t$$

인 관계를 만족하는 x가 중심인 열린공 B_x가 존재한다. 그런데 K가 컴팩트이므로 열린덮개 $\{B_x \mid x \in K\}$로부터 K의 유한 부분덮개 $\{B_1, B_2, \ldots, B_N\}$을 택할 수 있다. 또한, 정리 6.1에 의해서, $C = 3^n$으로 택하면

$$\begin{aligned}
\mu(K) &\leq \sum_{i=1}^{N} |B_i| \\
&\leq 3^n \sum_{i=1}^{N} |B_j'| \\
&\leq \tfrac{3^n}{t} \sum_{i=1}^{N} \int_{B_j'} |f|\, dx \\
&\leq \tfrac{3^n}{t} \int |f|\, dx
\end{aligned}$$

이다. ■

6.5 르베끄의 미분정리

다음 정리에서 극대함수는 중요하게 쓰이는 도구다.

[정리 6.5] 만약 $f \in L^1_{\text{loc}}(\mathbb{R}^n)$이면, 거의 모든 $x \in \mathbb{R}^n$에 대해서

$$\lim_{r \to 0+} \left[\frac{1}{|B_r(x)|} \int_{B_r(x)} f(y)\, dy \right] = f(x)$$

이다. 또한 거의 모든 $x \in \mathbb{R}^n$에 대해서

$$\lim_{r \to 0+} \left[\frac{1}{|B_r(x)|} \int_{B_r(x)} |f(y) - f(x)|\, dy \right] = 0$$

이다.

〈증명〉 부등식

$$\left| \frac{1}{|B_r(x)|} \int_{B_r(x)} [f(y) - f(x)]\, dy \right| \le \frac{1}{|B_r(x)|} \int_{B_r(x)} |f(y) - f(x)|\, dy$$

가 성립하므로, 두 번째 결과만 증명하면 된다. 여기서 $f^* : \mathbb{R}^n \to [0, \infty]$를

$$f^*(x) = \limsup_{r \to 0+} \left[\frac{1}{|B_r(x)|} \int_{B_r(x)} |f(y) - f(x)|\, dy \right]$$

로 정의하고, 거의 모든 곳에서(a. e.) 점별로 $f^* = 0$임을 보이도록 하자.

만약 $g \in C_c(\mathbb{R}^n)$가 연속이면, 임의의 $\epsilon > 0$에 대해서

$$|x - y| < \delta \quad \Rightarrow \quad |g(x) - g(y)| < \epsilon$$

인 $\delta > 0$가 존재한다. 따라서 모든 $0 < r < \delta$에 대해서

$$\frac{1}{|B_r(x)|} \int_{B_r(x)} |g(y) - g(x)|\, dy < \epsilon$$

이므로 $g^* = 0$이다. 우리는 연속함수들에 의한 근사를 이용해서 일반적인 함수 f에 대해서도 같은 결과를 얻을 수 있다.

맨 먼저, 일반성을 잃지 않고, $f \in L^1(\mathbb{R}^n)$라고 가정할 수 있다는 사실에 주목하자. 예를 들어, 각 $k \in \mathbb{N}$에 대해서 $f_k \chi_{B_k(0)} \in L^1(\mathbb{R}^n)$에 대해 측도가 0인 집합 E_k를 제외하고 위의 결과가 성립한다면, $f \in L^1_{\text{loc}}(\mathbb{R}^n)$에 대해서도 측도가 0인 집합 $\cup_{k=1}^{\infty} E_k$를 제외하고 같은 결과가 성립한다.

다음으로

$$|[f(y)+g(y)]-[f(x)-g(x)]| \le |f(y)-f(x)|+|g(y)-g(x)|$$

이고, $\limsup(A+B) \le \limsup A + \limsup B$이므로

$$(f+g)^* \le f^* + g^*$$

임을 알 수 있다. 따라서 $f \in L^1(\mathbb{R}^n)$이고 $g \in C_c(\mathbb{R}^n)$이면

$$\begin{aligned}&(f-g)^* \le f^* + g^* = f^*,\\ &f^* = (f-g+g)^* \le (f-g)^* + g^* = (f-g)^*\end{aligned}$$

이므로 $(f-g)^* = f^*$이다.

만약 $f \in L^1(\mathbb{R}^n)$이면, 모든 $0 < t < \infty$에 대해서

$$\mu(\{x \in \mathbb{R}^n \mid f^*(x) > t\}) \le \frac{C}{t}||f||_{L^1} \tag{6.7}$$

인 성질을 만족하는 C가 존재하고 C는 n에만 관계된다.

이를 보이기 위해서

$$\begin{aligned} f^*(x) &\le \sup_{r>0}\left[\frac{1}{|B_r(x)|}\int_{B_r(x)}|f(y)-f(x)|\,dy\right]\\ &\le \sup_{r>0}\left[\frac{1}{|B_r(x)|}\int_{B_r(x)}|f(y)|\,dy\right]+|f(x)|\\ &\le Mf(x)+|f(x)|\end{aligned}$$

인 관계를 이용하자. 이로부터

$$\{f^* > t\} \subset \{Mf + |f| > t\} \subset \{Mf > t/2\} \cup \{|f| > t/2\}$$

인 관계를 얻는다. 여기에 하디-리틀우드의 정리를 적용하면

$$\mu(\{x \in \mathbb{R}^n \mid Mf(x) > t/2\}) \le \frac{2\cdot 3^n}{t}||f||_{L^1}$$

이고, 체비쉐브(Chebyshev)의 부등식을 적용하면

$$\mu(\{x \in \mathbb{R}^n \mid |f(x)| > t/2\}) \le \frac{2}{t}||f||_{L^1}$$

이다. 따라서 $C = 2(3^n + 1)$로 선택하면 부등식 (6.7)이 성립한다.

마지막으로 $f \in L^1\mathbb{R}^n$이고 $0 < t < \infty$라 하자. 그러면 정리 4.11에 의해서 임의의 $\epsilon > 0$에 대하여 $||f-g||_{L^1} < \epsilon$인 $g \in C_c(\mathbb{R}^n)$가 존재한다.

따라서

$$\begin{aligned}\mu(\{x \in \mathbb{R}^n \mid f^*(x) > t\}) &= \mu(\{x \in \mathbb{R}^n \mid (f-g)^*(x) > t\}) \\ &\leq \tfrac{C}{t}\|f-g\|_{L^1} \\ &\leq \tfrac{C\epsilon}{t}\end{aligned}$$

이다. 그런데, $\epsilon > 0$이 임의의 수이므로, $\mu(\{x \in \mathbb{R}^n \mid f^*(x) > t\}) = 0$ 이고

$$\mu(\{x \in \mathbb{R}^n \mid f^*(x) > 0\} = \bigcup_{k=1}^{\infty}\{x \in \mathbb{R}^n \mid f^*(x) > 1/k\}$$

이므로

$$\mu(\{x \in \mathbb{R}^n \mid f^*(x) > 0\} = 0$$

이다. ■

정리 6.5에서 $f(x)$에 대한 적합한 정의에 대해서 극한이 존재하는 점 x 들의 집합을 가리켜서 f의 **르베끄 집합**이라 한다.

[정의 6.3] 만약 $f \in L^1_{\text{loc}}(\mathbb{R}^n)$이고

$$\lim_{r \to 0+}\left[\frac{1}{|B_r(x)|}\int_{B_r(x)}|f(y)-c|\,dy\right] = 0 \tag{6.8}$$

인 상수 $c \in \mathbb{R}$가 존재하면, 점 $x \in \mathbb{R}^n$가 f의 르베끄 집합에 속한다.

정리 6.3에서 (6.8)을 만족하는 상수 c가 존재한다면 그러한 c는 유일하다. 또한 이 상수는 거의 모든 곳에서(a. e.) 점별로 등식 관계에 대해서 f의 동치족에 해당된다. 따라서 이 정의를 써서 르베끄 집합에서 정의되는 함수 $f \in L^1_{\text{loc}}(\mathbb{R}^n)$에 대한 표준적인 (거의 모든 곳에서) 점별 표현을 할 수 있다.

[예제 6.4] 예제 6.1에서 정의된 계단함수 f의 르베끄 집합은 $\mathbb{R} - \{0\}$이다. 점 0이 f의 르베끄 집합에 포함되지 않는 이유는, 모든 $c \in \mathbb{R}$에 대해서

$$\lim_{r \to 0+}\left[\frac{1}{2r}\int_{-r}^{r}|f(y)-c|\,dy\right] = \frac{1}{2}(|c| + |1-c|) \neq 0$$

이기 때문이다. 여기서 극한

$$\lim_{r \to 0+}\left[\frac{1}{2r}\int_{-r}^{r}f(y)\,dy\right] = \frac{1}{2}$$

의 존재성이 0이 f의 르베끄 집합에 속하기 위한 충분한 조건은 아니라는 사실에 주목하기 바란다. □

6.6 부호를 갖는 측도

부호를 갖는 측도(signed measure)란 함수값이 음수도 될 수 있는 가산가법적(countably additive)이고 확장된 실수값을 갖는 함수를 말한다.

측도는 체적이나 질량의 개념을 일반화 시킨 개념으로 생각할 수 있고 부호를 갖는 측도는 전자기학에서 소개되는 전하(charge)같은 유사한 개념을 일반화 시킨 개념으로 볼 수 있다.

부호를 갖는 측도가 ∞나 $-\infty$ 중 하나의 값을 가질 수는 있지만 $\infty - \infty$ 형식의 정의될 수 없는 표현을 피하기 위하여 ∞와 $-\infty$의 값을 모두 갖는 것은 허용되지 않는다.

[정의 6.4] $(X, \mathcal{A})$를 가측공간이라 할 때, X에서 부호를 갖는 측도란 다음 3가지 조건을 모두 만족하는 함수 $\nu : \mathcal{A} \to \overline{\mathbb{R}}$을 말한다.

(1) $\nu(\emptyset) = 0$이다.

(2) ν는 ∞나 $-\infty$ 들 중의 하나의 값만을 가질 수 있다.

(3) 만약 $\{A_i \mid i \in \mathbb{N}\}$가 서로소인 가측집합들의 집합족이면

$$\nu\left(\bigcup_{i=1}^{\infty} A_i\right) = \sum_{i=1}^{\infty} \nu(A_i) \text{ 이다.}$$

부호를 갖는 측도가 실수값만을 갖는 경우에는 유한측도(finite measure)라고 말한다. 여기서 주목해야 할 사항은 ν가 부호를 갖는 유한측도인 경우 $\nu\left(\cup_{i=1}^{\infty} A_i\right)$는 A_i의 순서에 상관이 없기 때문에 $\sum_{i=1}^{\infty} \nu(A_i)$는 반드시 수렴해야 하므로 절대수렴한다. 또한, 부호를 갖는 측도는 일반측도와 같은 단조성을 갖는다.

일반적으로 '측도(measure)'란 음이 아닌 확장된 실수값을 갖는 상용측도를 말하고, '부호를 갖는 측도'는 항상 '부호를 갖는(signed)'이란 접두어를 써서 말한다.

[예제 6.5] 만약 $(X, \mathcal{A})$가 가측공간이고 $\nu^+, \nu^{-1} : X \to [0, \infty]$가 측도들로서 이들 중에서 적어도 하나가 유한측도이면, $\nu = \nu^+ - \nu^{-1}$는 부호를 갖는 측도이다.

□

[예제 6.6] 만약 $(X,\ \mathcal{A},\ \mu)$가 측도공간이고 $f : X \to \overline{\mathbb{R}}$가 μ에 관한 적분값이 확장된 실수값을 갖는 $\mathcal{A}$-가측인 함수라 하자. 그러면

$$\nu(A) = \int_A f\, d\mu \tag{6.9}$$

로 정의되는 $\nu : \mathcal{A} \to \overline{\mathbb{R}}$은 X에서 측도가 된다. 이 경우에, 앞 장에서 서술했던 것처럼, f를 μ에 관한 ν의 미분 $d\nu/d\mu$로 해석할 수 있다. 만약 $f = f^+ - f^-$를 f의 양수부와 음수부로 분할한 표현이라 하면, $\nu^+,\ \nu^- : \mathcal{A} \to [0,\ \infty]$가

$$\nu^+(A) = \int_A f^+\, d\mu, \quad \nu^-(A) = \int_A f^-\, d\mu$$

로 정의되어 있을 때, $\nu = \nu^+ - \nu^-$이다. □

다음 절에서 우리는 부호를 갖는 모든 함수를 '**조던-분할**'이라 부르는 두 측도의 차이로 분할할 수 있다는 것을 보일 것이다. 따라서 예제 6.5는 부호를 갖는 모든 측도들에 대해서 성립한다. 그러나 부호를 갖는 모든 측도가 예제 6.5에서 주어진 형식을 갖는 것은 아니다.

다음 절에서 우리는 이러한 논의를 레이던-니코다임의 정리와 연관지어 설명하겠지만, (6.9) 과 같은 형식의 부호를 갖는 측도 ν는 측도 μ에 관해서 절대연속이 되어야 한다.

6.7 한-조던(Hahn-Jordan)의 분할

부호를 갖는 함수를 조던(Jordan)식 분할을 할 수 있다는 것을 증명하기 위해 먼저 부호를 갖는 측도 $\nu : X \to \overline{\mathbb{R}}$에 대해서, 측도공간 X를 ν가 각각 양수인 값을 갖는 부분과 양수가 아닌 값을 갖는 부분으로 된 서로 소인 두 집합들의 합으로 분할해서 표현할 수 있음을 보이겠다.

우리는 이와 같은 분할을 가리켜서 **한의 분할**(Hahn's decomposition)이라 한다.

[정의 6.5] ν가 가측공간 $(X,\ \mathcal{A})$에서 정의된 부호를 갖는 측도라 하자. '집합 $A(\subset X)$가 ν에 대해서 양(positive)이다'라는 것은 A가 다음 두 가지 조건을 모두 만족한다는 뜻이다.

(1) $A \in \mathcal{A}$이다. 즉 A가 가측이다.

(2) 모든 가측 부분집합 $B \subset A$에 대해서 $\nu(B) \geq 0$이다.

마찬가지로, '$A(\subset X)$가 ν에 대해서 음(negative)이다'라는 것은 A가 다음 두 가지 조건을 모두 만족한다는 것을 의미한다.

(1) $A \in \mathcal{A}$이다. 즉 A가 가측이다.

(2) 모든 가측 부분집합 $B \subset A$에 대해서 $\nu(B) \leq 0$이다.

그리고 '$A(\subset X)$가 ν에 대해서 영(null)이다'라는 것은 A가 가측집합이고 $B \subset A$인 모든 가측집합 B에 대해서 $\nu(B) = 0$임을 뜻한다. □

양의 측도와 음의 측도를 갖는 부분집합들의 합이 서로 상쇄될 수 있기 때문에 $\nu(A) > 0$가 'A는 ν에 대해서 양이다'라고 할 수 없을 뿐만 아니라 $\nu(A) = 0$을 'A가 ν에 대해서 영집합이다'라고 말할 수도 없는 것이다.

그럼에도 불구하고, 다음 정리에서 알 수 있듯이, $\nu(A) > 0$이면 A가 ν에 대해 양인 부분집합을 포함한다는 것을 의미한다.

[보조정리 6.6] ν가 가측공간 $(X,\ \mathcal{A})$에서 부호를 갖는 측도라 하자. 만약 $A \in \mathcal{A}$이고 $0 < \nu(A) < \infty$이면, $\nu(P) > 0$인 완전부분집합 $P \subsetneq A$가 존재한다.

〈증명〉 먼저, $A \in \mathcal{A}$이고 $|\nu(A)| < \infty$이면 모든 가측집합 $B \subset A$에 대하여 $\nu(B) < \infty$임을 보이도록 하자. 이는 ν가 ∞와 $-\infty$ 중에서 오직 하나의 값만을 가질 수 있기 때문에 부호를 갖는 두 무한대의 수가 서로 상쇄되어 유한측도를 만들 수 없다.

좀더 자세히 설명하자면, '$\nu : \mathcal{A} \to [-\infty,\ \infty]$가 ∞의 값을 갖지 않는다'라고 가정해 보자. 여기서 $B \subset A$이고 $-\infty < \nu(A) < \infty$라고 한다면, $\nu(B) \neq \infty$이므로 ν의 가법성에 의해, 다음이 성립한다.

$$\nu(B) = \nu(A) - \nu(A - B) \neq -\infty$$

이제 $0 < \nu(A) < \infty$라고 가정하고

$$\delta_1 = \inf\{\nu(E) \mid E \in \mathcal{A} \quad \& \quad E \subset A\}$$

로 놓자. 그러면 $\emptyset \subset B \subset A$이므로 $-\infty \leq \delta_1 \leq 0$이다. 여기서 $-\infty < \delta_1 \leq 0$이면 $\delta_1 \leq \nu(A_1) \leq \delta_1/2$인 $A_1 \subset A$을 선택하고, $\delta = -\infty$이면 $\nu(A_1) \leq -1$인 $A_1 \subset A$을 선택하자. 이러한 식으로 $i \in \mathbb{N}$에 대한 귀납적인 방법에 의해서

$$\delta_i = \inf\left\{\nu(E) \mid E \in \mathcal{A} \quad \& \quad E \subset A - \left(\cup_{j=1}^{i-1} A_j\right)\right\}$$

로 놓고, $-\infty < \delta_i \le 0$이면

$$\delta_i \le \nu(A_i) \le \frac{1}{2}\delta_i$$

이고 $\delta_i = -\infty$이면 $\nu(A_i) \le -1$인 $A_i \subset A - \left(\cup_{j=1}^{i-1} A_j\right)$를 택하여, 서로 소인 부분집합열 $\{A_i \subset A \mid i \in \mathbb{N}\}$를 정의하자. 그리고

$$B = \bigcup_{i=1}^{\infty} A_i, \quad P = A - B$$

로 놓자. 그러면 $\{A_i \mid i \in \mathbb{N}\}$가 서로소인 집합열이므로

$$\nu(B) = \sum_{i=1}^{\infty} \nu(A_i)$$

이다. 그러면, 이미 증명한 바와 같이 $\nu(B)$는 실수가 되어야 하므로, 음수들의 합으로 이루어진 이 급수는 수렴해야 한다. 따라서 유한개의 $i = i_1, i_2, \ldots, i_N$에 대해서만 $\nu(A_i) \le -1$이고 $\delta_i = -\infty$이다. 나머지 $i \in \mathbb{N} - \{i_1, i_2, \ldots, i_N\}$에 대해서는 $-\infty < \delta_i \le 0$이므로

$$\sum \nu(A_i) \le \frac{1}{2}\sum \delta_i \le 0$$

이고 $\sum \delta_i$가 수렴하며 $i \to \infty$일 때 $\delta_i \to 0$이다.

만약 $E \subset P$이면 충분히 큰 $i \in \mathbb{N}$에 대해서 $\nu(E) \ge \delta_i$이다. 따라서, $i \to \infty$일 때의 극한에 의해서 $\nu(B) \ge 0$이므로, P가 양의 가측집합이다. 이는 $\nu(B) \le 0$이므로

$$\nu(P) = \nu(A) - \nu(B) \ge \nu(A) > 0$$

이고, 이는 P가 완전한 양의 측도를 갖는 집합임을 알 수 있다. ■

위 정리에 의해서 다음과 같은 한(Hahn)의 분할정리가 성립한다.

[정리 6.7](Hahn의 분할정리) $(X, \mathcal{A}, \nu)$가 부호를 갖는 측도공간이면

$$X = P \cup N, \quad P \cap N = \emptyset$$

인 양의 가측집합 P와 음의 가측집합 N이 존재한다. 이 집합들은 영집합들(null sets)의 범위 내에서 유일하다.

⟨증명⟩ 일반성을 잃지 않고, 모든 $A \in \mathcal{A}$에 대해서, $\nu(A) < \infty$고 가정하자. (아니면 $-\infty < \nu(A)$라고 가정해도 된다.) 그리고

$$m = \sup\{\nu(A) \mid A \in \mathcal{A} \ \&\ A\text{가 } \nu\text{대해서 양의 집합}\}$$

으로 놓고, $i \to \infty$일 때 $\nu(A_i) \to m$인 양의 가측집합열 $\{A_i \mid i \in \mathbb{N}\}$를 택하자. 그러면 양의 가측집합열의 합은 양의 가측집합이므로

$$P = \bigcup_{i=1}^{\infty} A_i$$

가 양의 가측집합이다. 또한, ν의 단조성에 의해서, $\nu(P) = m$이다. 그런데 $\nu(P) \neq \infty$이므로 $m \geq 0$은 유한한 실수이다.

이제 $N = X - P$로 놓자. 그러면 N은 ν에 관해서 음의 가측집합이라는 것을 알 수 있다. 만약 N이 음의 가측집합이 아니라고 한다면 $\nu(A') > 0$인 집합 $A' \subset A$이 존재해야 하고, 정리 6.6에 의해서, $\nu(P') > 0$인 양의 가측집합 $P' \subset A'$이 존재해야 한다. 그러면 $P \cup P'$은 $\nu(P \cup P') > m$인 양의 가측집합이다. 이는 m의 정의에 모순이다.

마지막으로 P'과 N'이 위와 같은 성질을 만족하는 양의 집합이고 음의 집합이라 하자. 그러면

$$P - P' \subset P \cap N'$$

이므로 $P - P'$은 양의집합이고 음의 집합이다. 따라서 $P - P'$이 영집합(null set)이 되어야 하고, 마찬가지로 $P' - P$도 영집합이 되어야 한다. 이는 Hahn-분할이 ν-영집합의 범위 안에서 유일함을 증명한 것이다. ■

이제 우리는, 부호를 갖는 측도 ν를 두 측도들의 차(difference)로 분할할 수 있다는 것을 설명하기 위해서, 서로 소인 지지집합을 갖는 **특이측도(singular measure)**의 개념을 소개하겠다.

[정의 6.6](특이측도, singular measure) 가측공간 $(X, \mathcal{A})$에서 정의된 두 측도 μ와 ν가 서로 특이(singular)하다는 것($\mu \perp \nu$로 표기함)은

$$X = M \cup N, \quad M \cap N = \emptyset, \quad \mu(M) = \nu(N) = 0$$

인 성질을 만족하는 집합 $M, N \in \mathcal{A}$이 존재한다는 것을 의미한다.

[예제 6.7] 예제 2.5에서 정의된 δ-측도와 예제 2.6에서 정의된 칸토어-측도는 $\mathbb{R}$에서 주어진 르베끄-측도에 관해서 서로 특이하다.

[정리 6.8](조던의 분할, Jordan's decomposition) $(X,\ \mathcal{A} < \nu)$가 부호를 갖는 측도공간이라 하자. 그러면

$$\nu = \nu^+ - \nu^-, \quad \nu^+ \perp \nu^-$$

이고 ν^+나 ν^- 중에서 적어도 하나는 유한한 측도 $\nu^+, \nu^- : \mathcal{A} \to [0,\ \infty]$가 유일하게 존재한다.

⟨증명⟩ P와 N이 각각 ν에 대한 양의 가측집합과 음의 가측집합이고 $X = P \cup N$이라 하자. 그러면

$$\nu^+(A) = \nu(A \cap P), \quad \nu^-(A) = -\nu(A \cap N)$$

가 정리의 조건들을 만족하는 분할을 형성한다. 여기서 $\nu^{\pm}$의 값은 ν-영집합의 범위내에서 P와 N의 선택에 대해서 독립적이므로, 이 분할은 ν-영집합의 범위안에서 유일하다. ■

우리는 ν^+와 ν^-를 각각 ν의 양수부(positive part)와 음수부(negative part)라 부른다. 부호를 갖는 측도 ν의 전체변이(total variation) $|\nu|$는

$$|\nu| = \nu^+ + \nu^-$$

로 정의된다. 전체변이 $|\nu|$가 σ-유한일 때, 부호를 갖는 측도 ν를 가리켜서 σ-유한이라고 한다.

6.8 레이던-니코다임(Radon-Nikodym)의 정리

측도의 절대연속성은 어떤 의미에서 측도들의 특이성에 반대되는 개념이다. 만약 측도 ν가 다른 측도 μ에 대해서 특이한 관계이면 ν의 지지집합과 μ의 지지집합은 서로 소인 반면에, ν가 μ에 관해서 절대연속이면 ν의 지지집합은 μ의 지지집합에 속하게 된다.

[정의 6.7] $(X, \mathcal{A})$가 가측공간이고 μ가 X에서 측도이며 ν는 X에서 부호를 갖는 측도라 할 때, 'ν가 μ에 관해서 **절대연속**(absolutely continuous)이다'는 것은 다음 조건을 만족한다는 뜻이다.

$$A \in \mathcal{A} \quad \& \quad \mu(A) = 0 \quad \Longrightarrow \quad \nu(A) = 0.$$

그리고 ν가 μ에 관해서 절대연속이라는 것을 '$\nu \ll \mu$'로 표기한다.

동치적으로 모든 μ-영집합이 ν-영집합이면 $\nu \ll \mu$이다. 그러나 특이성과 다르게 절대연속성은 대칭관계가 아니다.

[예제 6.8] 실직선 $\mathbb{R}$에서 보렐 σ-대수 $\mathcal{B}(\mathbb{R})$에서 르베끄 측도와 셈측도를 각각 μ와 ν로 놓자. 그러면 $\mu \ll \nu$이지만 $\nu \not\ll \mu$이다. □

[예제 6.9] $(X,\ \mathcal{A},\ \mu)$가 측도공간이고 $f : X \to \overline{\mathbb{R}}$는 μ에 관한 적분이 확장된 실수값을 갖는 가측함수라 하자. 그리고 $\nu : \mathcal{A} \to \overline{\mathbb{R}}$가

$$\nu(A) = \int_A f\, d\mu$$

로 정의된 부호를 갖는 측도라 하자. 그러면, 식 (4.4)에 의해, ν가 μ에 관해서 절대연속이다. □

다음 정리는 정의 6.7에서 소개된 측도들에 대한 절대연속성과 정리 4.8에서 증명된 적분가능함수들의 절대연속성 사이에는 분명한 차이가 있음을 알게 한다.

[전제정리 6.9] 만약 ν가 부호를 갖는 유한한 측도이고 μ가 측도이면, $\nu \ll \mu$일 필요충분한 조건은 임의의 $\epsilon > 0$에 대해서

$$\delta(A) \quad \Longrightarrow \quad |\nu(A)| < \epsilon$$

인 $\delta > 0$가 존재하는 것이다.

⟨증명⟩ 먼저 주어진 필요조건이 성립한다고 하자. 만약 $\mu(A) = 0$이면, 모든 $\epsilon > 0$에 대해서 $|\nu(A)| < \epsilon$이므로, $\nu(A) = 0$이다. 따라서 $\nu \ll \mu$이다.

이제 주어진 필요조건이 성립하지 않는다고 가정해 보자. 그러면 다음 성질을 만족하는 $\epsilon > 0$이 존재한다:

> 각 $k \in \mathbb{N}$에 대해서, $\mu(A_k) < 1/2^k$이고 $\nu(A_k) \geq \epsilon$인 가측집합 A_k가 존재한다.

여기서

$$B = \bigcap_{k=1}^{\infty} \bigcup_{j=k}^{\infty} A_j$$

로 정의하면 $\mu(B) = 0$이고 $|\nu|(B) \geq \epsilon$이다. 따라서 $\nu \not\ll \mu$이다. ■

레이던-니코다임 정리는 절대연속이고 σ-유한인 측도들에 대해서 예제 6.9의 반대적인 성질을 제공한다. 또한 우리는 증명의 한 부분으로서 부호를 갖는 측도는 주어진 측도 μ에 관해 절대연속인 부분과 특이한 부분으로 분할될 수 있음을 보일 것이다.

이 정리의 증명과정에서 다음 보조정리를 이용한다.

[보조정리 6.10] μ, ν가 모두 가측공간 $(X, \mathcal{A})$에서 정의된 유한 측도(finite measure)라 하자. 그러면 $\mu \perp \nu$이거나, 아니면 다음 성질을 만족하는 $\epsilon > 0$과 집합 P가 존재한다.

> P는 부호를 갖는 측도 $\nu - \epsilon\mu$에 대해서 양의 집합(positive set)이고 $\mu(P) > 0$이다.

⟨증명⟩ 각 $n \in \mathbb{N}$에 대해서 $X = P_n \cup N_n$을 부호를 갖는 측도 $\nu - \frac{1}{n}\mu$에 대한 X의 한(Hahn)-분할이라 하자. 여기서

$$P = \bigcup_{n=1}^{\infty} P_n, \quad N = \bigcap_{n=1}^{\infty} N_n$$

으로 놓으면, $P \cap N = \emptyset$이고 $X = P \cup N$이며, 모든 $n \in \mathbb{N}$에 대해서

$$0 \leq \nu(N) \leq \frac{1}{n}\mu(N)$$

이므로, $\nu(N) = 0$이다. 따라서 $\nu \perp \mu$일 때 $\mu(P) = 0$이거나 아니면 $\mu(P_n) > 0$인 $n \in \mathbb{N}$이 존재한다. 여기서 $\epsilon = 1/n$으로 선택함으로써 증명이 끝난다. ■

[정리 6.11](르베끄-레이던-니코다임 정리) $(X, \mathcal{A})$가 가측공간이고 ν가 X에서 부호를 갖는 σ-인 측도이며 μ는 X에서 σ-유한인 측도라 하자. 그러면

$$\nu = \nu_a + \nu_s, \quad \nu_a \ll \mu, \quad \nu_s \perp \mu$$

인 성질을 만족하는 σ-유한인 부호를 갖는 측도 ν_a, ν_s가 존재한다. 또한 모든 $A \in \mathcal{A}$에 대해서

$$\nu_a(A) = \int_A f\,d\mu \in \overline{\mathbb{R}}$$

인 성질을 만족하는 가측함수 $f : X \to \mathbb{R}$가 μ-a.e. 동치족 범위에서 유일하게 존재한다.

⟨증명⟩ 부호를 갖는 함수가 양수부와 음수부로 분할될 수 있어서, 여기서 소개되는 증명을 각 부분에 적용시키면 되므로, ν를 측도라고 가정해 놓고 증명해도 된다.

먼저, μ와 ν가 모두 유한한 측도라고 가정하자. 여기서 우리는

$$\nu_a(A) = \int_A f\,d\mu, \quad (A \in \mathcal{A})$$

인 함수 f와 μ에 관해서 절대연속인 부호를 갖는 함수 $\nu_a \ll \mu$를 구성하도록 하자. 위 등식의 관계를 간단히 $d\nu_a = f\,d\mu$로 표현하기로 하자. 그러면 나머지 부분 $\nu_s = \nu - \nu_a$는 ν의 특이부분이 된다.

여기서

$$\text{모든 } A \in \mathcal{A}\text{에 대해서} \quad \int_A g\,d\mu \le \nu(A)$$

인 성질을 만족하는 모든 $\mathcal{A}$-가측함수 $g : X \to [0, \infty]$들의 전체집합을 $\mathcal{F}$로 놓자. 그러면 $f = \sup \mathcal{F}$에 의해서 f를 구하면 된다. 만약 $g, h \in \mathcal{F}$이면 $\max\{g, h\} \in \mathcal{F}$이다. 이를 증명하기 위해서 $A \in \mathcal{A}$일 때

$$B = A \cap \{x \in X \mid g(x) > h(x)\}, \quad C = A \cap \{x \in X \mid g(x) \le h(x)\}$$

로 놓으면 $A = B \cup C$이고

$$\int_A \max\{g, h\}\,d\mu = \int_B g\,d\mu + \int_C h\,d\mu \le \nu(B) + \nu(C) = \nu(A)$$

이다. 여기서

$$m = \sup\left\{\int_X g\,d\mu \mid g \in \mathcal{F}\right\} \le \nu(X)$$

로 놓고

$$\lim_{n\to\infty} \int_X g_n d\mu = m$$

인 함수열 $\{g_n \in \mathcal{F} \mid n \in \mathbb{N}\}$을 택하자.

이때 우리는 g_n을 $\max\{g_1, g_2, \ldots, g_n\}$으로 대체하면 되므로, $\{g_n\} \subset \mathcal{F}$이 증가함수열이라고 가정할 수 있다. 여기서

$$f = \lim_{n\to\infty} g_n$$

으로 정의하자. 그러면, 단조수렴성 정리에 의해서, 모든 $A \in \mathcal{A}$에 대해서

$$\int_A f\,d\mu = \lim_{n\to\infty} \int_A g_n d\mu \le \nu(A)$$

이므로 $f \in \mathcal{F}$이고

$$\int_A f\,d\mu = m$$

이다.

이제 $\nu_s : \mathcal{A} \to [0,\ \infty]$를

$$\nu_s(A) = \nu(A) - \int_A f\,d\mu$$

로 정의하자. 그러면 ν_s는 X에서 양의 측도이다. 여기서 우리는 $\nu_s \perp \mu$임을 증명하도록 하자. 이를 증명하기 위해서 $\nu_s \perp \mu$인 관계가 성립하지 않는다고 가정해 보자. 그러면, 정리 6.10에 의해서, $\mu(P) > 0$이고 P에서 $\nu_s \ge \epsilon\mu$인 성질을 만족하는 ϵ과 집합 P가 존재한다. 따라서 모든 $A \in \mathcal{A}$에 대해서

$$\begin{aligned}
\nu(A) &= \textstyle\int_A f\,d\mu + \nu_s(A) \\
&\ge \textstyle\int_A f\,d\mu + \nu_s(A \cap P) \\
&\ge \textstyle\int_A f\,d\mu + \epsilon\mu(A \cap P) \\
&\ge \textstyle\int_A (f + \epsilon\chi_P)\,d\mu
\end{aligned}$$

이다. 따라서 $f + \epsilon \cdot \chi_P \in \mathcal{F}$이지만

$$\int_X (f + \epsilon \cdot \chi_P)\,d\mu = m + \epsilon \cdot \mu(P) > m$$

이므로 m의 정의에 모순이 된다. 그러므로 $\nu_s \perp \mu$이다.

만약 $\nu = \nu_a + \nu_s$와 $\nu = \nu'_a + \nu'_s$가 이 정리의 조건들을 만족하는 분할들이라 하면, $\nu_a - \nu'_a = \nu'_s - \nu_s$는 μ에 관해 절대연속임과 동시에 특이한 측도이므로 0이 되어야 한다. 또한 f는 거의(a.e.) 점별 동치관계에 관해서 ν_a에 의해서 유일하게 결정된다.

마지막으로 μ, ν가 모두 σ-유한인 측도인 경우에는 X를 $\mu(A_i) < \infty$이고 $\nu(A_i) < \infty$인 성질을 갖는 서로소인 집합들의 합

$$X = \bigcup_{i=1}^{\infty} A_i$$

로 나타낼 수 있다. 여기서, 각 $i \in \mathbb{N}$에 대하여, 유한측도 $\nu_i = \nu|_{A_i}$를

$$\nu_i = \nu_{ia} + \nu_{is}, \quad \nu_{ia} \ll \mu_i, \quad \nu_{ia} \perp \mu_i$$

와 같이 분할하고

$$\nu_a = \sum_{i=1}^{\infty} \nu_{ia}, \quad \nu_s = \sum_{i=1}^{\infty} \nu_{is}$$

로 놓으면 $\nu = \nu_a + \nu_s$는 우리가 원하는 분할이 된다. ■

위 정리에서 나타난 분할 $\nu = \nu_a + \nu_s$를 가리켜 ν의 **르베끄-분할**(Lebesque-decomposition)이라 부르고, 부호를 갖는 절대연속인 측도 $\nu \ll \mu$를 $d\nu = f\, d\mu$로 표현한 것을 **레이던-니코다임의 정리**라 한다. 그리고 이 정리에서 나타난 f를 가리켜서 μ에 관한 ν의 **레이던-니코다임의 미분**이라 부르고

$$f = \frac{d\nu}{d\mu}$$

로 표현한다.

σ-유한에 관한 몇 가지 가정들이 이 정리에서 필수적임을 다음 예제를 통해서 알 수 있다.

[예제 6.10] 여기서 $\mathcal{B}$를 $[0,\ 1]$에서 보렐 σ-대수라 하고 μ와 ν를 각각 $\mathcal{B}$에서 르베끄 측도와 셈측도라 하자. 그러면 μ는 σ-유한이고 $\mu \ll \nu$이나 ν는 σ-유한이 아니다. 그리고

$$\mu(A) = \int_A f\, d\mu = \sum_{x \in A} f(x)$$

인 성질을 만족하는 함수 $f : [0,\ 1] \to [0,\ \infty]$는 존재하지 않는다. □

σ-유한이 아닌 측도들에 대해서 적용이 가능한 레이던-니코다임 정리를 일반화 시킨 정리가 있지만 여기서는 더 이상 다루지 않겠다.

6.9 복소수 측도

복소수 측도(complex measure)가 부호를 갖는 측도처럼 유사하게 정의되지만 복소수 측도는 유한한 복소수값 만을 갖도록 허용된다는 점에서 부호를 갖는 측도나 일반측도와는 차이가 있다.

[정의 6.8](복소수 측도공간) $(X,\ \mathcal{A})$를 가측공간이라 하자. 함수 $\nu : \mathcal{A} \to \mathbb{C}$가 $(X,\ \mathcal{A})$에서 정의되는 복소수 측도가 되려면 ν는 다음 두 가지 성질을 만족해야 한다.

(1) $\nu(\emptyset) = 0$이다.

(2) 만약 $\{A_i \mid i \in \mathbb{N}\}$가 서로소인 가측집합들의 집합열이면

$$\nu\left(\bigcup_{i=1}^{\infty} A_i\right) = \sum_{i=1}^{\infty} \nu(A_i)$$

이다.

복소수 측도에 대한 유사한 레이던-니코다임의 정리가 있다. 그런데 복소수 측도는 유한한 측도이므로 복소수 측도에 대한 레이던-니코다임의 미분은 반드시 적분이 가능해야 한다.

[정리 6.12](복소수 측도에 관한 르베끄-레이던-니코다임 정리)
가측공간 $(X,\ \mathcal{A})$에서 ν가 복소수 측도이고 ν는 σ-유한인 측도라 하자. 그러면

$$\nu = \nu_a + \nu_s, \quad \nu_a \nu_s, \quad \nu_s \perp \mu$$

인 복소수 측도 $\nu_a,\ \nu_s$가 유일하게 존재한다. 또한, 모든 $A \in \mathcal{A}$에 대해서

$$\nu_a(A) = \int_A f\, d\mu$$

인 성질을 만족하는 적분가능함수 $f : X \to \mathbb{C}$가 μ-a.e. 동치족의 범위에서 유일하게 존재한다. □

이 정리를 증명하기 위해서는 주어진 복소수 측도 ν를 부호를 갖는 유한이거나 σ-유한인 측도에 해당하는 실수부와 허수부로 나누어서 각각에 모두 해당하는 레이던-니코다임의 정리를 적용시키면 된다.

6.10 연습문제

† 여기서 $(X,\ \Sigma)$는 X가 $\emptyset$아닌 집합이고 Σ는 X에서 σ-대수임을 뜻한다.

1. $(X,\ \Sigma)$가 가측공간이고 μ_1, μ_2가 $(X,\ \Sigma)$에서 정의된 측도들이고 ν가 $(X,\ \Sigma)$에서 정의된 부호를 갖는 측도라 하자. 만약 $\nu = \mu_1 - \mu_2$이고 μ_1이나 μ_2 중에서 적어도 하나가 유한한 측도이면, $\nu^+ \le \mu_1$이고 $\nu^- \le \mu_2$임을 증명하라.

2. μ_1, ν_1이 모두 가측공간 $(X_1,\ \Sigma_1)$에서 σ-유한인 측도들이고 μ_2, ν_2가 모두 가측공간 $(X_2,\ \Sigma_2)$에서 σ-유한인 측도들이라 하자. 만약 $\nu_1 \ll \mu_1$이고 $\nu_2 \ll \mu_2$이면, $\nu_1 \otimes \nu_2 \ll \mu_1 \otimes \mu_2$이고 $(\mu_1 \otimes \mu_2)$-a.e. $(x_1, x_2) \in X_1 \times X_2$에 관해서

$$\frac{d(\nu_1 \otimes \nu_2)}{d(\mu_1 \otimes \mu_2)}(x_1, x_2) = \frac{d\nu_1}{d\mu_1}(x_1)\frac{d\nu_2}{d\mu_2}(x_2)$$

임을 증명하라.

3. **(일반화된 레이던-니코다임의 정리)** ν와 μ를 $(X,\ \Sigma)$에서 각각 부호를 갖는 측도와 σ-유한인 측도이고 $\nu \ll \mu$라 하자. 이때 적분 $\int_X f\, d\mu$가 존재하고 $\nu = f\,\mu$인 성질을 만족하는 Σ-가측인 함수 $f : X \to \overline{\mathbb{R}}$가 존재함을 보여라.

4. **(일반화된 르베끄-분할 정리)** ν와 μ를 각각 $(X,\ \Sigma)$에서 부호를 갖는 측도와 σ-유한인 측도라 하자. 그러면 $\lambda \ll \mu$이고 $\rho \perp \mu$이며 $\nu = \lambda + \rho$인$(X,\ \Sigma)$에서 부호를 갖는 σ-유한 측도 λ, ρ가 존재함을 보여라.

5. ν와 μ가 $(X,\ \Sigma)$에서 측도들이고 $\nu \ll \mu$라 할 때, 다음을 증명하라.

   a) 만약 $\lambda = \mu + \nu$이면, $\nu \ll \lambda$이다.

   b) $f : X \to [0, \infty]$가 Σ-가측이고 $\nu = f\lambda$이면 X에서 $0 \le f < 1\,(\mu$-a.e.$)$이고 $\nu = \frac{f}{1-f}\mu$이다.

6. $(X,\ \Sigma)$가 가측공간라 하고 μ는 X에서 양의 측도이고 ν가 X에서 양의 측도이거나 실수 측도 또는 복소수 측도라 하자. 만약 $\nu \ll \mu$이고 $\nu \perp \mu$이면 $\nu = 0$임을 증명하라. (힌트: 측도의 절대연속성과 특이성(singularity)에 대한 정의를 이용하라.)

7. μ가 가측공간 $(X,\ \Sigma)$에서 양의 측도이고 ν가 $(X,\ \Sigma)$에서 부호를 갖는 측도이거나 복소수 측도라 하고, $\nu = \nu_a + \nu_s$를 ν의 μ에 의한 르베끄 분할(즉, $\nu_a \ll \mu$이고 $\nu_s \perp \mu$인 관계를 만족함)이라 하자. 그러면 $|\nu| = |\nu_a| + |\nu_s|$임을 증명하라.

8. $i = 1, 2, 3$에 대해서 $(X_i,\ \mathcal{A}_i,\ \mu_i)$가 σ-유한인 측도공간들일 때, 다음 결합법칙이 성립함을 보여라.

$$(\mathcal{A}_1 \times \mathcal{A}_2) \times \mathcal{A}_3 = \mathcal{A}_1 \times (\mathcal{A}_2 \times \mathcal{A}_3), \qquad (\mu_1 \times \mu_2) \times \mu_3 = \mu_1 \times (\mu_2 \times \mu_3).$$

9. μ와 ν가 모두 가측공간 $(X,\ \mathcal{A})$에서 정의된 유한 측도들일 때, $v \ll \mu$일 필요충분조건이 임의의 $\epsilon > 0$에 대해서, $\mu(A) < \delta$인 모든 $A \in \mathcal{A}$에 대하여 $\nu(A) < \epsilon$인 성질을 만족하는 $\delta > 0$가 존재하는 것임을 보여라.

10. μ_1와 ν_1이 모두 가측공간 $(X,\ \mathcal{A})$에서 정의된 σ-유한인 측도들이고 μ_2와 ν_2가 모두 가측공간 $(Y,\ \mathcal{B})$에서 정의된 σ-유한인 측도들일 때, $\nu_1 \ll \mu_1$이고 $\nu_2 \ll \mu_2$이면 $\nu_1 \times \nu_2 \ll \mu_1 \times \mu_2$임을 증명하라.

11. μ가 가측공간 (X, Σ)에서 유한 측도라 하고

$$d(A,\ B) = \mu(A \triangle B), \qquad (A,\ B \in \Sigma)$$

로 정의했을 때, 다음을 증명하라.

a) $(\Sigma,\ d)$가 완비거리공간이다.

b) ν가 가측공간 $(X,\ \Sigma)$에서 실수 측도이거나 복소수 측도일 때, 다음은 서로 동치이다.

(i) ν가 (d에 관해서) Σ에서 연속이다.

(ii) ν가 (d에 관해서) $\emptyset$에서 연속이다.

(iii) $\nu \ll \mu$이다.

12. (X, Σ)가 가측공간이고, $\mu,\ \nu : X \to [0,\ \infty]$가 측도로서 다음 성질을 만족한다고 하자.

임의의 $\epsilon > 0$에 대해서, $\mu(A) < \epsilon$이고 $\nu(A^c) < \epsilon$인 집합 $A \in \Sigma$가 존재한다.

그러면 $\mu \perp \nu$임을 증명하라. (힌트: 각 $k \in \mathbb{N}$에 대해서 $\mu(A) < 1/k$이고 $\nu(A^c) < 1/k$인 A_k를 선택한 다음 $A = \cap_{n=1}^{\infty}(\cup_{k \geq n} A_k$로 놓아라.)

13. ν가 $(X,\ \Sigma)$에서 부호를 갖는 측도이고 $|\nu(E)| < \infty$이고 $F \subset E$라 하자. 그러면 $|\nu(F)| < \infty$임을 증명하라.

14. ν가 $(X,\ \Sigma)$에서 부호를 갖는 측도이고 $\{E_n\} \subset \Sigma$이 서로소인 집합열로서 $|\nu(\cup_{n=1}^{\infty} E_n)| < \infty$라 하자. 그러면 $\sum_{n=1}^{\infty} \nu(E_n)$이 절대수렴함을 보여라.

15. ν가 $(X,\ \Sigma)$에서 부호를 갖는 측도이고, $\{E_n\} \subset \Sigma$이며 $E_1 \subset E_2 \subset \cdots$라 할 때, $\left(\bigcup_{n=1}^{\infty} E_n\right) = \lim_{n\to\infty} \nu(E_n)$임을 증명하라.

16. ν가 $(X,\ \Sigma)$에서 부호를 갖는 측도이고 $\{E_n\} \subset \Sigma$라 하자. 만약 $E_1 \supset E_2 \supset \cdots$이고 $|\nu(E_1)| < \infty$이면, $\nu\left(\bigcap_{n=1}^{\infty} E_n\right) = \lim_{n\to\infty} \nu(E_n)$임을 증명하라.

17. $\nu_1,\ \nu_2,\ \mu$가 $(X,\ \Sigma)$에서 측도들이고 $\nu\perp\mu$이며 $\nu_2\perp\mu$라 할 때, $(\nu_1+\nu_2)\perp\mu$임을 증명하라.

18. μ와 ν가 $(X,\ \Sigma)$에서 측도들이고 $\mu \ll \nu$라 할 때, 다음을 증명하라.

    a) 어떤 성질 P가 X에서 ν-a.e. 성립하면, P가 X에서 μ-a.e. 성립한다.
    b) μ가 완비측도이면 ν도 완비측도다.

19. μ가 $(X,\ \Sigma)$에서 양의 측도이고 $f : X \to [0,\ \infty]$가 가측함수이며

$$\mu(\{x \in X \mid f(x) = \infty\}) > 0$$

이라 하자. 여기서 $\nu : \Sigma \to [0,\ \infty]$를 $\nu(E) = \int_E f\, d\mu$로 정의하면, ν가 σ-유한이 아님을 보여라.

20. μ와 ν가 $(X,\ \Sigma)$에서 부호를 갖는 측도들이고, 임의의 $\epsilon > 0$에 대해 $|\mu|(E) < \delta$이면 $|\nu(E)| < \epsilon$인 $\delta > 0$가 존재한다고 했을 때, $\nu \ll \mu$임을 증명하라.

21. $(X,\ \Sigma,\ \mu)$가 σ-유한 측도공간이며 Σ_0가 X에서 σ-대수로서 $\Sigma_0 \subset \Sigma$라 하고 $(X,\ \Sigma_0)$에 μ의 제한측도 $\mu|_{\Sigma_0}$이 주어져 있다고 할 때, 다음을 증명하라.

    a) 만약 $f : X \to \overline{\mathbb{R}}$가 Σ-가측이고 $\int_X f\, d\mu$가 존재하면, $\int_X f_0\, d\mu$가 존재하고

$$\int_A f_0 d\mu = \int_A f\, d\mu, \qquad (\forall A \in \Sigma_0)$$

인 Σ_0-가측함수 $f_0 : X \to \overline{\mathbb{R}}$가 존재한다. 또한 f_0'이 f_0와 같은 성질을 가지면 X에서 $f_0' = f_0$ $(\mu$-a.e.$)$이다.

b) 위의 성질을 갖는 f_0을 가리켜서 Σ_0에 관한 f의 **조건부 기대값**(conditional expection)이라 부르고

$$f_0 = E(f|\Sigma_0)$$

으로 표현한다.

(i) X에서 $E(f|\Sigma) = f$ (μ-a.e.)이다.

(ii) X에서 $E((f+g)|\Sigma) = E(f|\Sigma_0) + E(g|\Sigma_0)$ (μ-a.e.)이다.

(iii) X에서 $E((k \cdot f)|\Sigma) = k \cdot E(f|\Sigma_0)$ (μ-a.e.)이다.

(iv) g가 Σ_0-가측이면, X에서 $E((gf)|\Sigma_0) = gE(f|\Sigma_0)$ (μ-a.e.)이다.

(v) 만약 $\Sigma_1 \subset \Sigma_0 \subset \Sigma$이면, X에서 $E(f|\Sigma_1) = E(E(f|\Sigma_0)|\Sigma_1)$ (μ-a.e.) 이다.

22. ν가 $(X,\ \Sigma)$에서 실측도이거나 복소수 측도라 하자. 만약 $\nu(X) = |\nu|(X)$이면 $\nu = |\nu|$임을 증명하라.

23. ν가 $(X,\ \Sigma)$에서 부호를 갖는 측도이거나 복소수 측도라 하자. 집합열 $\{A_k\}$가 집합 $A \in \Sigma$의 **(가산) 가측 분할**(measurable partition)이라 함은 다음 조건들을 만족한다는 뜻이다.

a) $\{A_1, A_2, \dots\} \subset \Sigma$이다.

b) $\cup_{k=1}^{\infty} A_k = A$이다.

이때, 모든 $A \in \Sigma$에 대해서

$$\nu(A) = \sup\left\{\sum_{k=1}^{\infty} |\nu(A_k)| \mid \{A_k\}\text{가 } A\text{의 가측분할이다}\right\}$$

임을 증명하라.

24. **(하디-리틀우드의 극대함수 문제)** $f : \mathbb{R}^n \to \overline{\mathbb{R}}$가 극소적으로 르베그-가측인 함수라 하고 λ_n을 $\mathbb{R}^n$에서 르베그-측도라 하자. 여기서 각 $x \in \mathbb{R}^n$에 대해서

$$H(f)(x) = \sup_{r>0} \frac{1}{\lambda_n(B_r(x))} \int_{B_r(x)} |f(y)| d\lambda_n(y)$$

로 정의했을 때, 다음을 증명하라.

a) 모든 $t > 0$에 대해서 집합 $\{x \in \mathbb{R}^n \mid t < H(f)(x)\}$가 열린집합이다.

b) 모든 $x \in \mathbb{R}^n$에 대해서 $\frac{1}{2^n} M(f)(x) \le H(f)(x) \le M(f)(x)$이다.

25. **[바이탈리(Vitali)의 덮개정리]**
$E \subset \mathbb{R}^n$이고 $\mathcal{C}$가 $\mathbb{R}^n$에서 열린공들의 집합족으로서 다음 성질을 갖는다고 하자.

임의의 $x \in E$와 임의의 $\epsilon > 0$에 대해서, $x \in B$이고 $|B| < \epsilon$인 $B \in \mathcal{C}$가 존재한다.

그러면 $\lambda_n^*(E - \cup_{k=1}^{\infty} B_k) = 0$인 성질을 만족하는 서로소인 집합열 $B_1, B_2, \ldots \in \mathcal{C}$가 존재한다는 것을 증명하라. (단, 여기서 λ_n은 $\mathbb{R}_n$에서 르베끄-측도다.)

26. ν가 가측공간 (X, Σ)에서 부호를 갖는 측도이거나 복소수 측도이고 $A \in \Sigma$일 때, $|\nu|(A) = 0$일 필요충분조건이 $B \subset A$인 모든 B에 대해서 $\nu(A) = 0$인 성질을 만족하는 것임을 증명하라.

27. ν가 가측공간 (X, Σ)에서 부호를 갖는 측도일 때, $\nu^+, \nu^- \ll |\nu|$임을 증명하고 레이던-니코다임의 미분 $\frac{d\nu^+}{d|\nu|}$와 $\frac{d\nu^-}{d|\nu|}$에 대한 공식을 구하라.

제 7 장

L^p-공간

여기서 우리는 p-멱곱의 함수가 적분이 가능한 함수들로 구성된 L^p-공간들에 대한 성질들을 다루려고 한다. 여기서는 그러한 공간들에 대한 모든 이론들을 다루지 않고, 조밀성(density), 완비성(completeness), 쌍대성(duality)과 같이 오직 측도이론과 직접 관련이 있는 성질들만을 소개하도록 하겠다.

르베끄-가측인 함수들의 공간은 완비공간이므로 바나흐(Banach)-공간이 된다는 사실이 르베끄 적분의 중요성을 말해주는 여러 이유들 중의 하나다. 아마도 L^p-공간이 바나흐-공간을 연구하는 데에 필요한 가장 중요하고 유용한 예일 것이다.

7.1 L^p-공간

여기서는 실수값을 갖는 함수들만을 다루겠다. 여기서 소개되는 이론은 모두 복소수값을 갖는 함수들에도 똑같이 적용된다.

[정의 7.1] $(X,\ \Sigma,\ \mu)$가 측도공간이고 $1 \le p < \infty$라 하자. 함수 $f,\, g : X \to \mathbb{R}$가 $f = g\ (a.e.)$일 때, 'f와 g가 서로 동치(equivalent)다'라고 말하고 $f \equiv g$로 표기한다. 그리고 공간 $L^p(X)$는

$$\int |f|^p d\mu < \infty$$

인 성질을 만족하는 모든 가측함수 $f : X \to \mathbb{R}$의 동치족들(equivalence classes)로 구성된 집합이다. 즉

$$L^p(x) = \{f \mid f : X \to \mathbb{R} \quad \& \quad \int |f|^p d\mu < \infty\}$$

이다. 또한 $f \in L^p(X)$의 L^p-노름은

$$||f||_{L^p} = \left(\int |f|^p \right)^{1/p}$$

로 정의한다. □

이 책에서 $L^p(X)$의 표현은 X에 측도 μ가 주어져 있는 것으로 간주한다. 만약 $||f_n - f||_{L^p} \to 0$이면 $f_n \to f$라고 말한다. 거의 모든 곳에서(a.e.) 서로 같은 두 함수, 즉 $f = g$ $(a.e.)$인 함수 $f, g : X \to \mathbb{R}$를 서로 동치($f \equiv g$)라고 말하는 이유는 $||f||_{L^p} = 0$일 조건이 $f = 0$임을 말하기 위해서다.

우리는 $L^p(X)$에서 주어진 함수 f와 f의 동치족에 대해시, 주어진 점 $x \in X$에 대한 f의 정확한 $f(x)$의 정확한 값을 언급해야만 하는 경우를 제외하고는 그 차이를 생각할 필요가 없다. 예를 들어, $\mathbb{R}$에서 유리수집합 $\mathbb{Q}$의 특성함수 $\chi_{\mathbb{Q}}$는 $L^p(\mathbb{R})$에서 0과 같다. 즉, $\chi_{\mathbb{Q}} = 0$이라고 말할 수 있다.

[예제 7.1] 만약 $\mathbb{N}$에 셈측도(counting measure)가 주어져 있다고 한다면 $L^p(\mathbb{N})$은

$$\sum_{n=1}^{\infty} |x_n|^p < \infty$$

인 모든 수열 $\{x_n \in \mathbb{R} \mid n \in \mathbb{N}\}$들로 구성된다. 우리는 이러한 수열공간을 $l^p(\mathbb{N})$으로 표현하고, 수열 $\{x_n\} \in l^p(\mathbb{N})$의 노름을

$$||\{x_n\}||_{l^p} = \left(\sum_{n=1}^{\infty} |x_n|^p \right)^{1/p}$$

로 나타낸다. □

공간 $L^\infty(X)$는 약간 다른 방식으로 정의한다. 먼저 우리는 본질적 상한(essential supremum)의 개념을 도입한다.

[정의 7.2] $f : X \to \mathbb{R}$가 측도공간 (X, Σ, μ)에서 정의된 가측함수라 하자. 이때 f의 본질적인 상한(essentisl supremum)을

$$\operatorname*{ess\,sup}_X f = \inf\{a \in \mathbb{R} \mid \mu\{x \in X : f(x) > a\} = 0\}$$

으로 정의한다. 또는 동치적으로

$$\operatorname*{ess\,sup}_X f = \inf\{\sup_X g \mid \text{ 점별로 } \quad g = f \text{ 이다}\}$$

로 정의한다.

따라서 함수 $f : X \to \mathbb{R}$의 본질적인 상한은 오직 μ-a.e. 동치족에만 관계된다. 만약

$$\operatorname*{ess\,sup}_X |f| < \infty$$

이면, 우리는 $f : X \to \mathbb{R}$가 **본질적으로 유계(bounded)**하다고 말한다.

[정의 7.3] (X, Σ, μ)를 측도공간이라 하자. 이때 공간 $L^\infty(X)$는 노름

$$||f||_{L^\infty} = \operatorname*{ess\,sup}_X |f|$$

에 관해서 본질적으로 유계한 가측함수들 $f : X \to \mathbb{R}$의 점별 a.e.-동치족들로 구성된다. 즉

$$L^\infty(X) = \{f : X \to \mathbb{R} \mid \operatorname*{ess\,sup}_X |f| < \infty\}$$

로 정의한다.

앞으로 우리는 $f \in L^\infty(X)$에 대해서

$$\operatorname{ess\,sup} f = \sup f$$

로 쓰기로 하자. 이 책에서 ess sup대신에 sup를 반드시 구별해서 써야만 하는 경우는 매우 드문 일이므로 이러한 표현이 아무런 혼동을 주지 않을 것이다.

7.2 민코스키(Minkowski)와 홀더(Hölder)의 부등식

여기서 우리는 증명 없이 다음 두 부등식들을 소개한다.

[정리 7.1](민코스키의 부등식) $1 \le p \le \infty$이고 $f,\ g \in L^p(X)$라 하자. 그러면 $f + g \in L^p(X)$이고

$$||f + g||_{L^p} \le ||f||_{L^p} + ||g||_{L^p}$$

이다. □

여기서, $1 \le p \le \infty$ 일 때, $|| \cdot ||_{L^p}$는 $L^p(X)$-공간에서 정의된 노름(norm)이다. 만약 $0 < p < 1$이면, 역부등식

$$||f||_{L^p} + ||g||_{L^p} \le ||f + g||_{L^p}$$

가 성립하므로, 이 경우에 대해서는 $||\cdot||_{L^p}$가 노름이 될 수 없다. 그러함에도 불구하고, $0 < p < 1$일 때, 부등식

$$|f+g|^p \leq |f|^p + |g|^p$$

가 성립하므로, $L^p(X)$는 선형공간이 된다.

두 번째 홀더(Hölder)의 부등식을 설명하기 위해서, 먼저 지수(exponent)에 대한 홀더(Hölder)의 공액지수(conjugate exponent)를 정의한다.

[정의 7.4](홀더의 공액지수, Hölder's conjugate exponent) $1 \leq p \leq \infty$라 하자. 이때, p에 대한 홀더의 공액지수 p'은, $1 < p < \infty$이면

$$\frac{1}{p} + \frac{1}{p'} = 1$$

인 p'으로 정의하고 $1' = \infty$, $\infty' = 1$로 정의한다. □

만약 $1 \leq p' \leq \infty$이면, p'에 대한 홀더의 공액지수는 $(p')' = p$이다.

[정리 7.2](홀더 부등식, Hölder's inequality)
$(X,\ \Sigma,\ \mu)$가 측도공간이고 $1 \leq p \leq \infty$라 하자. 만약 $f \in L^p(X)$이고 $g \in L^{p'}(X)$이면, $fg \in L^1(X)$이고

$$\int |fg|\, d\mu \leq ||f||_{L^p} ||g||_{L^{p'}}$$

이다. □

$p = p' = 2$인 경우의 홀더 부등식을 가리켜 흔히 코오쉬-슈바르쯔 부등식(Cauchy-Schwartz inequality)이라 한다.

7.3 조밀성(Density)

조밀성에 관한 정리는 $L^p(X)$의 조밀한 공간에 속한 함수들의 성질들을 파악하여 연속성에 따라 확장함으로써 $L^p(X)$-함수들의 성질들을 증명할 수 있게 해 준다. 일반적인 측도공간 X에서 단순함수로 구성된 부분공간은 $L^p(X)$에서 조밀하다.

[정리 7.3] $(X,\ \Sigma,\ \mu)$가 측도공간이고 $1 \le p \le \infty$라 하자. 그러면 $L^p(X)$에 속한 단순함수들의 집합은 $L^p(X)$에서 조밀하다.

⟨증명⟩ 함수 $f : X \to \mathbb{R}$는 양수부와 음수부로 분활되어 $f = f^+ - f^-$ 로 표현할 수 있으므로, 모든 양함수 $f : X \to [0,\ \infty]$를 단순함수들에 의해서 근사시킬 수 있다는 것만을 증명하면 된다.

먼저 $1 \le p < \infty$이고 $f \in L^p(X)$라 하자. 그러면, 정리 3.8에 의해, 점별로 $\phi_n \uparrow f$인 단순한수들의 증가열 $\{\phi_n \mid n \in \mathbb{N}\}$이 존재한다. 이때 $\{\phi_n \mid n \in \mathbb{N}\} \subset L^p(X)$이고

$$|f - \phi_n|^p \le |f|^p \in L^p(X)$$

이다. 따라서, 지배 수렴성 정리에 의하여, $n \to \infty$일 때

$$\int |f - \phi_n|^p d\mu \to 0$$

이므로, 이 경우에 대해서 결과가 증명된다.

만약 $f \in L^\infty(X)$이면 유계한 함수 $f : X \to \mathbb{R}$을 택하면 된다. 그러면 정리 3.8에 의해서, f로 균등수렴하는 단순함수열이 존재하므로 $L^\infty(X)$에 대해서도 정리가 성립한다. ■

$1 \le p < \infty$일 때, 단순함수

$$\phi = \sum_{i=1}^{\infty} c_i \chi_{A_i}$$

가 L^p에 속하기 위한 필요충분한 조건은 $c_i \ne 0$인 모든 A_i에 대해서 $\mu(A_i) < \infty$인 것이다. 또한 모든 단순함수는 L^∞에 속한다.

위상공간에서 정의되는 측도들에 대해서, $\mathbb{R}^n$에서 르베끄-측도들에 대한 정리 4.11 처럼, $1 \le p < \infty$일 때 L^p에서 연속함수들의 조밀성을 증명하는 데에 정리 7.3이 쓰일 수 있다. 이러한 결과를 보다 일반적인 측도공간이나 위상공간으로 확대하는 것을 이 책에서는 다루지 않겠다.

7.4 완비성

$L^p(X)$의 완비성을 증명하는 데에 있어서 다음 정리가 필요하다.

[보조정리 7.4] X가 측도공간이고 $1 \le p < \infty$라 하자. 만약

$$\{g_k \in L^p(X) \mid k \in \mathbb{N}\}$$

가 L^p에 속한 함수열로서

$$\sum_{k=1}^{\infty} ||g_k||_{L^p} < \infty$$

인 관계를 만족하면

$$\sum_{k=1}^{\infty} g_k = f$$

인 함수 $f \in L^p(X)$가 존재한다. 이때, 합 $\sum_{k=1}^{\infty} g_k$는 거의 모든 곳에서 점별로 (pointwise a.e.) $f \in L^p$로 수렴한다는 것을 뜻한다.

⟨증명⟩ 함수 $h_n,\ h : X \to [0,\ \infty]$를

$$h_n = \sum_{k=1}^{n} |g_k|, \quad h = \sum_{k=1}^{\infty} |g_k|$$

로 정의하자. 그러면 $\{h_n\}$은 h로 점별로 수렴하는 단조증가인 함수열이므로 단조수렴성 정리에 의해서

$$\lim_{n\to\infty} \int h_n^p d\mu = \int h^p d\mu$$

이다. 따라서, 민코스키 부등식에 의해서, $M = \sum_{k=1}^{\infty} ||g_k||_{L^p}$으로 놓으면 모든 $n \in \mathbb{N}$에 대하여

$$||h_n||_{L^p} \le \sum_{k=1}^{n} ||g_k||_{L^p} \le M$$

인 관계가 성립한다.

그러므로 $h \in L^p(X)$이고 $||h||_{L^p} \le M$이며, 특히 h는 거의 모든 곳에서 점별로 유한이다. 또한, $\sum_{k=1}^{\infty} g_k$는 거의 모든 곳에서 점별로 f에 절대수렴하므로, $\sum_{k=1}^{\infty} g_k$가 $f \in L^p(X)$에 거의 모든 곳에서 점별로 수렴하고 $|f| \le h$이다.

그런데

$$\left| f - \sum_{k=1}^{n} g_k \right|^p \le \left(|f| + \sum_{k=1}^{n} |g_k| \right)^p \le (2h)^p \in L^1(X)$$

이므로, 지배수렴성 정리에 의해서, $n \to \infty$일 때

$$\int \left| f - \sum_{k=1}^{\infty} g_k \right|^p d\mu \to 0$$

이고, 이는 $\sum_{k=1}^{\infty}$가 L^p에서 f로 수렴한다는 것을 의미한다. ■

다음 정리는 L^p-노름을 갖는 $L^p(X)$가 바나흐(Banach)-공간이라는 것을 가리킨다.

[정리 7.5](리이쯔-피셔의 정리, Riesz-Fischer's theorem) X가 측도공간이고 $1 \le p \le \infty$일 때, $L^p(X)$는 완비공간이다.

⟨증명⟩ 먼저 $1 \le p < \infty$라 하고 $\{f_k \mid k \in \mathbb{N}\}$가 $L^p(X)$에서 코오시-수열이라 하자. 그러면

$$||f_{k_{j+1}} - f_{k_j}||_{L^p} \le \frac{1}{2^j}, \quad (j = 1, 2, \ldots)$$

인 부분수열 $\{f_{k_j} \mid j \in \mathbb{N}\} \subset \{f_k \mid k \in \mathbb{N}\}$를 선택할 수 있다. 여기서 $g_j = f_{k_{j=1}} - f_{k_j}$로 두면

$$\sum_{j=1}^{\infty} ||g_j||_{L^p} < \infty$$

이므로, 정리 7.4에 의해서, 합

$$f_{k_j} + \sum_{j=1}^{\infty} g_j$$

는 거의 모든 곳에서(a.e.) 점별로 그리고 L^p-노름에 관해서 함수 $f \in L^p$로 수렴한다. 따라서 부분함수열의 극한

$$\lim_{j\to\infty} f_{k_j} = \lim_{j\to\infty} \left(f_{k_j} + \sum_{j=1}^{\infty} g_i \right) = f_{k_1} + \sum_{j=1}^{\infty} g_j = f$$

가 L^p에서 존재한다. 그런데 함수열 $\{f_k\}$가 코오시-함수열이므로, 공간 L^p에서

$$\lim_{k\to\infty} f_k = f$$

이다. 그러므로, $1 \le p < \infty$일 때, 모든 코오시-함수열이 수렴하고 $L^p(X)$는 완비공간이다.

두 번째로 $p = \infty$인 경우를 생각하자. 만약 $\{f_k\}$가 L^∞에서 코오시-함수열이면, 각 $m \in \mathbb{N}$에 대해서

$$\text{모든} \quad j, k \ge n\text{과} \quad x \in N_{j,k,m}^c\text{에 대해,} \quad |f_j(x) - f_k(x)| < \frac{1}{m} \qquad (7.1)$$

인 성질을 만족하는 수 $n \in \mathbb{N}$과 영집합(null-set) $N_{j,k,m}$이 존재한다. 여기서

$$N = \bigcup_{j,k,m \in \mathbb{N}} N_{j,k,m}$$

으로 놓자. 그러면 N은 영집합이며, 모든 $x \in N^c$에 대해서, 수열 $\{f_k(x) \mid k \in \mathbb{N}\}$은 $\mathbb{R}$에서 코오시-수열이다. 여기서, 거의 모든 곳에서(a.e.) 점별로 같다는 동치관계에 의한 동치족으로서, 유일한 가측함수 $f : X \to \mathbb{R}$를

$$f(x) = \lim_{k \to \infty} f_k(x), \quad (x \in N^c)$$

로 정의하자. 그러면, 식 (7.1)로부터, 각 $m \in \mathbb{N}$에 대해서

$$|f_j(x) - f(x)| \leq \frac{1}{m} \quad (\text{모든} \quad j \geq n\text{와} \quad x \in N^c\text{에 대해서})$$

인 정수 $n \in \mathbb{N}$이 존재한다. 따라서 L^∞에서 f는 본질적으로 유계하고 $j \to \infty$ 일 때 $f_j \to f$이다. 이는 L^∞가 완비공간임을 뜻한다. ■

위 정리의 증명 과정에서 얻은 한 가지 유용한 결과를 다음 정리로 남겨 둔다.

[따름정리 7.6] X가 측도공간이고 $1 \leq p < \infty$라 하자. 만약 $\{f_k\}$가 $L^p(X)$에서 $f \in L^p(X)$로 수렴하는 함수열이면, f로 거의 모든 곳에서(a.e.) 점별로 수렴하는 부분함수열 $\{f_{k_j}\}$가 존재한다. □

예제 4.12에서 보았듯이, 평균적으로 수렴하는 모든 함수열이 거의 모든 곳에서 점별로 수렴할 필요는 없다.

7.5 쌍대성(Duality)

바나흐(Banach)-공간에 대한 쌍대공간(dual space)은 주어진 공간에서 유계인 선형함수들(bounded linear functions)의 전체 집합으로 구성된다.

[정의 7.5](쌍대공간, dual space) X가 실(real) 바나흐(Banach)-공간일 때 X의 쌍대공간 X^*는

$$||F||_{X^*} = \sup_{x \in X \setminus \{0\}} \left(\frac{|F(x)|}{||x||_X} \right) < \infty$$

인 노름(norm)을 갖는 유계한 선형함수 $F : X \to \mathbb{R}$들 전체로 구성된다.

X는 컴팩트공간이므로 선형함수 $F : X \to \mathbb{R}$가 유계일 필요충분한 조건은 F가 연속인 것이다.

여기서 우리는, $1 < p < \infty$인 L^p공간에 대해서 레이던-니코다임의 정리를 써서, 쌍대공간 $L^P(X)^*$가 $L^{p'}(X)$와 같다는 것을 증명하려고 한다. X가 σ-유한이라는 전제하에서 $L^1(X)^* = L^{-\infty}(X)$가 사실이지만, 일반적으로는 $L^\infty(X)^* \neq L^1(X)$이다.

홀더 부등식에 의해 L^p에 속한 함수들은, 다음 정리를 통해 알 수 있듯이, L^p에서 같은 노름(norm)을 갖는 유계한 선형함수들을 정의할 수 있다.

[전제정리 7.7] $(X,\ \Sigma,\ \mu)$가 측도공간이고 $1 < p \leq \infty$라고 가정하자. 만약 $f \in L^p(X)$이면

$$F(g) = \int fg\, d\mu$$

로 정의되는 $F : L^p(X) \to \mathbb{R}$는 유계한 선형사상이고

$$||F||_{L^{P*}} = ||f||_{L^{P'}}$$

이다. 만약 X가 σ-유한이면 $p = 1$일 때도 같은 결과가 성립한다.

⟨증명⟩ 홀더의 부등식에 의해서, $1 \leq p \leq \infty$이면

$$|F(g)| \leq ||f||_{L^{p'}} ||g||_{L^p}$$

이므로, F가 L^p에서 유계인 선형사상이고

$$||F||_{L^{P*}} \leq ||f||_{L^{P'}}$$

이다. 반대의 부등식이 성립함을 증명하기 위해서, $f = 0$인 경우에는 자명하므로, $f \neq 0$이라고 가정하자.

우선 $1 < p < \infty$라고 가정하고

$$g = (\mathrm{sgn}\, f)\left(\frac{|f|}{||f||_{L^{p'}}}\right)^{p'/p} d\mu$$

로 놓자. 그러면, $f \in L^{p'}$이므로, $||g||_{L^p} = 1$이고 $g \in L^p$이다. 또한, $p'/p = p'-1$ 이므로

$$\begin{aligned} F(g) &= \int (\mathrm{sgn}\, f) f \left(\frac{|f|}{||f||_{L^{p'}}}\right)^{p'-1} d\mu \\ &= ||f||_{L^{p'}} \end{aligned}$$

이다. 그런데 $||g||_{L^p} = 1$이므로 $||F||_{L^{P*}} \geq |F(g)|$이고

$$||F||_{L^{p*}} \geq ||f||_{L^{p'}}$$

이다. 만약 $p = \infty$이면 $g = \mathrm{sgn}\, f \in L^\infty$로 놓아서 같은 결론을 얻을 수 있다. 따라서, 이 경우에는 $||F||_{L^{P*}}$를 정의하는 상한(supremum)은 적당한 함수 g에 의해서 구해질 수 있다.

두 번째로 $p = 1$이고 X가 σ-유한이라고 하자. 그러면 수 $\epsilon > 0$에 대해서

$$A = \{x \in X \mid |f(x)| > ||f||_{L^\infty} - \epsilon\}$$

으로 놓자. 그러면 $0 < \mu(A) \leq \infty$이다. 또한, X가 σ-유한이므로, $\cup_{n=1}^{\infty} A_n = A$이고 $\mu(A_n) \to \mu(A)$인 유한 측도를 갖는 증가하는 집합열 $\{A_n\}$이 존재한다. 따라서 $0 < \mu(B) < \infty$인 부분집합 $B \subset A$를 구할 수 있다. 여기서

$$g = (\mathrm{sgn}\, f)\frac{\chi_B}{\mu(B)}$$

로 정의하자. 그러면 $g \in L^1(X)$이고 $||g||_{L^1} = 1$이며

$$F(g) = \frac{1}{\mu(B)} \int_B |f|\, d\mu \geq ||f||_{L^\infty} - \epsilon$$

이다. 따라서

$$||F||_{L^{1*}} \geq ||f||_{L^\infty} - \epsilon$$

이고, $\epsilon > 0$이 임의의 수이므로, $||F||_{L^{1*}} \geq ||f||_{L^\infty}$이다. ■

이 정리에 의해서

$$J : L^{p'}(X) \to L^p(X)^*, \quad J(f) : g \mapsto \int fg\, d\mu \tag{7.2}$$

로 정의되는 사상 $F = J(f) : L^{p'}(X) \to L^p(X)^*$는 **등거리 변환**(isometry)이다. 다음 결과의 주요 부분은 $0 < p < \infty$일 때 J가 전사사상이라는 사실, 즉 L^p에서 정의되는 모든 유계한 선형사상은 $L^{p'}$-함수로부터 얻어진다는 것을 의미한다.

이에 대한 증명은, $F : L^p(X) \to \mathbb{R}$가 유계한 선형사상일 때, $\nu(E) = F(\chi_E)$가 측도공간 (X, Σ, μ)에서 절대연속인 측도가 되며 레이던-니코다임의 미분 $f = d\nu/d\mu$는 F에 대응되는 $L^{p'}$의 원소가 된다는 사실을 근거로 한다.

[정리 7.8](L^p의 쌍대공간) 여기서 (X, Σ, μ)가 측도공간이고 $1 < p < \infty$라 하자. 그러면 관계 (7.2)로 정의되는 사상 J는 $L^{p'}(X)$에서 $L^p(X)$로 가는 등거리 동형사상(isometric isomorphism)이다.

⟨증명⟩ 식 (7.2)에서 정의되는 사상 J가 전사임을 증명하기만 하면 된다.

먼저 X가에 유한한 측도가 주어져 있다고 가정하고

$$F : L^p(X) \to \mathbb{R}$$

를 유계한 선형사상이라 하자. 만약 $A \in \Sigma$이면, X에 유계한 측도가 주어져 있기 때문에, $\chi_A \in L^p(X)$이다. 따라서 함수 $\nu : \Sigma \to \mathbb{R}$를

$$\nu(A) = F(\chi_A)$$

로 정의할 수 있다.

만약 $A = \cup_{i=1}^{\infty} A_i$가 서로소인 가측집합들의 합이면

$$\chi_A = \sum_{i=1}^{\infty} \chi_{A_i}$$

이고, 지배수렴성 정리에 의해서, $n \to \infty$일 때

$$\left\| \chi_A - \sum_{i=1}^{n} \chi_{A_i} \right\|_{L^p} \to 0$$

이다. 따라서, $F : L^p(X) \to \mathbb{R}$가 연속인 선형사상이므로

$$\nu(A) = F(\chi_A) = F\left(\sum_{i=1}^{\infty} \chi_{A_i}\right) = \sum_{i=1}^{\infty} F(\chi_{A_i}) = \sum_{i=1}^{\infty} \nu(A_i)$$

이고, 이는 ν가 $(X,\ \Sigma)$에서 부호를 갖는 측도임을 뜻한다.

만약 $\mu(A) = 0$이면, χ_A가 L^p에서 0과 동치이므로, F의 선형성에 의해서 $\nu(A) = 0$이다. 따라서 ν는 μ에 관해서 절대연속이다. 또한, 레이던-니코다임 정리에 의해서, $d\nu = f\, d\mu$이고

$$\text{모든}\quad A \in \Sigma\text{에 대해서}\quad F(\chi_A) = \int f\chi_A\, d\mu$$

인 함수 $f : X \to \mathbb{R}$가 존재한다. 따라서, F의 선형성과 유계성에 의하여, 모든 단순함수 ϕ에 대하여

$$F(\phi) = \int f\phi\, d\mu$$

이고, $M = \|F\|_{L^{p*}}$일 때

$$\left|\int f\phi\, d\mu\right| \leq M\|\phi\|_{L^p}$$

이다.

여기서 $\phi = \operatorname{sgn} f$로 놓으면 ϕ는 단순함수이고 $f \in L^1(X)$이다. 이제는 유계한 함수들에 대한 f의 적분을 연속성에 의해서 확장시킬 수 있다. 좀 더 정확히 말하면 $g \in L^\infty(X)$일 때, 정리 7.3에 의해서, $|\phi_n| \leq |g|$이고 L^∞에서 뿐만 아니라 L^p에서도 $\phi_n \to g$인 단순함수열 $\{\phi_n\}$이 존재한다. 그런데

$$|f\phi_n| \leq \|g\|_{L^\infty}|f| \in L^1(X)$$

이므로, 지배수렴성 정리와 F의 연속성에 의해서

$$F(g) = \lim_{n\to\infty} F(\phi_n) = \lim_{n\to\infty}\int f\phi_n d\mu = \int fg\, d\mu$$

이고

$$\text{모든}\quad g \in L^\infty(X)\text{에 대해서}\qquad \left|\int fg\, d\mu\right| \leq M\|g\|_{L^p} \tag{7.3}$$

이다.

다음으로 $f \in L^{p'}(X)$임을 증명하자. 여기서 우리는 정리 7.7을 증명할 때 활용했던 것과 비슷한 논리로 f의 $L^{p'}$-노름을 계산한다. 그러나 $f \in L^{p'}$라고 예단할 수 없기 때문에 f를 근사시키는 데에 필요한 알맞는 논리가 필요하다.

여기서 $\{\phi_n\}$이, 모든 $n \in \mathbb{N}$에 대해서 $\phi_n| \leq |f|$이고, $n \to \infty$일 때

$$\text{거의 모든 곳에서 점별로(pointwise a.e.)} \quad \phi_n \to f$$

인 단순함수열이라 하자. 그리고

$$g_n = (\operatorname{sgn} f)\left(\frac{|\phi_n|}{\|\phi_n\|_{L^{p'}}}\right)^{p'/p}$$

으로 정의하자. 그러면 $g_n \in L^\infty(X)$이고 $\|g_n\|_{L^p} = 1$이다. 또한 $fg_n = |fg_n|$이고

$$\int |\phi_n g_n|\, d\mu = \|\phi_n\|_{L^{p'}}$$

이다. 이 부등식과 화토우의 보조정리와 부등식 $|\phi_n| \leq |f|$ 그리고 (7.3)에 의해서 다음 관계가 성립한다.

$$\begin{aligned} \|f\|_{L^{p'}} &\leq \lim_{n\to\infty} \|\phi_n\|_{L^{p'}} \\ &\leq \liminf_{n\to\infty} \int |\phi_n g_n|\, d\mu \\ &\leq \liminf_{n\to\infty} \int |fg_n|\, d\mu \\ &\leq M. \end{aligned}$$

따라서 $f \in L^{p'}$이다. 그런데 단순함수들이 L^p에서 조밀하고, $f \in L^p$일 때 $g \mapsto \int fg\, d\mu$가 L^p에서 선형이므로, 모든 $g \in L^p(X)$에 대해서 $F(g) = \int fg\, d\mu$이다. 정리 7.7에 의해서, X가 유한한 측도를 가질 때

$$\|F\|_{L^{p*}} = \|f\|_{L^{p'}}$$

이다.

유한하지 않은 측도공간으로 확장하는 일은 아주 쉬운 일이므로 개략적인 설명만 하겠다. 만약 X가 σ-유한이면 $\cup_{n=1}^{\infty} A_n = X$이고 $0 \leq \mu(A_n) < \infty$인 증가 가측집합열 $\{A_n\}$이 존재한다. 그러면, 앞에서 설명한 결과에 의해서, 각 $n \in \mathbb{N}$에 대하여

$$\text{모든} \quad g \in L^p(A_n)\text{에 대해서} \quad F(g) = \int_{A_n} f_n g\, d\mu$$

인 유일한 $f_n \in L^{p'}$이 존재한다. 만약 $m \geq n$이면, 함수 f_n은 A_n에서 점별로 거의 같고, 지배수렴성 정리에 의하여, $f = \lim_{n\to\infty} f_n \in L^{p'}$가 우리가 원하는 함수가 된다.

마지막으로, X가 σ-유한이 아닌 경우에 대해서는, σ-유한인 각 부분집합 $A \subset X$에 대하여 $f_A \in L^{p'}(A)$를, 모든 $g \in L^p(A)$에 대해서

$$F(g) = \int_{A_n} f_A g \, d\mu$$

인 관계를 만족하는 함수로 놓는다. 그리고

$$M' = \sup \left\{ \|f_A\|_{L^{p'}(A)} \mid A(\subset X)\text{가 } \sigma\text{-유한} \right\} \le \|F\|_{L^p(X)^*}$$

로 정의하고

$$n \to \infty\text{일 때} \quad \|f_{A_n}\| L^{p'}(A_n) \to M'$$

인 증가집합열 $\{A_n\}$을 선택하자. 여기서 $B = \cup_{n=1}^{\infty} A_n$으로 놓으면, f_B가 곧 구하려는 함수다. ■

바나흐(Banach)-공간 X가 반사적(reflexive)이라 함은

$$\text{각 } F \in X^*\text{에 대하여 } \iota(x)(F) = F(x)$$

로 정의되는 확인함수 $\iota : X \to X^{**}$에 의해서 X의 이중쌍대(bi-dual) X^{**}가 원래의 공간 X와 같다는 것을 의미한다.

다음 정리는 정리 7.8로부터 직접 얻어진 결과다.

[따름정리 7.9] X가 측도공간이고 $1 < p < \infty$이면, $L^p(X)$는 대칭이다. □

만약 X가 σ-유한이면, $p = 1$일 때, 정리 7.8이 성립한다는 것을 알 수 있는데 여기서 증명은 생략하기로 한다. 그러나 $p = \infty$인 경우에는 정리 정리 7.8이 성립하지 않는다. 따라서 L^1과 L^∞는 아주 간단한 경우를 제외하고는 대칭이 아니다.

만약 X가 σ-유한이면 $p = 1$인 경우에도 정리 7.8이 성립하는데, 여기서 자세한 증명은 생략한다.

7.6 연습문제

† 여기서 (X, Σ)는 X가 $\emptyset$아닌 집합이고 Σ는 X에서 σ-대수임을 뜻한다.

‡ $f \in L^p(X, \Sigma, \mu)$일 때, $\|f\|_p$는 L^p-노름, 즉 $\|f\|_p = \|f\|_{L^p}$를 뜻한다.

1. $f \in L^p(X, \Sigma, \mu)$이고 $\epsilon > 0$이라 하자. 그러면 $\|f - \phi\|_p < \epsilon$이고 Σ-가측인 단순함수 ϕ가 존재한다는 것을 증명하라. 또한 만약 $p < \infty$이면, $\mu(A) < \infty$이고 $\phi|_{A^c} = 0$인 $A \in \Sigma$가 존재함을 증명하라.

2. $(\mathbb{R}^n, \mathcal{L}_n, \lambda_n)$이 르베끄-측도공간이고 $f \in L^p(\mathbb{R}^n, \mathcal{L}_n, \lambda_n)$이라 하자. 만약 $0 < p < \infty$이고 $\epsilon > 0$이면, $\|f - g\|_p < \epsilon$이고 $\lambda_n\{x \in \mathbb{R}^n \mid g(x) \neq 0\} < \infty$인 연속함수 $g : \mathbb{R}^n \to \mathbb{R}$가 존재한다는 것을 증명하라.

3. $\mu(X) < \infty$이고 $p < q \leq \infty$라 할 때

$$L^q(X, \Sigma, \mu) \subset L^p(X, \Sigma, \mu)$$

이고, 모든 $f \in L^p(X, \Sigma, \mu)$에 대해서

$$\|f\|_p \leq \mu(X)^{\frac{1}{p} - \frac{1}{q}} \|f\|_q$$

임을 증명하라.

4. $1 \leq p < r \leq \infty$라 하고 $Z = L^p(X, \Sigma, \mu) \cap L^r(X, \Sigma, \mu)$로 놓고, 모든 $f \in Z$에 대해서 $\|f\| = \|f\|_p + \|f\|_r$로 정의했을 때, 다음을 증명하라.

   a) $\|\cdot\|$가 Z에서 노름(norm)이고 $(Z, \|\cdot\|)$는 바나흐(Banach)-공간이다.

   b) 만약 $1 \leq p < q < r$이면, 모든 $f \in Z$에 대해서 $T(f) = f$인 선형변환 $T : Z \to L^q(X, \Sigma, \mu)$은 유계하다.

5. $1 \leq p < r \leq \infty$이고 $f \in L^p(X, \Sigma, \mu)$라 하자. 여기서 임의의 수 $t > 0$에 대해서

$$g(x) = \begin{cases} f(x) & \text{if} \quad |f(x)| > t, \\ 0 & \text{if} \quad |f(x)| \leq t \end{cases} \qquad h(x) = \begin{cases} 0 & \text{if} \quad |f(x)| > t, \\ f(x) & \text{if} \quad |f(x)| \leq t \end{cases}$$

로 정의했을 때, $g \in L^p(X, \Sigma, \mu)$이고 $h \in L^p(X, \Sigma, \mu)$이며 $f = g + h$임을 증명하라.

6. $1 \le p < r \le \infty$이고

$$W = L^p(X,\ \Sigma,\ \mu)+L^r(X,\ \Sigma,\ \mu) = \{g+h \mid g \in L^p(X,\ \Sigma,\ \mu),\ h \in L^r(X,\ \Sigma,\ \mu)\}$$

로 놓고, 모든 $f \in W$에 대해서

$$\|f\| = \inf\{\|g\|_p + \|h\|_r \mid\ g \in L^p(X,\ \Sigma,\ \mu),\ h \in L^r(X,\ \Sigma,\ \mu),\ f = g+h\}$$

로 정의했을 때, 다음을 증명하라.

   a) $\|\cdot\|$가 노름이고 $(W,\ \|\cdot\|)$는 바나흐(Banach)-공간이다.
   b) 만약 $p < q < r$이면, 각 $f \in L^q(X,\ \Sigma,\ \mu)$에 대해서 $T(f) = f$인 선형변환 $T : L^q(X,\ \Sigma,\ \mu) \to W$은 유계하다.

7. $0 < p < q < \infty$일 때, 다음을 증명하라.

   a) $L^p(X,\ \Sigma,\ \mu) \not\subseteq L^q(X,\ \Sigma,\ \mu)$일 필요충분조건이 임의의 $\epsilon > 0$에 대해서 $\mu(A) < \epsilon$인 집합 $A \subset X$가 존재하는 것이다.
   b) $L^q(X,\ \Sigma,\ \mu) \not\subseteq L^p(X,\ \Sigma,\ \mu)$일 필요충분조건이 임의의 $M > 0$에 대해서 $M < \mu(B) < \infty$인 집합 $B \subset X$가 존재하는 것이다.

8. $1 \le p < \infty$이고 $\{f_n\}$이 $L^p(X,\ \Sigma,\ \mu)$에 속한 함수열이며, 모든 $n \in \mathbb{N}$에 대해서 $\|f\| \le g$ (μ-a.e.)인 $g \in L^p(X,\ \Sigma,\ \mu)$가 있다고 하자. 만약 $f_n \to f$ (μ-a.e.)이면 $\|f_n - f\| \to 0$임을 증명하라.

9. $1 \le p < \infty$이고, 모든 $n \in \mathbb{N}$에 대해서 $f,\ f_n \in L^p(X,\ \Sigma,\ \mu)$이라 하자. 만약 $f_n \to f$ (μ-a.e.)이면, $\|f_n - f\|_p \to 0$일 필요충분조건이 $\|f_n\|_p \to \|f\|_p$임을 증명하라.

10. $1 \le p \le \infty$이고 $g \in L^\infty(X,\ \Sigma,\ \mu)$라 하자. 변환 $T : L^p(X,\ \Sigma,\ \mu) \to L^p(X,\ \Sigma,\ \mu)$를 $T(f) = gf$로 정의 했을 때, 다음을 증명하라.

    a) T가 유계하고 $\|T\| \le \|g\|_\infty$이다.
    b) 만약 μ가 준유한(semifinite)이면, $\|T\| = \|g\|_\infty$이다.

    (참고: $\mu(E) = \infty$인 모든 $E \in \Sigma$에 대해서, $F \subset E$이고 $0 < \mu(F) < \infty$인 $F \in \Sigma$가 존재할 때, $(X,\ \Sigma)$에서 μ를 준유한 측도(semifinite measure)라 한다.)

11. $(X_1,\ \Sigma_1,\ \mu_1)$과 $(X_2,\ \Sigma_2,\ \mu_2)$가 모두 σ-유한인 측도공간들이고 $1 \le p < \infty$라 하자. 만약 $f : X_1 \times X_2 \to [0,\ \infty]$가 $\Sigma_1 \otimes \Sigma_2$-가측인 함수이면

$$\left(\int_{X_1}\left(\int_{x_2} f(\cdot,\ \cdot)d\mu_2\right)^p d\mu_1\right)^{\frac{1}{p}} \le \int_{X_2}\left(\int_{x_1} f(\cdot,\ \cdot)^p d\mu_1\right)^{\frac{1}{p}} d\mu_2$$

임을 증명하라.

부록 A

이 책을 공부하려는 독자들은 이미 집합과 함수에 대하여 상당한 개념들을 알고 있을 것이므로, 이 책에서는 반드시 알아야만 하는 소수의 개념들과 용어 그리고 몇가지 정리들만을 소개하겠다.

A.1 집합의 개념

수학에서는 여러가지 문장들 중에서 명제만을 사용한다. **명제**(statement)란 객관적인 판단기준에 의하여 참과 거짓을 구별할 수 있는 문장이나 식을 가리키며, 한가지 사실만을 주장하는 명제를 **단순명제**(simple statement)라 하고 두 개이상의 단순명제들을 혼합하여 만든 명제를 **합성명제**(compound statement)라 한다.

수학에서는 다음과 같은 두 가지 논리적인 연결사가 자주 쓰인다.

(1) $P \Rightarrow Q$: 명제 P가 성립하면 명제 Q가 성립한다.

(2) $P \Leftrightarrow Q$: 명제 P가 성립할 필요충분조건이 명제 Q가 성립하는 것이다.

집합에 대한 직관적인 개념은 Georg Cantor(1845-1918)가 1895년에 처음 제시되었다.

> **집합**(set)이란 직관이나 사고에 의해서 명확하게 구별할 수 있는 어떤 대상들(objects)의 모임이다.

집합을 나타내는 문자는 영어 대문자

$$A, B, C, \ldots, X, Y, Z$$

그리스 대문자

$$\Gamma, \Lambda, \ldots, \Phi, \Psi, \Omega$$

등이고, 집합의 구성원인 원소를 표현하기 위해서는 소문자

$$a,\ b,\ c,\ \ldots,\ x,\ y,\ z$$

또는

$$\alpha,\ \beta,\ \gamma,\ \ldots,\ \chi,\ \psi,\ \omega$$

등을 활용한다. x가 집합 X의 원소라는 것을 수학적으로 표현할 때, $x \in X$로 나타낸다. 그리고 $x \notin X$는 x가 X의 원소가 아니라는 것을 나타낸다.

집합을 표현하는 방법으로는 원소나열법과 조건제시법 두 가지 방법이 있다. **원소나열법**은 $A = \{1, 2, 3\}$ 또는 $\mathbb{N} = \{1, 2, 3, \ldots\}$과 같이 집합에 속한 원소들을 나열하여 표현하는 방식이고, **조건제시법**은 $X = \{n \in \mathbb{N} \mid n \leq 4\}$와 같이 집합에 속하는 구성원의 조건을 명시하여 표현하는 방식이다.

자연수집합이나 정수집합과 같은 특수한 집합들에 대해서는 다음과 같은 공인된 기호을 사용한다:

$\mathbb{N}$ =자연수 전체집합
$\mathbb{Z}$ =정수 전체집합
$\mathbb{Q}$ =유리수 전체집합
$\mathbb{Q}'$ =무리수 전체집합
$\mathbb{R}$ =실수 전체집합
$\mathbb{C}$ =복소수 전체집합

[정의 A.1] X와 Y가 집합이라 하자. X의 모든 원소가 Y의 원소일 때, 'X가 Y의 **부분집합**(subset)이다' 하고 말하거나 'Y가 X를 포함한다고 말하고 $X \subset Y$ 또는 $Y \supset X$로 표현한다. 그리고 $X \subset Y$이고 $Y \subset X$일 때, $X = Y$로 표현하며 '두 집합 X와 Y는 서로 같다'고 말한다.

[예제 A.1] 다음관계가 성립한다.

$$\mathbb{N} \subset \mathbb{Z} \subset \mathbb{Q} \subset \mathbb{R} \subset \mathbb{C}, \quad \mathbb{Q}' \subset \mathbb{R}. \qquad \square$$

X가 Y의 부분집합일 때, 'X가 Y에 속한다'고 말하거나 'Y가 X를 포함한다'고 말하기도 한다. 원소가 하나도 없는 집합을 **공집합**(emptyset)이라 부르고 $\emptyset$ 또는 $\{\ \}$로 표기한다. X가 집합이면 $X \subset X$이고 $\emptyset \subset X$라는 사실에 주목하라. 오직 하나의 원소만을 갖는 집합을 가리켜서 **1 원소 집합**(singleton set, singleton)이라 일컫는다. 따라서, x가 하나의 원소일 때

$$\{x\} \subset X \iff x \in X$$

이다.

[정의 A.2] $A \subset B$이고 $A \neq B$일 때, A를 B의 **진부분집합**(proper set)이라 하고 $A \subsetneq B$로 표기한다.

[정의 A.3] X가 집합일 때, X의 부분집합들을 모두 모아놓은 집합을 X의 **멱집합**(power set)이라 부르고 $\wp(X)$로 나타낸다. 즉

$$\wp(X) = \{A \mid A \subset X\}$$

이다.

[예제 A.2] (a) $\wp(\emptyset) = \{\emptyset\}$. (b) $\wp(\{1\}) = \{\emptyset, \{1\}\}$.
(c) $\wp(\{1, 2\}) = \{\emptyset, \{1\}, \{1, 2\}, \{1, 2\}\}$. (d) $\wp(\{\emptyset\}) = \{\emptyset, \{\emptyset\}\}$. □

[예제 A.3] A가 집합일 때, $\emptyset \in \wp(A)$이고 $A \in \wp(A)$이다. □

[정의 A.4] A와 B가 집합들로서 공통으로 갖는 원소가 없는 경우에, A와 B는 **서로소**(disjoint)라 한다.

[예제 A.4] $A = \{2, 3, 7, 8\}$이고 $B = \{2, 4, 7, 9\}$일 때, 두 원소 2와 7이 집합 A, B에 공통으로 속하므로 A와 B는 서로소가 아니다. □

[예제 A.5] $A = \{n \in \mathbb{N} \mid n$은 홀수$\}$이고 $B = \{n \in \mathbb{N} \mid n$은 짝수$\}$일 때, A와 B는 공통원소가 없으므로 서로소이다. □

[정의 A.5](순서쌍) 원소 a와 b의 **순서쌍**(ordered pair)은 $(a, b) = \{\{a\}, \{a, b\}\}$로 정의된다.

[참고] 만일 $a \neq b$이면 $\{\{a\}, \{a, b\}\} \neq \{\{b\}, \{b, a\}\}$이므로 $(a, b) \neq (b, a)$이다.

[정리 A.1] $(a, b) = (c, d) \Longleftrightarrow a = c \;\&\; b = d.$

[예제 A.6] 순서쌍 $(2, 3)$과 $(3, 2)$는 서로 다르다. □

[예제 A.7] 집합 $\{2, 3\}$은 순서쌍이 아니며 $\{2, 3\} = \{3, 2\}$이다. □

[예제 A.8] 순서쌍 $(2, 2)$, $(3, 3)$, (π, π)와 같이 모든 순서쌍의 두 성분은 같을 수 있다. □

[정의 A.6](카르테시안 곱) X와 Y가 집합일 때,

$$X \times Y = \{(x,\ y) \mid x \in X,\ y \in Y\}$$

를 X와 Y의 **카르테시안 곱**(Cartesian product) 또는 **곱집합**(product set)이라 한다.

[예제 A.9] $A = \{1, 2, 3\}$이고 $B = \{a, b\}$일 때, A와 B의 곱집합은

$$A \times B = \{(1,a),(1,b),(2,a),(2,b),(3,a),(3,b)\}$$

이다. □

[예제 A.10] $X = \{s, t\}$이면

$$X \times X = \{(s,s),(s,t),(t,s),(t,t)\}$$

이다. □

참고 1. A가 m개의 원소를 갖는 집합이고 B가 n개의 원소를 갖는 집합이면, 곱집합 $A \times B$는 mn개의 원소를 갖는다. 만약 $A = \emptyset$ 또는 $B = \emptyset$이면 $A \times B = \emptyset$이다. 그리고 A와 B가 모두 $\emptyset$아닌 집합이고 A 또는 B가 무한집합이면 $A \times B$가 무한집합이다.

2. A와 B가 모두 $\emptyset$아닌 집합이고 $A \neq B$이면 $A \times B \neq B \times A$이다.

A.2 집합의 연산

여러 집합들을 다룰때, 우리는 일정하게 정해놓은 집합 U안에 속한 집합들을 가지고 논하게 된다. 이와 같이 정해진 집합 U를 가리켜서 **전체집합**(universal set)이라 한다.

[정의 A.7] A와 B가 전체집합 U의 부분집합일 때

(1) A와 B의 **합집합**(union)을

$$A \cup B = \{x \mid x \in A \text{ 또는 } x \in B\}$$

로 정의하며

(2) A와 B의 **교집합**(union)union을

$$A \cap B = \{x \mid x \in A \text{ 이고 } x \in B\}$$

로 정의한다.

(3) 또한 A에 대한 B의 **차집합**(complement of B relative to A)을

$$A - B = \{x \mid x \in A \text{ 이고 } x \notin B\}$$

로 정의하고

(4) A의 **여집합**(complement of A)을

$$A^c = U - A = \{x \in U \mid x \notin A\}$$

로 정의한다.

A와 B가 집합이고 $A \cap B = \emptyset$일 때, A와 B는 **서로소**(disjoint)라 한다.

[예제 A.11]

1. 전체집합이 $U = \mathbb{N}$이고 $A = \{1, 2, 3, 4, 5\}$이며 $B = \{4, 5, 6\}$이라 할 때,
   (1) $A \cup B = \{2, 3, 4, 5, 6\}$
   (2) $A \cap B = \{4, 5\}$
   (3) $A - B = \{1, 2, 3\}$
   (4) $A^c = \{n \in \mathbb{N} \mid n \geq 6\}$

   이다.

2. 전체집합이 $U = \mathbb{R}$이고 $C = \{x \mid 0 \leq x \leq 5\}$이며 $D = \{x \mid 3 < x < 6\}$일 때,
   (1)$C \cup D = \{x \mid 0 \leq x < 6\} = [0, 6)$
   (2) $C \cap D = \{x \mid 3 < x \leq 5\} = (3, 5]$
   (3) $C - D = \{x \mid 0 \leq x \leq 3\} = [0, 3]$
   (4) $D^c = \{x \mid x \leq 3 \text{ 또는 } x \geq 6\} = (-\infty, 3] \cup [6, \infty)$

   이다.

□

[정의 A.8] X가 집합이고 $\mathcal{A} = \{A_i \mid i \in I\}$가 X의 부분집합들로 구성된 집합족일 때,

(1) $\mathcal{A}$의 **합집합**(union)은

$$\bigcup \mathcal{A} = \bigcup_{i \in I} A_i = \{x \mid \text{ 적당한 } i \in I\text{에 대하여 } x \in A_i\text{이다}\}$$

로 정의한다.

(2) $\mathcal{A}$의 교집합(intersection)은

$$\bigcap \mathcal{A} = \bigcap_{i \in I} A_i = \{x \mid \text{ 적당한 } i \in I\text{에 대하여 } x \in A_i\text{이다}\}$$

로 정의한다.

흔히, 집합족 $\mathcal{A}$의 합집합을 $\bigcup_{A \in \mathcal{A}} A$로 표현하고 교집합을 $\bigcap_{A \in \mathcal{A}} A$로 표현하기도 한다.

[예제 A.12] 각 $n \in \mathbb{N}$에 대해서 $A_n = [\frac{1}{n+1}, 1]$이고 $\mathcal{A} = \{A_n : n \in \mathbb{N}\}$라 하면, $\cup \mathcal{A} = \cup_{n \in \mathbb{N}} A_n = (0, 1]$이고 $\cap \mathcal{A} = \cap_{n \in \mathbb{N}} A_n = (\frac{1}{2}, 1]$이다. □

[정리 A.2] X와 Y가 집합일 때, 다음은 서로 동치이다:

(a) $X \subset Y$

(b) $X \cup Y = Y$

(c) $X \cap Y = X$

□

다음 정리는 집합의 연산에 관한 분배법칙을 서술한 것이다.

[정리 A.3](분배법칙, distributive law) X집합일 때, 다음이 성립한다.

1. $X \cup \left(\bigcap_{i \in I} A_i \right) = \bigcap_{i \in I} (X \cup A_i)$
2. $X \cap \left(\bigcup_{i \in I} A_i \right) = \bigcup_{i \in I} (X \cap A_i)$

□

다음은 대부분의 독자들이 잘 알고 있는 집합의 연산에 관한 드모르강의 법칙(De Morgan's Law)이다.

[정리 A.4](드모르강의 법칙, De Morgan's law) X가 집합이고 $\{A_i : i \in I\}$가 집합족일 때, 다음이 성립한다.

(a) $X - \left(\bigcup_{i \in I} A_i \right) = \bigcap_{i \in I} (X - A_i)$

(b) $X - \left(\bigcap_{i \in I} A_i \right) = \bigcup_{i \in I} (X - A_i)$

□

A.3 함수

이 절에서는 함수의 개념과 함수에 대한 기본적인 몇가지 성질들을 소개한다.

[정의 A.9] 집합 X에서 집합 Y로 가는 **함수**(function)란 X의 각 원소 x에 Y의 원소 $y = f(x)$를 유일하게 대응시키는 대응규칙을 말하며 X를 f의 **정의역**(domain)이라 부르고 Y를 f의 공역 또는 **공변역**(codomain)이라 한다.

f가 X를 정의역으로 하고 Y를 공역으로 하는 함수라는 것을 $f : X \to Y$로 나타낸다. 흔히 $f : X \to Y$를 'f는 X에서 Y로의 함수(function from X to Y)'라고 하거나 'f는 X를 Y로 사영한다(f maps X to Y)'고 말한다.

[정의 A.10] $f : X \to Y$이고 $x \in X$일 때, $f(x)$를 가리켜서 x에서 f의 함수값 또는 f에 의한 x의 **상**(image)이라 부르고 f의 함수값들 전체집합 $R = \{f(x) \mid x \in X\}$을 가키켜서 f의 **치역**(range)이라 한다.

$f : X \to Y$가 함수이고 $A \subset X$이며 $B \subset Y$라 하자. 이때, 집합

$$f(A) = \{f(x) \in Y \mid x \in A\}$$

를 가리켜서 f에 의한 A의 **상**(image)이라 부른다. 참고로 f에 의한 X의 상 $f(X)$는 f의 **치역**(range)임에 유의하라. 집합

$$f^{-1}(B) = \{x \in X \mid f(x) \in B\}$$

는 f에 의한 B의 **역상**(inverse image)이라 일컫는다. 참고로 $f^{-1}(Y) = X$이고 $f^{-1}(B) = \emptyset$인 경우가 있다는 점에 유의하라.

[정리 A.5] $f : X \to Y$가 함수이고 $A, B \subset X$이며 $C, D \subset Y$일 때, 다음이 성립한다.

(a) $A \subset B \Longrightarrow f(A) \subset f(B)$

(b) $C \subset D \Longrightarrow f^{-1}(C) \subset f^{-1}(D)$

(c) $f(A \cup B) = f(A) \cup f(B)$

(d) $f^{-1}(C \cup D) = f^{-1}(C) \cup f^{-1}(D)$

(e) $f(A \cap B) \subset f(A) \cap f(B)$

(f) $f^{-1}(C \cap D) = f^{-1}(C) \cap f^{-1}(D)$

(g) $f(A) - f(B) \subset f(A - B)$

(h) $f^{-1}(C-D) = f^{-1}(C) - f^{-1}(D)$

(i) $f[X - f^{-1}(Y-C)] \subset C$

[정의 A.11] X가 집합일 때, $1_X(x) = x$로 정의되는 함수 $1_X : X \to X$를 가리켜서 'X에서 **항등함수**(identity function)'라 한다.

[정의 A.12] $f : X \to Y$가 함수이고 $A \subset X$일 때, $f|_A(x) = f(x)$로 정의 되는 함수 $f|_A : X \to Y$를 가리켜서 'f의 A로의 **축소**(restriction)'라 한다.

[정의 A.13] X와 Y가 집합이고 $A \subset X$이며 $f : A \to Y$를 함수라 하자. $g : X \to Y$가 함수이고 각 $a \in A$에 대해서 $g(a) = f(a)$인 권계를 만족할 때, g를 가리켜서 "함수 f의 **확대**(extension)"라 한다.

[정의 A.14] $f : X \to Y$와 $g : Y \to Z$가 함수일 때, $(g \circ f)(x) = g(f(x))$로 정의되는 함수 $g \circ f : X \to Z$를 가리켜서 "두 함수 f와 g의 **합성**(composition)"이라 한다.

[정의 A.15] $f : X \to Y$가 함수라 하자.

1. 임의의 서로 다른 두 원소 $x_1, x_2 \in X$에 대해서 $f(x_1) \neq f(x_2)$일 때, f를 가리켜서 **단사함수**(injective function, injection) 또는 **일대일 함수**(one to one function)라 한다.

2. $f(X) = Y$일 때, f를 **전사함수**(surjective function, surjection)라 한다.

3. f가 전사함수이고 단사함수일 때, f를 **전단사함수**(bijective function, bijection) 또는 **일대일 대응**(one to one correspondence)이라 한다.

참고 1. $f : X \to Y$가 일대일함수일 조건은 $x_1, x_2 \in X$이고 $f(x_1) = f(x_2)$이면 $x_1 = x_2$인 것이다.

2. 또한 $f : X \to Y$가 전사함수일 조건은 임의의 $y \in Y$에 대해서 $y = f(x)$인 $x \in X$가 존재하는 것이다.

[예제 A.13]

1. 함수 $f : \mathbb{R} \to \mathbb{R}$를 $f(x) = x^2$으로 정의하자. 그러면 $f(-1) = f(1)$이므로 f는 일대일함수가 아니다. 또한 $f(x) = x^2 = -1$인 $x \in \mathbb{R}$가 존재하지 않으므로 f는 전사함수가 아니다.

2. 함수 $g : \mathbb{R} \to \mathbb{R}$를 $g(x) = 2x + 3$으로 정의하면, g는 전단사함수이다. □

함수 $f : X \to Y$가 전단사함수이면, Y의 각 원소 y에 대하여 $f(x) = y$인 원소 $x \in X$가 유일하게 존재하므로, 역함수 $f^{-1} : Y \to X$가 존재한다. 실제로 $f : X \to Y$가 전단사함수이면 $f^{-1} : Y \to X$도 전단사함수이다. 여기서 유의할 점은 임의로 주어진 함수 $f : X \to Y$와 Y의 임의의 부분집합 C에 대해서 $f^{-1}(C)$은 언제나 정의되지만, $f : X \to Y$의 역함수는 f가 전단사함수인 경우에 대해서만 정의된다는 사실이다.

다음에 소개할 정리들에 대한 증명은 모두 연습문제로 남긴다.

[정리 A.6] $f : X \to Y$와 $g : Y \to Z$가 함수일 때, 다음이 성립한다.

(a) f와 g가 전사이면, $g \circ f$도 전사이다.

(b) f와 g가 단사이면, $g \circ f$도 단사이다.

[정리 A.7] $f : X \to Y$와 $g : Y \to Z$가 함수일 때, 다음이 성립한다.

(a) 합성함수 $g \circ f : X \to Z$가 전사이면, g가 전사이다.

(b) 합성함수 $g \circ f : X \to Z$가 단사이면, f가 단사이다.

[정리 A.8] $f : X \to Y$, $g : Y \to X$와 $h : Y \to X$가 함수들이라 하자. 여기서 $g \circ f = 1_X$이고 $f \circ h = 1_Y$이면, f가 전단사함수이고 $f^{-1} = g = h$이다.

[정리 A.9] $f : X \to Y$와 $g : Y \to Z$가 전단사함수일 때, $(g \circ f)^{-1} = f^{-1} \circ g^{-1}$이다.

[정리 A.10] $f : X \to Y$가 함수이고 $A \subset X$이며 $B \subset Y$일 때, 다음이 성립한다.

(a) $A \subset f^{-1}(f(A))$.

(b) $f(f^{-1}(B)) \subset B$.

(c) f가 일대일함수이면, $A = f^{-1}(f(A))$이다.

(d) f가 전사함수이면 $f(f^{-1}(B)) = B$이다.

(e) $f^{-1}(Y - B) = X - f^{-1}(B)$.

(f) $f(A \cap f^{-1}(B) = f(A) \cap f(f^{-1}(B)) = f(A) \cap B$.

[정의 A.16] X와 Y가 집합이고 $\pi_1 : X \times Y \to X$와 $\pi_1 : X \times Y \to X$가 각각 $\pi_1(x_1, x_2) = x_1$이고 $\pi_2(x_1, x_2) = x_2$로 정의되는 함수일 때, π_1과 π_2를 가리켜서 사영(projection)이라 한다.

[정리 A.11] $\pi_1 : X \times Y \to X$와 $\pi_1 : X \times Y \to X$가 사영이고 $A \subset X$이며 $B \subset Y$일 때, 다음이 성립한다.

(a) $\pi_1^{-1}(A) = A \times Y$.

(b) $\pi_2^{-1}(B) = X \times B$.

(c) $\pi_1^{-1}(A) \cap \pi_2^{-1}(B) = A \times B$.

[정의 A.17] X가 집합이고 $f : \mathbb{N} \to X$가 함수일 때, f를 가리켜서 "집합 X에서 **수열**(sequence)"이라 한다. 특히, 각 $n \in \mathbb{N}$에 대해서 $f(n) = x_n$일 때, 수열 f를 (x_n), $< x_n >$, $\{x_n\}_{n\in\mathbb{N}}$, $\{x_n\}_{n=1}^{\infty}$, $(x_1, x_2, \ldots)$등과 같이 다양하게 표현한다.

[정의 A.18] $f = (x_n)$가 수열이고 $g : \mathbb{N} \to \mathbb{N}$가 $g(n+1) > g(n)$인 성질을 만족하는 수열일 때, $(g \circ f) = (x_{n_k}) = \{x_{n_k}\}_{k=1}^{\infty}$를 가리켜서 $f = (x_n)$의 **부분수열**(subsequence)이라 한다.

[예제 A.14] $f : \mathbb{N} \to \mathbb{R}$를 $f(n) = \frac{1}{n}$으로 정의하면, f는 $f = (1, 1/2, 1/3, \ldots)$인 수열이다. 여기서 $g : \mathbb{N} \to \mathbb{N}$를 $g(n) = 3n$으로 정의하면, $g \circ f$는 $g \circ f = (1/3, 1/6, 1/9, \ldots)$인 수열로서 $f = (1, 1/2, 1/3, \ldots)$의 부분수열이 된다. □

수열이란 정의역이 자연수집합 $\mathbb{N}$인 함수를 말한다. 일반적으로 정의역이 $\mathbb{N}$의 유한부분집합 $\{1, 2, \ldots, m\}$인 함수에 대해서는 **유한수열**(finite sequence)이라 일컫는다.

A.4 첨수집합족과 카르테시안 곱

이 절에서는 여러집합들의 카르테시안 곱을 정의하려고 한다. 먼저 m개의 주어진 집합들의 카르테시안 곱을 정의하고 다음으로 무한개를 포함한 임의 개의 집합들의 곱집합을 정의한다.

[정의 A.19] $\mathcal{A}$가 집합들로 구성된 집합족이고 $f : \Lambda \to \mathcal{A}$가 전사함수일 때 f를 가리켜서 $\mathcal{A}$에 대한 **첨수함수**(index function)라 일컫는다. 그리고 첨수함수 f가 정의된 집합족 $\mathcal{A}$를 가리켜서 **집합들의 첨수족**(indexed family of sets)이라 한다.

각 $\alpha \in \Lambda$에 대해서 $f(\alpha) = A_\alpha$일 때, 첨수족 $\mathcal{A}$를 $\{A_\alpha \mid \alpha \in \Lambda\}$로 표현한다. 첨수집합 Λ가 문맥상으로 분명하거나 나타낼 필요성이 없는 경우에는 첨수집합 $\{A_\alpha \mid \alpha \in \Lambda\}$를 간단히 $\{A_\alpha\}$로 나타낸다. 첨수함수는 일대일함수일 필요는 없다. 따라서 서로 다른 두 첨수 $\alpha, \beta \in \Lambda$에 대해서 $A_\alpha = A_\beta$일 수 있다.

첨수함수는 여러개의 집합들에 대한 합집합과 교집합을 정의할 때 사용되기도 한다. $\mathcal{A}$가 집합족이고 $f : \Lambda \to \mathcal{A}$가 첨수함수일 때, 합집합 $\cup\{A \mid A \in \mathcal{A}\}$를 $\cup_{\alpha\in\Lambda} A_\alpha$ 또는 $\cup\{A_\alpha \mid \alpha \in \Lambda\}$로 표현하고 교집합 $\cap\{A \mid A \in \mathcal{A}\}$를 $\cap_{\alpha\in\Lambda} A_\alpha$ 또는 $\cap\{A_\alpha \mid \alpha \in \Lambda\}$로 표현할 수 있다. 그러므로

$$\bigcup_{\alpha\in\Lambda} A_\alpha = \{x \mid x \in A_\alpha \text{ for some } \alpha \in \Lambda\}$$

이고

$$\bigcap_{\alpha\in\Lambda} A_\alpha = \{x \mid x \in A_\alpha \text{ for all } \alpha \in \Lambda\}$$

이다.

[예제 A.15] 각 $n \in \mathbb{N}$에 대해서 $A_n = (-\frac{1}{n}, \frac{1}{n})$이라 놓았을 때, $\cup_{n\in\mathbb{N}} A_n$과 $\cap_{n\in\mathbb{N}} A_n$을 구하라.

⟨풀이⟩ 각 $n \in \mathbb{N}$에 대해서, A_n은 열린구간 $(-\frac{1}{n}, \frac{1}{n})$이므로, $A_{n+1} \subset A_n \subset A_1$이다. 따라서 $\cup_{n\in\mathbb{N}} A_n = A_1 = (-\frac{1}{n}, \frac{1}{n})$이다. 또한, 모든 A_n에 속한 원소는 0뿐이므로, $\cap_{n\in\mathbb{N}} A_n = \{0\}$이다. ■

[예제 A.16] 각 $x \in \mathbb{R}$에 대해서 $A_x = [x, \infty)$로 놓았을 때, $\cup_{x\in\mathbb{R}} A_x = \mathbb{R}$이고 $\cap_{x\in\mathbb{R}} A_x = \emptyset$이다. □

다음 정리는 집합연산에 관한 일반화된 분배법칙과 드모르강 법칙을 설명한 것으로서 증명은 연습문제로 남긴다.

[정리 A.12] $\{A_\alpha \mid \alpha \in \Lambda\}$가 집합족이고 B가 집합일 때, 다음이 성립한다.

(a) $\left(\bigcup_{\alpha\in\Lambda} A_\alpha\right) \cap B = \bigcup_{\alpha\in\Lambda} (A_\alpha \cap B)$.

(b) $\left(\bigcap_{\alpha\in\Lambda} A_\alpha\right) \cup B = \bigcap_{\alpha\in\Lambda} (A_\alpha \cup B)$.

(c) $B - \left(\bigcup_{\alpha\in\Lambda} A_\alpha\right) = \bigcap_{\alpha\in\Lambda} (B - A_\alpha)$.

(d) $B - \left(\bigcap_{\alpha\in\Lambda} A_\alpha\right) = \bigcup_{\alpha\in\Lambda} (B - A_\alpha)$.

다음 정리는 함수의 상과 역상에 대한 성질들을 나타낸다.

[정리 A.13] $f : X \to Y$가 함수이고 $\{A_i \mid i \in I\}$가 X의 부분집합족 그리고 $\{B_j \mid j \in J\}$가 Y의 부분집합족이라 할 때, 다음이 성립한다.

(a) $f\left(\bigcup_{i\in I} A_i\right) = \bigcup_{i\in I} f(A_i)$.

(b) $f\left(\bigcap_{i\in I} A_i\right) \subset \bigcap_{i\in I} f(A_i)$.

(c) $f^{-1}\left(\bigcup_{j\in J} B_j\right) = \bigcup_{j\in J} f^{-1}(B_j)$.

(d) $f^{-1}\left(\bigcap_{j\in J} B_j\right) = \bigcap_{j\in J} f^{-1}(B_j)$.

⟨증명⟩ 증명은 연습문제로 남긴다. ■

이제는 여러 집합들의 카르테시안 곱을 소개하도록 하겠다. 여기서, 각 $n \in \mathbb{N}$에 대해서, $J_n = \{1, 2, \ldots, n\}$이라 놓겠다. X가 집합이고 $f : J_n \to X$가 함수일 때, f를 가리켜서 X의 원소로 이루어진 n-순서쌍(n-tuple)이라 한다. 특히, $f_k = x_k$ $(k \in J_n)$일 때, $f = (x_1, x_2, \ldots, x_n)$으로 나타낸다.

[정의 A.20](카르테시안 곱) $\{X_k \mid k \in J_n\}$가 집합족일 때, 집합

$$\prod_{k=1}^{n} X_k = \{(x_1, x_2, \ldots, x_n) \mid \ x_k \in X_k, \ (k \in J_n)\}$$

을 가리켜서 집합족 $\{X_k \mid \ k \in J_n\}$의 **카르테시안 곱**(Cartesian product)이라 한다.

일반적으로 카르테시안 곱 $\prod_{k=1}^{n}$을 $X_1 \times X_2 \times \cdots \times X_n$으로 나타낸다. 그리고 $x = (x_1, x_2, \ldots, x_n) \in \prod_{k=1}^{n}$ 일 때, x를 각 $k \in J_n$에 대하여 $x(k) = x_k \in X_k$인 함수 $x : J_n \to \cup_{k=1}^{n} X_k$로 생각할 수 있다.

참고 X, Y와 Z가 집합일 때, $X \times Y \times Z$는

$$(X \times Y) \times Z \quad \text{또는} \quad X \times (Y \times Z)$$

로 간주할 수 있다.

일반적으로 n개의 실수들의 순서쌍 전체집합을 $\mathbb{R}^n$으로 표현한다. 즉, $\mathbb{R}^n$은 모든 $k \in J_n$에 대해서 $X_k = \mathbb{R}$인 집합족 $\{X_k \mid k \in J_n\}$의 카르테시안 곱이다. 흔히 $\mathbb{R}^n$을 가리켜서 **유클리드 n-공간**(Euclidean n-space)이라 부르고 $\mathbb{R}^2$와 $\mathbb{R}^3$을 각각 **유클리드 평면**과 **유클리드 공간**이라 한다.

[정의 A.21] $\{X_n \mid n \in \mathbb{N}\}$을 집합족이라 할 때

$$\prod_{n=1}^{\infty} X_n = \{(x_1, x_2, \ldots) \mid x_n \in X_n, \ (n \in \mathbb{N})\}$$

을 가리켜서 $\{X_n \mid n \in \mathbb{N}\}$의 **카르테시안 곱**(Cartesian product)이라 한다.

카르테시안 곱 $\prod_{n=1}^{\infty} X_n$을 $\prod_{n \in \mathbb{N}} X_n$으로 표현하거나 $X_1 \times X_2 \times \cdots$로 표현하기도 한다. 또한 $x = (x_1, x_2, \ldots) \in \prod_{n=1}^{\infty}$일 때, x를 $x(n) = x_n \in X_n$인 함수 $x : \mathbb{N} \to \cup_{n=1}^{\infty} X_n$으로 생각할 수 있다.

흔히 $X_n = \mathbb{R}$인 $\{X_n \mid n \in \mathbb{N}\}$의 카르테시안 곱을 $\mathbb{R}^\omega$로 표현하고 무한차원의 유클리드공간(infinite-dimensional Euclidean space)이라 일컫는다. 즉

$$\mathbb{R}^\omega = \{(x_1, x_2, \ldots) \mid x_n \in \mathbb{R}, \ (n = 1, 2, \ldots)\}$$

이다.

Λ와 X가 $\emptyset$아닌 집합일 때, 함수 $x : \Lambda \to X$를 가리켜서 X의 원소들로 구성된 **Λ-순서쌍**(Λ-tuple)이라 한다. 특히, 각 $\alpha \in \Lambda$에 대해서 $x(\alpha) = x_\alpha$일 때, $x = (x_\alpha)_{\alpha \in \Lambda}$로 나타낸다.

[정의 A.22] $\{X_\alpha \mid \alpha \in \Lambda\}$가 집합족이라 하고 $X = \cup_{\alpha \in \Lambda} X_\alpha$이라 할 때

$$\begin{aligned} \prod_{\alpha \in \Lambda} X_\alpha &= \{x \mid x : \Lambda \to X\text{가 함수이고 } x(\alpha) \in X_\alpha, (\alpha \in \Lambda)\} \\ &= \{(x_\alpha) \mid x_\alpha \in X_\alpha \text{ for } \alpha \in \Lambda\} \end{aligned}$$

을 집합족 $\{X_\alpha \mid \alpha \in \Lambda\}$의 카르테시안 곱이라 한다.

동치관계와 순서관계

관계란 함수를 일반화한 개념이다. 바꾸어 말하면, 함수는 여러 관계들 중에서 특수한 성질을 만족하는 관계이다. 이 절에서는 관계의 개념을 정의하고 여러 관계들 중에서도 수학에서 중요하게 쓰이는 동치관계, 순서관계의 개념을 소개하려고 한다.

[정의 A.23] X와 Y가 집합이고 $R \subset X \times Y$일 때, R을 가리켜서 "X에서 Y로 가는 **관계**(relation from X to Y)"라 한다. 특히 R이 X에서 X로 가는 관계, 즉 $R \subset X \times X$일 때, R을 일컬어서 "X에서 **관계**(relation on X)"라 한다.

R이 X에서 Y로 가는 관계이고 $(x, y) \in R$일 때, 'x는 y와 R관계에 있다'고 말하고 xRy로 표기한다. R이 X에서 Y로 가는 관계이고 $A \subset X$일 때

$$R[A] = \{y \in Y \mid \exists x \in A \text{ s.t. } (x, y) \in R\}$$

로 놓는다.

R이 X에서 Y로 가는 관계일 때, X의 부분집합

$$\text{Dom}(R) = \{x \in X \mid \exists y \in Y \text{ s.t. } (x, y) \in R\}$$

을 가리켜서 '관계 R의 **정의역**(domain)'이라 부르고 Y의 부분집합

$$\text{Im}(R) = R[X] = \{y \in Y \mid \exists x \in X \text{ s.t. } (x, y) \in R\}$$

을 가리켜서 '관계 R의 **상**(image) 또는 **치역**(range)'이라 한다. 그리고 Y를 가리켜서 'R의 **공변역**(codomain)'이라 한다. 또한 Y에서 X로 가는 관계

$$R^{-1} = \{(y, x) \mid (x, y) \in R\}$$

를 가리켜서 R의 **역관계**(inverse relation)라 한다.

[정의 A.24] f가 집합 X에서 Y로 가는 **함수**(function)라는 것은 f가 다음 3가지 조건을 모두 만족한다는 뜻이다.

1. f가 X에서 Y로 가는 관계이다.
2. f의 정의역이 X이다.
3. $(x, y_1) \in f \ \wedge \ (x, y_2) \in f \Longrightarrow y_1 = y_2$.

일반적으로, f가 X에서 Y로 가는 함수일 때, $f : X \to Y$로 표기한다. 또한 $f : X \to Y$가 함수이고 $(x, y) \in f$일 때, $y = f(x)$로 표기하고 y를 가리켜서 '함수 f에 의한 x의 **함수값**(value)'이라 한다.

[정의 A.25] X가 $\emptyset$아닌 집합이고 R이 X에서 관계라 하자.

(a) 모든 $x \in X$에 대하여 xRx일 때, R을 가리켜서 **반사관계**(reflexive relation)라 한다.

(b) $xRy \Longrightarrow yRx$일 때, R을 가리켜서 **대칭관계**(symmetric relation)라 한다.

(c) $xRy \wedge yRz \Longrightarrow xRz$일 때, R을 가리켜서 **추이관계** 또는 **전이관계**(transitive relation)라 한다.

[정의 A.26] R이 $\emptyset$아닌 집합 X에서 관계로서 반사관계, 대칭관계, 추이관계일 때, R을 가리켜서 X에서 **동치관계**(equivalence relation)라 한다.

흔히, 동치관계는 R과 같은 문자보다는 $\sim$와 같은 기호를 많이 사용한다. 이와 같은 기호를 사용했을 때, $\sim$가 집합 X에서 동치관계이기 위해서는 다음 3가지 관계를 모두 만족해야 한다.

(a) $x \in X \Longrightarrow x \sim x$.

(b) $x \sim y \Longrightarrow y \sim x$.

(c) $x \sim y \ \wedge \ y \sim z \Longrightarrow x \sim z$.

[예제 A.17] n이 하나의 고정된 양의 정수라 하고 $x, y \in \mathbb{Z}$라 하자. 여기서 적당한 $k \in \mathbb{Z}$에 대하여 $x - y = kn$일 때 $x \equiv y(\text{mod } n)$으로 정의하면, $\equiv \text{mod } n$은 $\mathbb{Z}$에서 동치관계다. □

[정의 A.27] 집합 X에 동치관계 $\sim$가 주어져 있다고 하자. 각 원소 $x \in X$에 대하여, 집합

$$[x] = \{y \in X \mid x \sim y\}$$

를 가리켜서 x의 **동치족**(equivalence class)이라 한다.

흔히, X에 주어진 동치관계 $\sim$에 대해서 x의 동치족을 $[x]$로 표기하는 대신에 $x/\sim$으로 표기하기도 한다.

다음 정리의 증명은 연습문제로 남긴다.

[정리 A.14] X가 $\emptyset$아닌 집합이고 $\sim$가 X에서 동치관계이며 $x, y \in X$라 할 때, 다음이 성립한다.

(a) $x \in [x]$.

(b) $x \sim y \Longleftrightarrow [x] = [y]$.

(c) $x \not\sim y \Longleftrightarrow [x] \cap [y] = \emptyset$.

(d) $[x] = [y]$ 또는 $[x] \cap [y] = \emptyset$이다.

보통은 $\sim$은 관계를 나타내는 기호로 많이 사용된다. 다른 한편으로 $\leq$와 같은 기호도 관계를 표현하는 기호로 사용되는데, 일반적으로 $\leq$는 **순서관계** (order relation)를 표현하는 기호로 많이 사용된다.

[정의 A.28] 집합 X에 주어진 관계 R이 다음 조건을 만족할 때, R을 가리켜서 **반대칭 법칙**(antisymmetric relation)라 한다.

$$\text{(반대칭의 조건)} \quad x \leq y \ \wedge \ y \leq x \Longrightarrow x = y.$$

순서집합을 정의하기에 앞서서 먼저 부분순서집합을 정의하기로 한다.

[정의 A.29] 집합 X에 주어진 관계 $\leq$가 다음 3가지 조건을 모두 만족할 때 $\leq$를 가리켜서 X에서 **부분순서**(partial order)라 한다.

1. (반사법칙, reflexive law) 모든 $x \in X$에 대해서 $x \leq x$이다.

2. (추이법칙, transitive law) $x \leq y$이고 $y \leq z$이면 $x \leq z$이다.

3. (반대칭법칙-antisymmetric law) $x \leq y$이고 $y \leq x$이면, $x = y$이다.

X에 부분순서관계 $\leq$가 주어져 있을 때 $(X, \ \leq)$를 가리켜 **부분순서집합** (partial order set)이라 한다.

$(X, \ \leq)$가 부분순서집합이고 x와 y가 X에속 한 원소들로서 $x \leq y$이고 $x \neq y$이면 $x < y$로 표현한다.

[예제 A.18]

1. X가 집합일 때, $\subset$는 X의 멱집합 $\wp(X)$에서 부분순서이다.

2. $T = \{(x, y) \in \mathbb{R}^2 \mid xy > 0\}$은 $\mathbb{R}$에서 반대칭이 아니므로 부분순서가 아니다. □

[정의 A.30] $(X, \leq)$가 부분순서집합이라 하고 $x, y \in X$라 하자. $x \leq y$이거나 $y \leq x$일 때, '두 원소 x와 y는 **비교가능**(comparable)하다'고 말한다. $C \subset X$이고 C의 임의의 서로 다른 두 원소가 비교가능하면 C를 가리켜서 **사슬**(chain)이라 한다. 특히, X가 사슬일 때, $\leq$를 가리켜서 **선형순서**(linear order)라 하고 $(X, \leq)$를 가리켜서 **선형순서집합**(linearly ordered set)이라 부른다.

[예제 A.19] 1. 실수집합 $\mathbb{R}$에 주어진 부등호 $\leq$는 선형순서이다.

2. X가 2개 이상의 원소를 갖는 집합일 때, 집합의 포함관계 $\subset$는 $\wp(X)$에서 선형순서가 아니다. □

[정의 A.31] X가 $\emptyset$아닌 집합일 때, $\leq$가 X에서 **정렬**(well order)이라 함은 다음 두 가지 조건을 모두 만족한다는 뜻이다:

1. $\leq$가 X에서 선형순서다.
2. $A \subset X$이고 $A \neq \emptyset$이면, A가 최소원소 m을 갖는다.

관계 $\leq$가 X에서 정렬일 때, $(X, \leq)$를 가리켜서 **정렬집합**(well-ordered set)이라 부른다.

$(X, \leq)$가 선형순서집합이고 $X \supseteq A \neq \emptyset$이라 하자. m이 A의 **최소원소**(minimal element)라 함은 $m \in A$이고 모든 $a \in A$에 대해서 $m \leq a$인 관계를 만족한다는 뜻이다. 또한 $M \in A$이고 모든 $a \in A$에 대해서 $a \leq M$일 때, M을 A의 **최대원소**(maximal element)라 한다.

특히, m과 M이 각각 선형순서집합 $(X, \leq)$의 최소원소이고 최대원소일 때, m과 M을 각각 X의 **최초원소**(first element)와 **최종원소**(last element)라 부르기도 한다.

[예제 A.20] 1. $(\mathbb{N}, \leq)$는 정렬집합이다.

2. $(\mathbb{Z}, \leq)$는 정렬집합이 아니다. □

[정의 A.32] $(X, \leq)$와 $(Y, \leq')$이 순서집합이라 하자. 이때, 함수 $f : X \to Y$가 **순서동형사상**(order-isomorphism)이라 함은 다음 두 가지 조건을 모두 만족한다는 것을 뜻한다.

1. f가 전단사함수(일대일 대응)이다.
2. x_1, x_2이고 $x_1 \leq x_2$이면, $f(x_1) \leq' f(x_2)$이다.

순서동형사상 $f : X \to Y$가 존재할 때, 두 순서집합 $(X, \leq)$와 $(Y, \leq')$가 **순서동형**(order-isomorphic)이라 하고 $A \simeq B$로 표기한다.

다음은 수학에서 매우 중요하게 활용되는 공리이다.

[공리 A.1](선택공리, Axiom of choice) $\mathcal{A}$가 공집합이 아닌 집합들로 구성된 집합족이고 $\mathcal{A} \neq \emptyset$라 하자. 그러면, 각 $A \in \mathcal{A}$에 대해서, $f(A) \in A$인 함수

$$f : \mathcal{A} \to \bigcup_{A \in \mathcal{A}} A$$

가 존재한다. 이때, 함수 f를 가리켜서 **선택함수**(choice function)라 한다.

선택공리는 확실히 그럴듯해 보이는 내용이다. 그러나 과거 몇년동안은 이 공리에 대한 많은 논쟁들이 있었는데, 그 이유는 이 공리를 이용해서 증명한 여러 정리들 가운데서 몇몇 수학자들이 받아들이기를 꺼려하는 정리들이 있었기 때문이다. 그러한 것들 가운데서 잘 알려진 정리가 1904년에 E. Zermelo에 의하여 증명된 **정렬정리**(well-ordering principle)인데 증명없이 소개한다.

[정리 A.15](정렬정리, well-ordering principle) 모든 집합은 정렬이 가능하다.

[보조정리 A.16] $(X, \leq)$가 정렬집합이고 $A \subset X$이면 $(A, \leq)$도 정렬집합이다. □

[보조정리 A.17] $(X, \leq)$가 정렬집합이라 하자. 만약 $(Y, \leq')$이 순서집합으로서 $(X, \leq)$와 순서동형이면 $(Y, \leq')$도 정렬집합이다. □

위에서 소개한 선택공리와 정렬정리와 동치인 중요한 정리중의 하나가 조른(Zorn)의 보조정리이다. 우선 이 정리에 필요한 몇가지 정의들을 소개한다.

[정의 A.33] $(X, \leq)$를 부분순서집합이라 하자. X의 원소 x가 **극대원소**(maximal element)라 함은 $x \leq y$인 성질을 만족하는 x아닌 X의 원소 y가 없다는 뜻이다.

[예제 A.21] X가 $\emptyset$아닌 집합일 때, X는 부분순서집합 $(\wp(X), \subset)$의 극대원소이다. 그러나 $(\mathbb{N}, \leq)$는 부분순서집합이지만 극대원소가 없다. □

[정의 A.34] $(X, \leq)$를 부분순서집합이라 하고 $A \neq \emptyset$를 X의 부분집합이라 하자.

(a) X의 원소 x가 A의 **상계**(upper bound)라 함은 모든 $a \in A$에 대해서 $a \leq x$인 성질을 만족한다는 뜻이다. 그리고 $x \in X$가 A의 **최소상계**(least upper bound–l.u.b.)라 함은 x가 A의 상계이고 y가 A의 또 다른 상계이면 $x \leq y$이다는 뜻이다.

(b) X의 원소 x가 A의 **하계**(lower bound)라 함은 모든 $a \in A$에 대해서 $x \leq a$인 성질을 만족한다는 뜻이다. 그리고 $x \in X$가 A의 **최대하계**(greatest lower bound–g.l.b.)라 함은 x가 A의 하계이고 y가 A의 또 다른 하계이면 $y \leq x$이다는 뜻이다.

흔히, 최소상계를 가리켜서 **상한**(supNoteum)이라 하고 최대하계를 가리켜서 **하한**(infimum)이라 한다.

[보조정리 A.18](조른의 보조정리, Zorn's lemma[1])
$(X, \leq)$가 부분순서집합이고 X안에 있는 모든 사슬이 상계를 가지면 X는 극대원소를 가진다. □

[1]Zorn's lemma는 1939년 F. Hausdorff(1868-1924)에 의해서 처음 발표된 것으로서 1939년경에 Zorn's lemma로 잘못 명기된 것으로 보인다. 실제로 이 정리는 Hausdorff의 극대원리로 불리기도 한다.

A.6 가산집합과 비가산집합

자연수는 유한집합의 원소들을 헤아리는 데에 가장 적합한 수이다. 그러나 무한집합의 원소들을 헤아리는 일은 그리 간단하지 않다. 예를 들면, 자연수들의 집합이나 정수들의 집합 그리고 유리수들의 집합이나 실수들의 집합은 모두 무한집합이다. 수학에 있어서 어떤 집합의 원소들의 갯수를 자연수를 가지고 헤아릴 수 있는지의 여부는 대단히 중요하다.

[정의 A.35] X와 Y가 집합일 때, X와 Y가 "같은 **기수**(cardinality)를 갖는다"는 것은 X에서 Y로 가는 일대일대응이(전단사함수가) 존재한다는 섯을 의미한다. X와 Y가 같은 기수를 갖는다는 것을 '$X \simeq Y$'로 표기한다.

[정리 A.19] X, Y, Z가 집합들일 때, 다음이 성립한다.

(a) $X \simeq X$.

(b) $X \simeq Y \Longrightarrow Y \simeq X$

(c) $X \simeq Y \wedge Y \simeq Z \Longrightarrow X \simeq Z$

이 절에서 우리는 두 집합 X와 Y가 같은 기수를 갖는 다는 것을 $X \simeq Y$로 표기하기로 한다. 그리고, 각 $n \in \mathbb{N}$에 대해서, $I_n = \{1, 2, \ldots, n\}$으로 놓기로 한다.

[정의 A.36]

1. 집합 X가 **유한집합**(finite set)이라 함은 $X = \emptyset$이거나 $X \simeq I_n$임을 의미한다. 그리고 유한집합이 아닌 집합을 **무한집합**(infinite set)이라 한다.
2. $X \simeq \mathbb{N}$일 때, X를 **가부번집합**(denumerable set)이라 한다.
3. X가 유한집합이거나 가부번집합일 때, X를 **가산집합**(countable set)이라 한다. 그리고 가산집합이 아닌 집합을 **비가산집합**(uncountable set)이라 한다.

[정리 A.20] 가부번집합은 무한집합이다. □

[정리 A.21] X가 집합이면 X와 $\wp(X)$는 같은 기수를 갖지 않는다. □

[정리 A.22] $\mathbb{N}$의 모든 부분집합은 가산집합이다. □

[정리 A.23] 공집합이 아닌 집합 X가 가산집합일 필요충분조건은 단사함수 $f : \mathbb{N} \to X$가 존재하는 것이다. □

[정리 A.24] 모든 무한집합은 가부번인 부분집합을 갖는다. □

[정리 A.25] 가산집합들의 가산합(countable union)은 가산집합이다. □

[정리 A.26] 유한개의 가산집합들의 카르테시안 곱은 가산이다. □

〈증명〉 수학적 귀납법에 의해서, 두 개의 가산집합들의 카르테시안 곱이 가산임을 보이기만 하면 된다. X와 Y가 모두 공집합이 아닌 가산집합들이라 하자. 그러면 단사함수 $f : X \to \mathbb{N}$와 $g : Y \to \mathbb{N}$가 존재한다. 여기서 $h : X \times Y \to \mathbb{N}$를 $h(x,y) = 2^{f(x)}3^{(g(y)}$로 정의하자. 이제 h가 일대일함수임을 보이기만 하면 된다. 이를 위해서 $h(a,b) = h(c,d)$라 하자. 그러면, $2^{f(a)}3^{(g(b)} = 2^{f(c)}3^{(g(d)}$이므로, $f(a) = f(c)$이고 $g(b) = g(d)$이다. f와 g가 모두 일대일이므로 $a = c$이고 $b = d$이다. 그러므로 h는 일대일함수다. ■

정리 A.21에 의해서, 집합 X와 멱집합 $\wp(X)$는 같은 기수를 갖지 않기 때문에 다음 정리를 얻는다.

[정리 A.27] 집합 X에서 $\wp(X)$로 가는 전사함수는 존재하지 않는다. □

[따름정리 A.28] $\wp(\mathbb{N})$은 비가산집합이다. □

〈증명〉 $\wp(\mathbb{N})$가 가산집합이라 하면, 일대일대응 $f : \mathbb{N} \to \wp(\mathbb{N})$가 존재한다. 이는 정리 A.27에 모순이 된다. ■

[정리 A.29] 열린구간 $(0,1)$은 비가산집합이다.

〈증명〉 $(0,1)$이 가산집합이라고 가정해 보자. 그러면 일대일 대응 $f : \mathbb{N} \to (0,1)$가 존재한다. 그러면, 각 $n \in \mathbb{N}$에 대해서, $f(n) \in (0,1)$이므로

$$\begin{aligned} f(1) &= 0.a_1a_2a_3\ldots \\ f(2) &= 0.b_1b_2b_3\ldots \\ f(3) &= 0.c_1c_2c_3\ldots \\ &\vdots \end{aligned}$$

와 같이 $f(n)$을 십진소수로 표현할 수 있다. 이제 십진소수 $p = 0.p_1p_2p_3\ldots$를 다음과 같이 정의하자.

$$p_n = \begin{cases} 2, & f(n)\text{의 소숫점이하 } n\text{번째 수가 } 3\text{인 경우} \\ 3, & f(n)\text{의 소숫점이하 } n\text{번째 수가 } 3\text{이 아닌 경우} \end{cases}$$

그러면 $p \notin f(\mathbb{N})$이다. 따라서 f는 전사함수가 아니다. 이는 f가 일대일대응이라는 사실에 모순이 된다. ■

[정리 A.30] 실수집합 $\mathbb{R}$은 비가산집합이다.

⟨증명⟩ 가산집합의 부분집합은 가산집합이 되어야 한다. 그런데 $(0,1) \subset \mathbb{R}$이고 $(0,1)$은 비가산집합이므로, $\mathbb{R}$는 비가산집합이다. ■

[따름정리 A.31] 무리수집합 $\mathbb{Q}^c$는 비가산집합이다.

⟨증명⟩ 무리수집합 $\mathbb{Q}^c$가 가산집합이라고 가정해 보자. 유리수집합 $\mathbb{Q}$이 가산집합이므로 $\mathbb{R} = \mathbb{Q} \cup \mathbb{Q}^c$도 가산집합이어야 한다. 이는 $\mathbb{R}$이 비가산집합이라는 사실에 모순이 된다. ■

정리 A.26에서, 유한개의 가산집합들의 카르테시안 곱은 가산집합임을 알았다. 그러나 가산개의 가산집합들의 카르테시안 곱은 가산집합이 될 수 없다는 것을 다음 예제를 통해서 알 수 있다.

[예제 A.22] 각 $n \in \mathbb{N}$에 대해서, $X_n = \{0,1\}$라 하고 $X = \prod_{n=1}^{\infty} X_n$으로 놓자. 그러면 X는 비가산집합이다.

⟨증명⟩ $X = \prod_{n=1}^{\infty}$가 가산집합이라고 가정해 보자. 그러면 일대일대응 $f : \mathbb{N} \to X$가 존재한다. 각 $n \in \mathbb{N}$에 대해서 $f(n) = (x_{n_i})_{i \in \mathbb{N}} \in X$라 하자. 여기서 $x = (x_n)_{n \in \mathbb{N}}$을 다음과 같이 정의하자:

$$x_n = \begin{cases} 0, & x_{nn} = 1\text{인 경우} \\ 1, & x_{nn} = 0\text{인 경우} \end{cases}$$

그러면 $x = (x_n) \in X$이고 $x \notin f(\mathbb{N})$이다. 그러므로 f는 전사함수가 아니다. 이는 f가 일대일대응이라는 사실에 모순이 된다. ■

A.7 서수와 기수

이 절에서 우리는 서수와 기수에 대한 개념을 소개하며, 소개되는 정리에 대한 증명은 생략하기로 한다.

[정의 A.37] 서수(ordinal number)란 다음 2가지 성질을 만족하는 집합 α를 말한다.

(1) $x, y \in \alpha$이면 $x = y$이거나 $x \in y$ 또는 $y \in x$이다.

(2) $x \in \alpha$이고 $y \in x$이면 $y \in \alpha$이다.

서수란 구성원이 집합인 집합을 말한다. 직관적으로 말하면, 서수는 집합들로 구성된 사슬로서 각 집합은 그 서수안에 있는 다른 어떤 집합에 속하게 된다.

[예제 A.23] 다음 각 집합은 서수에 해당한다.

(1) $\emptyset$

(2) $\{\emptyset\}$

(3) $\{\emptyset, \{\emptyset\}\}$

(4) $\{\emptyset, \{\emptyset\}, \{\emptyset, \{\emptyset\}\}\}$

(5) $\{\emptyset, \{\emptyset\}, \{\emptyset, \{\emptyset\}\}, \{\emptyset, \{\emptyset\}, \{\emptyset, \{\emptyset\}\}\}\}$

우리는 각 서수에 관계를 설정할 수 있다.

[정의 A.38] α가 서수일 때, α에서 관계 $\le$를 다음과 같이 정의한다.

$$x \le y\text{이다} \iff x \in y \quad \text{또는} \quad x = y\text{이다.}$$

다음은 서수에 대한 기본적인 성질들을 열거한 것이다.

[정리 A.32] α와 β가 서수일 때, 다음이 성립한다.

(1) $(\alpha, \le)$는 정렬집합이다.

(2) $\alpha \cup \{\alpha\}$는 서수다.

(3) $\alpha \subset \beta \subset \alpha \cup \{\alpha\}$이면, $\alpha = \beta$이거나 $\beta = \alpha \cup \{\alpha\}$이다.

(4) α가 β의 완전부분집합일 필요충분조건은 $\alpha \in \beta$이다.

(5) $(\alpha, \le)$의 최소원소는 $\emptyset$이다.

(6) $\alpha = \{\rho \mid \rho$는 서수이고$\alpha$의 완전부분집합이다$\}$

(7) $\alpha = \beta$이거나 $\alpha \in \beta$ 또는 $\beta \in \alpha$이다.

(8) $\{\alpha_i \mid i \in I\}$가 $\emptyset$아닌 집합으로서 서수들의 집합이면, $\cup_{i\in I}\alpha_i$와 $\cap_{i\in I}\alpha_i$는 모두 서수이고 $\cap_{i\in I}\alpha_i \in \cup_{i\in I}\alpha_i$이다.

(9) $A \subsetneq \alpha$이고 $A \neq \emptyset$이면, $\cup A \in \alpha$ 또는 $\cup A = \alpha$이다.

(10) $\{\alpha_i \mid i \in \mathbb{N}\}$가 서수들의 집합이고 각 $i \in \mathbb{N}$에 대해서 $\alpha_{i+1} \leq \alpha_i$이면, 모든 $i \in \mathbb{N}$에 대하여 $\alpha_n = \alpha_{n+i}$인 수 $n \in \mathbb{N}$이 존재한다.

(11) $(W, \leq)$가 정렬집합이면, W와 순서동형인 정렬집합 $(\alpha, \leq')$가 유일하게 존재한다. □

[정의 A.39] α가 서수일 때, $\beta = \alpha \cup \{\alpha\}$를 가리켜서 α의 **직후자**(successor)라 부르고 이것을 $\alpha+1$로 표기한다. 서수 β가 α의 직후자일 때, α를 가리켜서 β의 **직전자**(immediate predecessor)라 한다.

[예제 A.24] $\leq'$가 $\mathbb{R}$에서 상용순서일 때, $\leq = ((\mathbb{N} \cup \{0\}) \times (\mathbb{N} \cup \{0\})) \cap \leq'$로 놓으면 $(\mathbb{N}\cup\{0\}, \leq)$은 정렬집합이다. 정리 A.32에 의해서, $(\mathbb{N}\cup\{0\}, \leq)$과 순서동형인 유일한 서수 ω_0가 존재한다.

순서동형의 개념에 의해 0은 $\emptyset$으로, 1은 $\{\emptyset\}$으로, 2는 $\{\emptyset, \{\emptyset\}\}$으로 대응한다. 따라서 우리는 $\emptyset$을 0으로 $\{\emptyset\}$은 1로 그리고 $\{\emptyset, \{\emptyset\}\}, \ldots$를 2로, $\ldots$등의 방식으로 대응시킨다. 그러므로 $\omega_0 = \{0, 1, 2, 3, \ldots\}$이다. □

[정의 A.40] **극한서수**(limit ordinal)란 직전자가 없는 서수를 말한다.

[정리 A.33] A가 집합이고 α가 서수이며 $f : A \to \alpha$가 전단사함수라 하자. 이때, A에서 순서 $\leq$를 다음과 같이 정의하자.

$$a, b \in A\text{이고} \quad a \leq b\text{이다} \quad \Longleftrightarrow \quad f(a) \leq f(b)\text{이다}$$

그러면 $(A, \leq)$는 정렬집합이고 f는 순서동형이다.

[정의 A.41] A가 집합일 때

$$\text{ord}(A) = \{\alpha \mid \alpha\text{는 서수이며} \quad \text{전단사함수} \quad f : A \to \alpha\text{가 존재함}\}$$

으로 정의한다.

[정리 A.34] A와 B가 집합일 때, 다음이 성립한다.

(1) $\mathrm{ord}(A) \neq \emptyset$이다.

(2) $\mathrm{ord}(A) = \mathrm{ord}(B)$이다 $\Longleftrightarrow$ 전단사함수 $f : A \to B$가 존재한다.

(3) $\alpha \in \mathrm{ord}(A)$이면 $\mathrm{ord}(A) = \mathrm{ord}(\alpha)$이다.

(4) $\mathrm{ord}(A) \neq \mathrm{ord}(B)$이면 $\mathrm{ord}(A) \cap \mathrm{ord}(B) = \emptyset$이다.

[정의 A.42] α가 서수로서 $\cap\mathrm{ord}(\alpha) = \alpha$일 때, α를 가리켜서 **초기서수**(initial order)라 한다.

참고 A가 집합이면 $\cap\mathrm{ord}(A) \in \mathrm{ord}(A)$이다.

[정의 A.43] α가 서수이고 $\mathrm{ord}(\alpha) = \{\alpha\}$일 때, α를 가리켜서 **유한서수**(finite ordinal)라 한다. 유한서수가 아닌 서수를 가리켜서 **무한서수**(infinite ordinal)라 한다.

[정리 A.35] α와 β가 서수일 때, 다음이 성립한다.

(1) $\omega_0 = \{\rho \mid \rho$는 유한서수$\}$

(2) α가 무한서수다 $\Longleftrightarrow$ $\alpha \geq \omega_0$

(3) $\alpha \geq \omega_0$이면, $\cup\mathrm{ord}(\alpha)$는 초기서수다.

(4) A가 집합이면 $\cap\mathrm{ord}(A)$는 초기서수다.

(5) α와 β가 초기서수이고 $\alpha < \beta$이면 $\cup(\alpha) \leq \beta$이다.

(6) ω_0은 첫 번째 무한서수인 초기서수다.

[정리 A.36] α가 무한서수로서 초기서수이고

$$A = \{\rho \mid \rho\text{는 무한인 초기서수이고} \quad \rho < \alpha\}$$

라 하자. 그러면 A는 정렬집합이고 A와 순서동형인 서수 β가 유일하게 존재한다. 이때, 서수 α를 ω_β로 표기하기로 한다.

[정리 A.37] α가 무한서수로서 초기서수이면, $\omega_{\alpha+1} = \cup\mathrm{ord}(\omega_\alpha)$이다.

[정리 A.38] α가 극한서수이면

$$\omega_\alpha = \{\omega_\beta \mid \beta\text{는 서수이고} \quad \beta < \alpha\}$$

이다.

[정리 A.39] α와 β가 무한서수로서 초기서수라 하자. 그러면

$$\omega_\alpha \le \omega_\beta \iff \alpha \le \beta$$

이다.

여기서 우리는 기수들의 두 연산인 기수합(+)과 기수곱($\cdot$)을 정의하도록 하겠다. 이에 앞서서 우선 정렬집합들의 합(union)부터 정의하기로 한다.

[정리 A.40] $(A, \le)$와 $(B, \le)$가 서로소인 정렬집합일 때, $A \cup B$에 순서 $\le$를 다음과 같이 정의하자.

1. $x \in A$이고 $y \in B$이면 $x \le y$이다.
2. $\{x, y\} \subset A$ 또는 $\{x, y\} \subset B$이고 $x \le y$이면 $x \le y$이다.

그러면 $(A \cup B, \le)$는 정렬집합이다.

위와 같이 정의된 정렬집합 $(A \cup B, \le)$를 $(A; B)$로 표기하기로 한다.

[정리 A.41] I가 정렬집합이고 $\{(A_i, \le) \mid i \in I\}$가 서로소인 정렬집합들이며 $x, y \in \cup_{i \in I} A_i$일 때, 관계 $x \le y$를 다음과 같이 정의하자.

1. $x, y \in A_i$인 $i \in I$가 존재하여 $x \le y$이다.
2. $x \in A_i$이고 $y \in A_j$인 $i, j \in I$가 존재하고 $i \le j$이다.

그러면 $(\cup_{i \in I} A_i, \le)$는 정렬집합이다.

⟨증명⟩ 연습문제로 남긴다. ■

[정의 A.44] A와 B가 서로소인 정렬집합이고 $\alpha = \mathrm{ord}(A)$이며 $\beta = \mathrm{ord}(B)$일 때

$$\alpha + \beta = \mathrm{ord}(A; B)$$

로 정의한다.

[예제 A.25] $\omega_0 = \mathrm{ord}\{0, 1, 2, \ldots\}$이고 $n = \mathrm{ord}\{a_1, a_2, \ldots, a_n\}$일 때

$$\omega_0 + n = \mathrm{ord}(\{1, 2, \ldots; a_1, a_2, \ldots, a_n\}) > \omega_0$$

이고

$$n + \omega_0 = \mathrm{ord}(\{a_1, a_2, \ldots, a_n; 1, 2, \ldots\}) = \omega_0$$

이다. □

[정의 A.45] I가 정렬집합이고 $\{(A_i, \leq) \mid i \in I\}$가 서로소인 정렬집합들로서 $\mathrm{ord}(A_i) = \lambda_i$ $(i \in I)$일 때

$$\sum_{i \in I} \lambda_i = \mathrm{ord}\left(\cup_{i \in I} A_i\right)$$

로 정의한다.

[예제 A.26] 각 $i \in \mathbb{N}$에 대해서 λ_i가 유한서수일 때, $\sum_{i=1}^{\infty} \lambda_i = \omega_0$이다. 따라서 $1 + 1 + \cdots = \omega_0$이다. □

이제는 기수에 대해서 공부하기로 하겠다.

[정의 A.46] A가 유한집합이면 $|A| = \cap\mathrm{ord}(A)$로 놓는다. A가 무한집합이고 $\omega_\alpha = \cap\mathrm{ord}(A)$이면, ω_α대신에 $\aleph_\alpha$로 쓰고 $|A| = \aleph_\alpha$로 놓는다. 이때, 서수 $|A|$를 가리켜서 A의 **기수**(cardinality)라 일컫는다.

참고 A가 유한집합이면 $|A| \in \omega_0$이다. 또한 $|\omega_0| = \aleph_0$이다. 그리고 $n \in \omega_0$이면 $|n| = n$이다. 마지막으로 $\alpha \geq \omega_0$이고 $\omega_\beta = \cap\mathrm{ord}(\alpha)$이면, $|\alpha| = \aleph_\beta$이다.

[정의 A.47] 서수 ω_0에 속한 원소와 β가 서수일 때 $\aleph_\beta$를 가리켜서 **기수**(cardinal number)라 일컫는다.

기수는 초기기수와 같다. 다만, 서수와 기수의 차이는 서수들 사이에서는 순서개념이 있지만 기수들 사이에는 순서의 개념이 없다는 점이다. 흔히 X가 가산 무한집합인 경우에는 $|X| = \aleph_0$로 표기한다.

[정의 A.48] A와 B가 집합이고 A와 B사이에 1대1 대응이 존재하면, A와 B는 같은 기수를 갖는다고 말한다.

실직선 $\mathbb{R}$과 열린구간 $(0, 1)$상이에는 1대1 대응이 존재하므로 $(0, 1)$과 $\mathbb{R}$의 기수는 같다.

[정의 A.49] 집합 X와 실직선 $\mathbb{R}$이 같은 기수를 가질 때, X는 **연속체의 기수**(cardinality of continuum)를 갖는다고 말한다. X가 연속체의 기수를 가질 때 $|X| = \mathbf{c}$로 표기한다.

[정리 A.42] $2^{\aleph_0} = \mathbf{c}$이다. 그리고 $I = [0, 1]$일 때, $|I| = \mathbf{c}$이다.

[정리 A.43] 다음 성질을 만족하는 비가산집합인 정렬집합 Ω가 존재한다.

$x \in \Omega$이고 $x \neq \omega_1$이면 $\{y \in \Omega \mid y \leq x\}$는 가산집합인 Ω의 극대원소 ω_1이 있다.

참고 ω_1은 첫 번째의 비가산 서수이고 $\Omega_0 = \Omega - \{\omega_1\}$은 가산서수들의 집합이다.

Ω는 정렬집합이므로 최소원소 1을 갖는다. 최소원소 1의 직후자를 2로 놓고 2의 직후자를 3등으로 놓는다. 따라서 자연수들의 집합 $\mathbb{N}$은 Ω의 부분집합이고 $\Omega_0 - \mathbb{N}$의 최소원소가 ω_0라고 생각할 수 있다. 또한 ω_0의 직후자는 $\omega_0 + 1$로 놓을 수 있다. 이러한 방식에 의하여

$$1, 2, 3, \ldots, \omega_0, \omega_0 + 1, \omega_0 + 2, \omega_0 + 3, \ldots$$

는 Ω에 속한다. 이러한 서수들보다 큰 서수로서 가장 작은 서수를 $2\omega_0$로 표현한다. 따라서

$$1, 2, 3, \ldots, \omega_0, \omega_0 + 1, \omega_0 + 2, \ldots, 2\omega_0, 2\omega_0 + 1, 2\omega_0 + 2, \ldots, n\omega_0, \\ n\omega_0 + 1, n\omega_0 + 2, \ldots$$

등은 Ω에 속하는 서수들이다. 위에 나열한 서수들보다 큰 서수들 중에서 가장 작은 서수를 ω_0^2으로 표현한다. 이러한 방식으로 계속하면, ω_0^3, ω_0^4,등을 얻게 되어 Ω에 속한 원소들을 순서대로 배열하면

$$1, 2, \ldots, \omega_0, \omega_0 + 1, \omega_0 + 2, \ldots, 2\omega_0, 2\omega_0 + 1, \\ 2\omega_0 + 2, \ldots, n\omega_0, n\omega_0 + 1, n\omega_0 + 2, \ldots \\ \omega_0^2, \omega_0^2 + 1, \ldots, n\omega_0^2, n\omega_0^2 + 1, \ldots, \omega_0^3, \omega_0^3 + 1 \\ \omega_0^3 + 2, \ldots$$

등이 된다. 위에 나열한 서수들보다 큰 서수들 중에서 가장 작은 서수는 가산서수(countable ordinal)가 되며 이러한 과정은 계속된다. 비가산 서수 ω_1은 이러한 과정을 통해서 얻을 수 없다는 것을 다음 정리를 통해서 알 수 있다.

[정리 A.44] X가 Ω의 가산부분집합이고 ω_1을 포함하지 않으면, X의 최소상계는 ω_1보다 작다.

이제 우리는 수학적 귀납법과 초한귀납법의 원리를 소개하고 이 절을 끝맺으려 한다. 수학적 귀납법의 원리는 자연수 집합 $(\mathbb{N}, \leq)$가 정렬집합이라는 사실과 동치이다.

[정리 A.45](수학적 귀납법 I, mathematical induction I)
X가 $\mathbb{N}$의 부분집합으로서 다음 2 가지 성질을 모두 만족한다고 하자.

(1) $1 \in X$이다.

(2) $n \in X$이면 $n+1 \in X$이다.

그러면 $X = \mathbb{N}$이다. □

다음 정리는 위의 정리와 동치이다.

[정리 A.46](수학적 귀납법 II, mathematical induction II)
X가 $\mathbb{N}$의 부분집합으로서 다음 2 가지 성질을 모두 만족한다고 하자.

(1) $1 \in X$이다.

(2) 각 $n \in \mathbb{N}$에 대해서 $\{1, 2, \ldots, n\} \subset X$이면 $n+1 \in X$이다.

그러면 $X = \mathbb{N}$이다. □

[정리 A.47](초한 귀납법, transfinite induction)
$(\Lambda, \le)$가 정렬집합이라 하고 1이 Λ의 최소원소라 하자. 그리고 X가 다음 2가지 성질을 모두 만족한다고 하자.

(1) $1 \in X$이다.

(2) 각 $\gamma \in \Lambda$에 대해서 $\{\alpha \in \Lambda \mid \alpha < \gamma\} \subset X$이면, $\gamma \in X$이다.

그러면 $X = \Lambda$이다. 집합 $S(\gamma) = \{\alpha \in \Lambda \mid \alpha < \gamma\}$를 가리켜서 초기구간(initial segment)이라 한다. □

A.8 연습문제

[A.1 연습문제]

1. 실수집합 A와 B의 상한이 각각 m_1과 m_2이고 $A \subset B$일 때, $m_1 \leq m_2$임을 증명하라.

2. 실수집합 A와 B의 하한이 각각 l_1과 l_2이고 $A \subset B$일 때, $l_2 \leq l_1$임을 증명하라.

3. $A = \{a, b, c\}$이고 $B = \{1, 2\}$일 때 $A \times B$를 구하라.

4. 두 순서쌍 $(x + y, 1)$과 $(3, x - y)$가 같을 때 실수 x와 y의 값은?

5. $A = \{a, b\}$이고 $B = \{2, 3\}$, $C = \{3, 4\}$일 때 $A \times (B \cup C)$, $(A \times B) \cup (A \times C)$, $A \times (B \cap C)$, $(A \times B) \cap (A \times C)$를 구하라.

6. $A \subset B$이고 $C \subset D$이면 $A \times C \subset B \times D$임을 증명하라.

7. A, B, C가 집합일 때 $A \times (B \cup C) = (A \times B) \cup (A \times C)$이고 $A \times (B \cap C) = (A \times B) \cap (A \times C)$임을 증명하라.

8. $(S \times U) \cap (T \times V) = (S \cap T) \times (U \cap V)$임을 증명하라.

9. $A \neq B$ 또는 $C \neq D$이면 $A \times C \neq B \times D$인가?

10. $A \times B = \emptyset$이기 위한 필요충분조건은 $A = \emptyset$ 또는 $B = \emptyset$인 것임을 증명하라.

11. 집합 A와 B가 서로 소이기 위한 필요충분조건은 모든 집합 C에 대해서 $A \times C$와 $B \times C$가 서로소인 것임을 증명하라.

[A.2 연습문제]

12. X와 Y가 집합일 때, $X \subset Y$일 필요충분조건이 $X \cap Y = X$인 것임을 증명하라.

13. $(W \times X) \cup (Y \times Z) \neq (W \cup Y) \times (X \cup Z)$인 집합 W, X, Y, Z의 예를 들어라.

14. $\mathcal{A}$가 집합족일 때, 다음 명제가 참인지 거짓인지를 밝혀라.

    (a) $x \in \cup\{A \mid A \in \mathcal{A}\}$이면, 모든 $A \in \mathcal{A}$에 대해서 $x \in A$이다.

    (b) $x \in \cup\{A \mid A \in \mathcal{A}\}$이면, 어떤(적당한) $A \in \mathcal{A}$에 대해서 $x \in A$이다.

    (c) $x \in \cap\{A \mid A \in \mathcal{A}\}$이면, 모든 $A \in \mathcal{A}$에 대해서 $x \in A$이다.

(d) $x \in \cup\{A \mid A \in \mathcal{A}\}$이면, 어떤(적당한) $A \in \mathcal{A}$에 대해서 $x \in A$이다.

15. 순서쌍 (a,b)를 집합 $\{\{a\},\{a,b\}\}$로 정의한다. 이 정의를 써서, $(a,b)=(c,d)$일 필요충분조건이 $a=c$이고 $b=d$인 것임을 증명하라.

16. A와 B가 집합일 때, 세 집합 $A-B$, $B-A$, $A\cap B$는 서로소임을 증명하라.

[A.3 연습문제]

17. $f: X \to Y$와 $g: X \to Y$가 함수일 때, 다음을 증명하라.

(a) $g \circ f$가 전사이면 g가 전사이다.

(b) $g \circ f$가 단사이면 g가 단사이다.

(c) $Z = X$, $g \circ f = 1_X$이고 $f \circ g = 1_Y$이면, $g = f^{-1}$이고 $f = g^{-1}$이다.

18. $f: X \to Y$와 $g: Y \to Z$가 함수일 때, 다음이 성립함을 증명하라.

(a) f와 g가 전사이면, $g \circ f$도 전사이다.

(b) f와 g가 단사이면, $g \circ f$도 단사이다.

19. $f: X \to Y$, $g: Y \to X$와 $h: Y \to X$가 함수이고 $g \circ f = 1_X$이며 $f \circ h = 1_Y$이면, f가 전단사함수이고 $f^{-1} = g = h$임을 증명하라.

20. $f: X \to Y$와 $g: Y \to Z$가 전단사함수일 때, $(g \circ f)^{-1} = f^{-1} \circ g^{-1}$임을 증명하라.

21. $\pi_1: X \times Y \to X$와 $\pi_1: X \times Y \to X$가 사영이고 $A \subset X$이며 $B \subset Y$일 때, 다음이 성립함을 증명하라.

(a) $\pi_1^{-1}(A) = A \times Y$.

(b) $\pi_2^{-1}(B) = X \times B$.

(c) $\pi_1^{-1}(A) \cap \pi_2^{-1}(B) = A \times B$.

22. $f: X \to Y$가 함수이고 $C, D \subset Y$일 때, 다음이 성립함을 증명하라.

a) $f^{-1}(C \cup D) = f^{-1}(C) \cup f^{-1}(D)$

b) $f^{-1}(C \cap D) = f^{-1}(C) \cap f^{-1}(D)$

c) $f^{-1}(C - D) = f^{-1}(C) - f^{-1}(D)$

d) $f(X - f^{-1}(Y - C)) \subset C$.

23. X의 부분집합 A, B에 대하여 $f(A \cap B) \neq f(A) \cap f(B)$인 함수 $f : X \to Y$의 예를 들어라.

24. X의 부분집합 A, B에 대하여 $f(A) - f(B) \neq f(A - B)$인 함수 $f : X \to Y$의 예를 들어라.

25. 함수 $g : \mathbb{R} \to \mathbb{R}$를 $g(x) = 2x + 3$으로 정의하였을 때, g가 전단사함수임을 증명하라.

26. X, Y, Z, W가 모두 집합이고 $f : X \to Y$, $g : Y \to Z$와 $h : Z \to W$가 함수이면 $h \circ (g \circ f) = (h \circ g) \circ f$임을 증명하라.

[A.4 연습문제]

27. 정리 A.12를 증명하라.

28. 정리 A.13를 증명하라.

29. 정리 A.13의 (b)에서 등호가 성립하지 않는 함수의 예를 들어라.

30. $\{X_\alpha \mid \alpha \in \Lambda\}$가 집합족이고 $A_\alpha \subset X_\alpha$ $(\alpha \in \Lambda)$일 때, $\prod_{\alpha\in\Lambda} A_\alpha \subset \prod_{\alpha\in\Lambda} X_{\alpha\in\Lambda}$임을 증명하라.

31. $\{X_\alpha \mid \alpha \in \Lambda\}$와 $\{Y_\alpha \mid \alpha \in \Lambda\}$가 집합족일 때, 다음이 성립함을 증명하라.

    (a) $\left(\prod_{\alpha\subset\Lambda} X_{\alpha\in\Lambda}\right) \cup \left(\prod_{\alpha\in\Lambda} Y_{\alpha\in\Lambda}\right) \subset \prod_{\alpha\in\Lambda} (X_{\alpha\in\Lambda} \cup Y_{\alpha\in\Lambda})$.

    (b) $\left(\prod_{\alpha\in\Lambda} X_{\alpha\in\Lambda}\right) \cap \left(\prod_{\alpha\in\Lambda} Y_{\alpha\in\Lambda}\right) = \prod_{\alpha\in\Lambda} (X_{\alpha\in\Lambda} \cap Y_{\alpha\in\Lambda})$.

32. X와 Y가 집합일 때, 전단사 함수 $f : X \times Y \to Y \times X$가 존재함을 증명하라.

33. 정리 A.14를 증명하라.

34. $\{R_i \mid i \in I\}$가 집합 X에서 주어진 동치관계들의 첨수족일 때, 교집합 $R = \cap_{i\in I} R_i$가 X에서 동치관계임을 증명하라.

35. X가 $\emptyset$아닌 집합이고 $\mathcal{A}$가 $A(\subset X)$의 한 분할이라 하고 X에서 관계 $\sim$을 다음과 같이 정의하자.

$$x \sim y \Longrightarrow \{x,\ y\} \subset A\text{인 집합 } A\text{가 } \mathcal{A}\text{안에서 존재한다.}$$

이때, 다음을 증명하라.

    (a) $\sim$가 X에서 동치관계이다.

    (b) $\mathcal{A} = \{[x] \mid x \in X\}$이다.

36. $f : X \to Y$가 전사함수라 하고 X에서 관계 $\sim$를 다음과 같이 정의하자.

$$x_1 \sim x_2 \iff f(x_1) = f(x_2)$$

. 이때, 다음이 성립함을 증명하라.

(a) $\sim$은 X에서 동치관계다.

(b) 관계 $\sim$에 관한 X의 동치족을 $X/\sim$로 놓았을 때, 전단사함수 $g : X/\sim \to Y$가 존재한다.

a) X가 유한집합이고 $\leq$가 X에서 선형순서이면, $(X, \ \leq)$가 정렬집합임을 증명하라.

b) $(X, \ \leq)$가 부분순서집합이지만 선형순서집합이 아닌 예를 들어라.

c) $(X, \ \leq)$가 부분순서집합이고 A가 $\emptyset$아닌 집합으로서 X의 부분집합일 때, $(A, \ \leq)$의 최소상계와 최대하계가 많아야 1개씩 뿐임을 증명하라.

[A.6 연습문제]

37. $\mathbb{Z} \simeq \mathbb{N}$임을 증명하라.

38. A, B, X, Y가 집합들이고 $A \simeq B$이며 $X \simeq Y$라 하자. 이 때 A와 X가 같은 기수를 갖지 않으면, B와 Y가 같은 기수를 갖지 않음을 증명하라.

39. $(-1, 1)$과 $\mathbb{R}$은 같은 기수를 가짐을 증명하라.

40. X가 무한집합이고 $f : X \to \mathbb{N}$가 단사함수일 때, X가 가부번집합임을 증명하라.

41. A와 B가 가산집합이면 $A \cup B$도 가산집합임을 증명하라.

42. $\mathbb{N}$의 유한부분집합들의 전체집합은 가부번임을 증명하라.

43. 다음 집합이 가산인지 아닌지를 판별하라.

(a) $A = \{f \mid f : \{0,1\} \to \mathbb{N}\}$.

(b) $B = \{f \mid f : \mathbb{N} \to \mathbb{N}\}$.

(c) $C = \{f \mid f : \mathbb{N} \to \{0,1\}\}$.

(d) $D = \{f \mid f : \mathbb{N} \to \{0,1\} \wedge f(n) = 0 \text{ for all } n \geq 1001\}$.

44. X가 비가산집합이고 A가 가산집합일 때, $X - A$가 비가산집합임을 증명하라.

45. $X = \{A \in \wp(\mathbb{N}) \mid A$가 무한집합이다$\}$가 비가산임을 증명하라.

46. 같은 기수를 갖지 않은 두 비가산집합 A와 B의 예를 들어라.

[A.7절 연습문제]

47. A가 집합이고 $\lambda = \mathrm{ord}(A)$이며 $\gamma < \lambda$라 할 때, $\gamma = \mathrm{ord}(\mathcal{S}(a))$인 A에서 초기구간 $\mathcal{S}(a)$가 존재함을 증명하라.

48. I가 정렬집합으로서 $\mathrm{ord}(I) = \omega_0$이고 $\{(A_i, \leq) \mid i \in I\}$가 서로소인 정렬집합들의 집합족으로서 각 $i \in I$에 대해서 $\mathrm{ord}(A_i) = \omega_0$일 때, 다음을 증명하라.

    a) $(\cup_{i\in I} A_i, \leq)$가 정렬집합이다.

    b) $\mathrm{ord}\,(\cup_{i\in I} A_i) = \omega_0^2$이다.

49. 각 $i \in \mathbb{N}$에 대해서 γ_i가 유한서수일 때, $\sum_{i=1}^{\infty} \gamma_i = \omega_0$임을 증명하라.

50. 정리 A.40을 증명하라.

51. 정리 A.41을 증명하라.

52. S가 유한집합이면, S와 같은 기수를 갖는 S의 부분집합이 존재하지 않음을 증명하라.

53. 홀수인 양의 정수들의 집합과 자연수 전체집합은 같은 기수를 갖는다는 것을 증명하라.

부록 B

일반위상수학은 미적분학과 해석학의 개념과 이론들을 집합론을 이용해서 일반화, 추상화시킨 수학의 한 분야로써 상당한 부분이 측도론을 공부하는 데에 아주 중요하게 쓰인다.

B.1 거리공간

이 절에서는 실직선 $\mathbb{R}$, 2차원 실평면 $\mathbb{R}^2$ 그리고 3차원 실공간 $\mathbb{R}^3$에서 우리가 평상시 쓰는 거리(distance)의 개념을 일반화 시킨 **거리공간**(metric space)의 개념과 거리공간에서 열린집합과 닫힌집합, 그리고 거리공간에서 거리공간으로 가는 연속함수의 개념을 소개한다.

[정의 B.1] 집합 X에서 **거리함수**(metric)란 다음 4가지 성질을 모두 만족하는 함수 $d : X \times X \to \mathbb{R}$을 말한다.

(M1) 모든 $x,\ y \in X$에 대하여, $d(x,\ y) \geq 0$이다.

(M2) $d(x,\ y) = 0 \iff x = y$이다.

(M3) 모든 $x,\ y \in X$에 대하여, $d(x,\ y) = d(y,\ x)$이다.

(M4) 모든 $x,\ y,\ z \in X$에 대하여, $d(x,\ z) \leq d(x,\ y) + d(y,\ z)$이다.
(삼각부등식, triangle inequality)

d가 X에서 거리함수일 때, $(X,\ d)$를 **거리공간**(metric space)이라 부르고 원소 $x,\ y \in X$에 대해서 $d(x,\ y)$를 x와 y사이의 **거리**(distance)라 한다.

[예제 B.1] 함수 $d : \mathbb{R} \times \mathbb{R} \to \mathbb{R}$를 $d(x,\ y) = |x - y|$로 정의하면 d는 실직선 $\mathbb{R}$에서 거리함수가 된다. 이렇게 정의된 거리함수 d를 가리켜서 $\mathbb{R}$에서 **표준거리**(standard metric) 또는 **상용거리**(usual metric)라 일컫는다. □

[예제 B.2] 양의 정수 n에 대하여, 함수 $d_n : \mathbb{R}^n \times \mathbb{R}^n \to \mathbb{R}$을 $x = (x_1, x_2, \ldots, x_n)$이고 $y = (y_1, y_2, \ldots, y_n)$일 때

$$d_n(x, y) = \sqrt{(x_1 - y_1)^2 + (x_2 - y_2)^2 + \cdots + (x_n - y_n)^2}$$

으로 정의하자. 그러면 d_n은 $\mathbb{R}^n$에서 거리이다. 이러한 d_n을 가리켜서 $\mathbb{R}^n$에서 **표준거리** (standard metric) 또는 **상용거리**(usual metric)라 한다. □

열린집합

(X, d)가 거리공간이고 $x \in X$이며 $r > 0$일 때, 집합

$$B_d(x, r) = \{y \in X \mid d(y, x) < r\}$$

을 가리켜서 점 x를 중심으로 반경이 r인 **열린공**(open ball)이라 부른다. 열린공은 중심점 x를 포함하므로 $\emptyset$이 아니다. 그리고 표준거리 d가 주어진 실직선 $\mathbb{R}$에서 열린공 $B_d(x, r)$는 **열린구간**(open interval) $(x - r, x + r)$이고, 또한 표준거리 d가 주어진 평면 $\mathbb{R}^2$에서 열린공 $B_d(x, r)$는 x를 중심으로 반경이 r인 **열린원판**(open disk)이 된다.

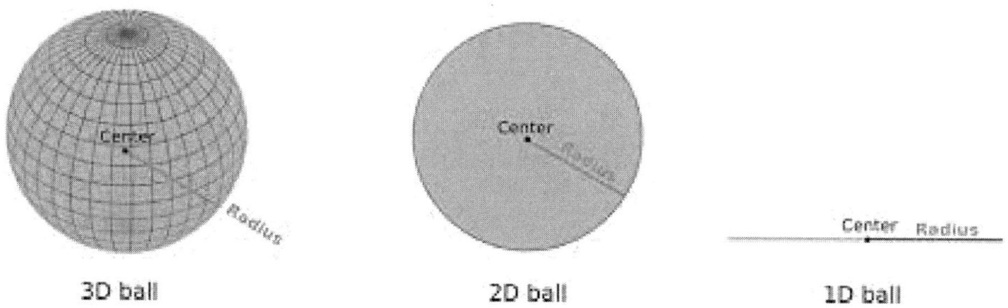

그림 7.1: 거리공간에서 열린공(open ball)

참고 거리공간 X에 주어져 있는 거리 d가 문맥상 명확하거나 명시할 필요가 없는 경우에는 열린공 $B_d(x, r)$를 간단히 $B_r(x)$로 표기한다.

[정의 B.2] 거리공간 (X, d)에서 X의 부분집합 U가 열린집합(open set)이라 함은 다음 조건을 만족한다는 뜻이다.

각 점 $x \in U$에 대하여, 적당한 수 $\epsilon > 0$가 존재해서 $B_\epsilon(x) \subset U$이다.

거리공간 $(X,\ d)$에서 집합 U가 열린집합이라 함은 U의 각 점 x가 U에 포함된 적당한 열린공의 중심이 된다는 것을 의미한다.

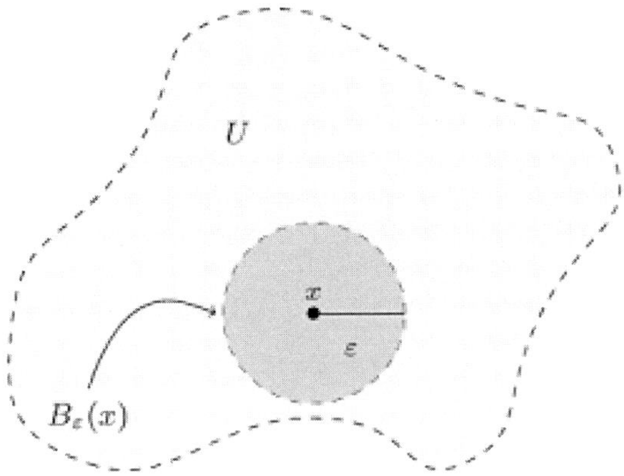

그림 7.2: 거리공간에서 열린집합(open set)

[정리 B.1](열린집합의 조건) (X, d)가 거리공간이고 $U \subset X$일 때, 다음 두 명제는 서로 동치이다.

(a) U가 열린집합이다.

(b) U가 열린공들의 합으로 표현된다. 즉, $U = \cup_{i \in I} B_{r_i}(x_i)$인 적당한 열린공들의 집합족 $\{B_{r_i}(x_i) \mid i \in I\}$가 존재한다.

위의 정리에 의하면, 거리공간에서 열린집합이란 열린공들의 합으로 표현된 집합을 말한다. 여기서 실직선 $\mathbb{R}$에서 열린집합을 생각해 보자.

> 실직선 $\mathbb{R}$에서 주어진 집합 U가 열린집합이 되려면, U에 속한 각 점 x에 대해서 $(x - \epsilon_x,\ x + \epsilon_x) \subset U$ 인 수 $\epsilon_x > 0$가 있어야 한다.

[정리 B.2] 거리공간에서 모든 열린공은 열린집합이다. □

[정리 B.3](열린집합의 성질) 거리공간(X, d)에서 다음이 성립한다.

(a) X와 $\emptyset$은 열린집합이다.

(b) U와 V가 열린집합이면, $U \cap V$가 열린집합이다.

(c) $\{U_i \mid i \in I\}$가 열린집합들의 집합족이면, $\cup_{i \in I} U_i$가 열린집합이다. □

극한점과 닫힌집합

[정의 B.3] $(X,\ d)$가 거리공간이고 $A \subset X$일 때, 점 $x \in X$가 A의 **극한점**(limit point)이라 함은 다음 조건을 만족하는 것이다.

임의의 수 $\epsilon > 0$에 대하여, $B_\epsilon(x) \cap (A - \{x\}) \neq \emptyset$이다.

집합 $A(\subset X)$의 극한점들의 전체집합을 A'으로 표기하고, 이것을 가리켜서 A의 **도집합**(derived set)이라 한다.

점 $x \in X$가 A의 극한점이 되려면 x의 임의의 근방안에 x아닌 A의 점이 (무한히 많이) 존재한다는 것을 의미한다. 실직선 $\mathbb{R}$에서 집합

$$A = \{1, 1/2,\ 1/3, 1/4,\ \ldots\}$$

은 0을 극한점으로 갖는다. 실제로는 0이 유일한 극한점이다. 반폐구간 $[0,1)$은 0과 1을 극한점으로 갖는다. 여기서 유의할 점은 구간$[0,1)$이 0은 포함하고 있으나 1은 포함하고 있지 않다는 점이다. 실제로는 모든 점 $x \in [0,1]$가 $[0,1)$의 극한점이 된다. 실직선 $\mathbb{R}$에서 정수집합 $\mathbb{Z}$는 극한점을 하나도 갖지 않는 반면에, 유리수 전체집합 $\mathbb{Q}$는 모든 실수를 극한점으로 갖는다.

[정의 B.4] 거리공간 $(X,\ d)$에서 X의 부분집합 F가 **닫힌집합**(closed set)이라 함은 "F가 F의 모든 극한점을 포함한다"는 것을 의미한다. 즉 $F' \subset F$일 때, F를 닫힌집합이라 한다.

위 정의에 의하면, 집합 F가 닫힌집합이기 위해서는 F에 속하지 않는 점이 F의 극한점이 될 수 없다. 다음 정리는 거리공간에서 닫힌집합과 열린집합 사이의 관계를 설명해 준다.

[정리 B.4](닫힌집합의 조건) 거리공간 $(X,\ d)$에서 집합 $F(\subset X)$가 닫힌집합일 필요충분조건은 여집합 $F^c = X - F$가 열린집합인 것이다. □

[정리 B.5] 거기공간 $(X,\ d)$에서 닫힌공 $B_r[x_0]$는 닫힌집합이다. □

[정리 B.6] 거리공간 $(X,\ d)$에서 다음이 성립한다.

(1) $\emptyset$과 X가 닫힌집합이다.

(2) (임의개의) 닫힌집합들의 교집합은 닫힌집합이다.

(3) 유한개의 닫힌집합들의 합집합은 닫힌집합이다. □

[정의 B.5](집합의 닫힘, closure) A가 거리공간 (X, d)의 부분집합일 때, A와 도집합 A'의 합 $A \cup A'$을 가리켜서 A의 **닫힘**(closure)이라 부르고 $\overline{A}$ 또는 $\mathrm{cl}(A)$로 표기한다. 즉 집합 $\overline{A} = A \cup A'$ 를 가리켜서 A의 닫힘이라 한다.

직관적으로 A의 닫힘 $\overline{A}$는 A에 속한 점들과 A에 밀착된 점들로 구성된다. 예를들면, 실직$\mathbb{R}$에서 열린구간 $(0, 1)$의 닫힘은 닫힌구간 $[0, 1]$이 된다. 또한 평면 $\mathbb{R}^2$에서 열린원판 $B_1(O) = \{(x, y) \mid x^2 + y^2 < 1\}$의 닫힘은 닫힌원판 $\overline{B}_1(O) = \{(x, y) \mid x^2 + y^2 \leq 1\}$이다.

거리공간에서 연속함수

이 절에서는 거리공간에서 거리공간으로 가는 연속함수의 정의를 소개한다.

[정의 B.6] $(X,\ d)$와 $(Y,\ \rho)$가 거리공간이고 $f : X \to Y$가 함수라 하자. 이때 f가 점 $x_0 \in X$에서 연속이라함은 다음 두 조건을 만족한다는 것을 의미한다.

> 임의의 $\epsilon > 0$에 대하여 적당한 $\delta > 0$가 존재하여, $d(x,\ x_0) < \delta$이면 $\rho(f(x),\ f(x_0)) < \epsilon$이다.

함수 $f : (X, d) \to (Y, \rho)$ 가 $x_0 \in X$에서 연속이라는 것은 실제로 $f(x_0)$를 중심으로 한 임의의 열린공 $B_\rho(f(x_0), \epsilon)$에 대하여

$$f(B_d(x_0,\ \delta)) \subset B_\rho(f(x_0),\ \epsilon)$$

인 열린공 $B_\delta(x_0)$가 존재한다는 것을 의미한다.

[정리 B.7] (X, d)와 (Y, ρ)가 거리공간이고 $f : X \to Y$가 함수라 하자. 이때 f가 점 x_0에서 연속일 필요충분조건은 $(X,\ d)$에서 $x_n \to x_0$인 임의의 수열 (x_n)에 대해서 $f(x_n) \to\ f(x_0)$이다. □

참고 거리공간 $(X,\ d)$에서 "수열 $\{x_n\} \subset X$가 점 x_0로 수렴한다($x_n \to x_0$ 또는 $\lim_[n \to \infty]x_n = x_0$로 표기함)"는 것은 다음 조건을 만족한다는 뜻이다.

$$\forall \epsilon > 0, \quad \exists n \in \mathbb{N} \quad \text{s.t.} \quad n > N \Longrightarrow \quad d(x_n, x_0) < \epsilon.$$

[정리 B.8] $(X,\ d)$와 (Y, ρ)가 거리공간이고 $f : X \to Y$가 함수라 하자. 이 때, f가 연속함수일 필요충분조건은 Y에서 임의의 열린집합 U에 대하여 $f^{-1}(U)$가 X에서 열린집합이 되는 것이다. □

이제 우리는 함수에 대한 균등연속성(uniform continuity)의 개념을 소개하려고 한다. 이 개념을 소개하기 위하여 먼저 연속함수에 대한 첫 번째 조건 (1)을 좀더 자세히 분석해 볼 필요가 있다.

이를 위하여 (X, d_1)과 (Y, d_2)가 거리공간이고 $f : X \to Y$가 함수라 하자. 여기서 f가 연속함수, 즉 X의 각 점 x_0에서 연속이라 하면, 임의로 주어진 $\epsilon > 0$에 대하여

$$d_1(x, x_0) < \delta \Rightarrow d_2(f(x), f(x_0)) < \epsilon \qquad (*)$$

인 관계를 만족하는 적당한 $\delta > 0$가 존재한다.

여기서 x_0가 고정되어 있는 상태에서 ϵ이 작아지면 작아질수록 δ도 점점 작게 선택되어야 한다. 또한 ϵ을 고정시키고 x_0를 X안에서 변화시킬 때, 대응하는 수 δ가 달라지는 것이 보통이다. 따라서 점 x_0와 주어진 수 ϵ이 변함에 따라서 수 δ가 변하게 되는 것이다. 즉, δ는 x_0와 ϵ에 관한 함수로 표현된다고 보아야 한다.

그러나 $f(x) = 2x$로 정의된 함수 $f : \mathbb{R} \to \mathbb{R}$를 보면, 임의로 주어진 수$\epsilon > 0$에 대해서 δ를 x_0에 상관없이 $\epsilon/2$보다 작거나 같은 수로 택하면, 관계 (*)를 만족하게 된다. 이는 δ가 점 x_0의 변화에 상관없이 ϵ의 값에만 의존한다는 것을 의미한다. 여기서 관계 (*)를 만족하기 위하여 δ가 ϵ뿐만 아니라 점 x_0에도 의존하느냐 아니면 ϵ에만 의존하느냐에 따라서 차별을 할 필요가 있다.

[정의 B.7](균등연속함수) (X, d_1)과 (Y, d_2)가 거리공간이고 $f : X \to Y$가 함수일 때, f가 **균등연속**(uniformly continuous)이라 함은 다음 조건을 만족한다는 것을 의미한다.

> (균등연속의 조건) 임의의 수 $\epsilon > 0$에 대하여 적당한 $\delta > 0$가 존재하여 $d_1(x_1, x_2) < \delta$이면 $d_2(f(x_1), f(x_2)) < \epsilon$이다.

흔히 균등연속이 아닌 연속함수를 **점별연속**(pointwise continuous)함수라 부른다. 따라서 연속함수를 점별연속인 함수와 균등연속인 함수로 구별할 수 있으며, 일반적으로 연속함수라고 하면 점별연속인 함수를 가리킨다.

정의에서 알 수 있듯이, 균등연속함수는 점별연속인 함수다. 앞에서 보인 함수 $f(x) = 2x$는 균등연속인 함수가 된다. 그러나 $g(x) = x^2$으로 정의된 함수 $g : \mathbb{R} \to \mathbb{R}$는 점별연속이지만 균등연속은 아니다. 마찬가지로 $h(x) = 1/x$로 정의된 함수 $h : (0, 1) \to \mathbb{R}$도 점별연속이지만 균등연속이 아니다.

여러 종류의 연속함수들 중에서도 균등연속함수가 해석학에서 매우 중요한 역할을 한다. 다음 정리는 거리공간에서 함수에 대한 유용한 성질을 제시한 내용이다.

[정의 B.8] (X, d)에서 집합 $A \subset X$가 **조밀한 집합**(dense set)이라는 것은 $\overline{A} = X$임을 뜻한다.

[예제 B.3] 표준위상이 주어진 실수집합 $\mathbb{R}$에서 유리수집합 $\mathbb{Q}$와 무리수집합 $\mathbb{Q}'$은 모두 조밀한 집합이다. □

[정리 B.9] $(X,\ d)$가 거리공간이고 $(Y,\ \rho)$가 완비 거리공간이며 A는 X의 조밀한 부분집합이라 하자. 만약 $f : A \to Y$가 균등연속함수이면, $g|_A = f$인 균등연속인 함수 $g : X \to Y$가 유일하게 존재한다. □

[정의 B.9] (X, d_1)과 (Y, d_2)가 거리공간이고 $f : X \to Y$가 함수일 때, f가 **거리동형함수**(isometry 또는 isometric function)라 함은 다음 조건을 만족한다는 것을 의미한다.

> 모든 $x_1,\ x_2 \in X$에 대하여 $d_2(f(x_1),\ f(x_2)) = d_1(x_1,\ x_2)$이다. 주어진 두 거리공간 $(X,\ d_1)$과 $(Y,\ d_2)$에 대해서 거리동형함수 $f : X \to Y$가 존재할 때, X와 Y는 서로 **거리동형**(isometric)이라 말한다.

거리동형함수가 일대일(단사)임은 분명하다. 두 공간 X와 Y가 거리동형이면 일대일대응 $f : X \to Y$가 존재하는데, f는 대응하는 점들사이의 거리를 동일하게 유지해야 한다.

따라서 두 공간 X와 Y가 거리동형이면 두 공간에 속한 점들의 위치적인 차이가 있을 뿐 차이는 없다. 그러므로 거리동형인 두 거리공간은 서로 동일한 것으로 취급할 수 있다.

B.2 위상공간

[정의 B.10](위상공간) X가 $\emptyset$아닌 집합이고 $\Im$가 X의 부분집합들로 구성된 집합족, 즉 $\Im \subset \wp(X)$이라 하자. $\Im$가 다음 3가지 조건을 모두 만족할 때, $\Im$를 가리켜서 X에서 **위상**(topology)이라 한다.

(T1) $\emptyset \in \Im$이고 $X \in \Im$이다.

(T2) $U \in \Im$이고 $V \in \Im$이면 $U \cap V \in \Im$이다.

(T3) $\{U_\alpha | \alpha \in \Lambda\} \subset \Im$이면 $\cup_{\alpha\in\Lambda} U_\alpha \in \Im$이다.

$\Im$가 X에서 위상일 때, $(X, \Im)$를 가리켜서 **위상공간**(topological space)이라 한다. 그리고 $\Im$에 속한 집합 U를 가리켜서 위상공간 $(X, \Im)$에서 **열린집합**(open set)이라 한다.

정의에 의하여, 위상공간 $(X, \Im)$에서 $\emptyset$과 전체집합 X가 열린집합이다. 그리고 두 열린집합의 교집합은 열린집합이 되고 임의 개의 열린집합들의 합집합도 열린집합이 된다.

더 나아가 유한개의 열린집합들의 교집합이 열린집합이 된다는 것을 다음 정리에 의해서 알 수 있다.

[정리 B.10] n이 자연수이고 $U_1, U_2, \ldots, U_n$가 위상공간$(X, \Im)$에서 열린집합이면, 교집합 $\cap_{i=1}^{n} U_i$가 열린집합이다. □

[예제 B.4] $(X,\ d)$가 거리공간이라 하자. 그러면 $(X,\ d)$의 열린 부분집합들의 전체집합 $\Im_d$는 X에서 위상이 된다. 이러한 위상 $\Im_d$를 가리켜서 거리함수 d에 의하여 **생성된 위상**(topology generated by metric d)이라 한다. □

닫힌집합과 집합의 닫힘

위상공간 $(X, \Im)$에서 열린집합이란 위상 $\Im$에 속한 집합을 말한다. 여기서는 닫힌집합과 집합의 닫힘에 대한 개념을 소개하고자 한다. 이러한 개념들은 모두 열린집합의 개념과 직접 관련이 있다.

[정의 B.11] $(X, \Im)$가 위상공간이고 $A \subset X$일 때, A가 $(X, \Im)$에서 **닫힌집합**(closed set)이라 함은 $A^c = X - A$가 열린집합임을 뜻한다. 즉, $A^c \in \Im$일 때 A를 가리켜서 위상공간 $(X, \Im)$에서 닫힌집합이라 일컫는다.

[예제 B.5] 실직선 $\mathbb{R}$에 표준위상 $\Im$가 주어져 있다고 하자. 그러면 닫힌구간 $[a,b]$는 $(\mathbb{R},\Im)$에서 닫힌집합이다. 또한 자연수 집합 $\mathbb{N}$과 정수집합 $\mathbb{Z}$도 $(\mathbb{R},\Im)$에서 닫힌집합이다. □

[예제 B.6] 표준위상이 주어진 평면 $\mathbb{R}^2$에서 집합

$$H = \{(x,y) \in \mathbb{R}^2 \mid x \le 0,\ y \le 0\}$$

는 닫힌집합이다. □

[예제 B.7] $(X,\ d)$가 거리공간이고 $x \in X$이며 $\epsilon > 0$이라 하자. 이때, x를 중심으로 ϵ을 반경으로 하는 닫힌공 $B_d(x,\epsilon) = \{x' \in X \mid d(x',x) \le \epsilon\}$는 (X,d)에서 닫힌집합이다. □

[예제 B.8] 집합 X에 이산위상 $\mathcal{D}$가 주어져 있을 때, X의 모든 부분집합은 $(X,\mathcal{D})$에서 닫힌집합이다. □

다음 정리는 위상공간에서 닫힌집합들이 지니는 성질들로서 열린집합들이 갖는 성질과 매우 유사하다.

[정리 B.11](닫힌집합의 성질) 위상공간 $(X,\Im)$에서 다음 성질들이 성립한다.

(C1) X와 $\emptyset$은 모두 닫힌집합이다.

(C2) 임의개의 닫힌집합들의 교집합은 닫힌집합이다.

(C3) 유한개의 닫힌집합들의 합집합은 닫힌집합이다. □

B.3 연속함수와 위상동형함수

수학에서 연속함수의 개념은 매우 중요하다. 특히, 이 개념이 위상수학에서 가장 핵심적인 내용이라고 해도 과언이 아니다. 먼저 위상공간에서 주어진 점에 대한 근방(neighborhood)의 개념을 다음과 같이 정의한다.

[정의 B.12] $(X,\Im)$가 위상공간이고 $x \in X$이며, $N \subset X$일 때, N이 x의 근방이라 함은 $x \in U \subset N$인 $U \in \Im$가 존재한다는 것을 의미한다.

위상공간 X에서 N이 x의 근방이라는 것은 x를 원소로 갖고 N에 포함된 열린집합 U가 존재한다는 것을 의미한다.

[정의 B.13](연속함수) $(X, \Im_X)$와 $(Y, \Im_Y)$가 위상공간들이고 $f : X \to Y$가 함수라 하자. 함수 f가 점 $x \in U$에서 연속이라 함은 다음 조건을 만족한다는 것을 의미한다.

> Y에서 $f(x)$의 임의의 근방 V에 대하여 $f(U) \subset V$인 x의 근방 U가 X에서 존재한다.

특히, $f : X \to Y$가 X의 모든 점에서 연속일 때 f를 **연속함수**(continuous function)라 일컫는다.

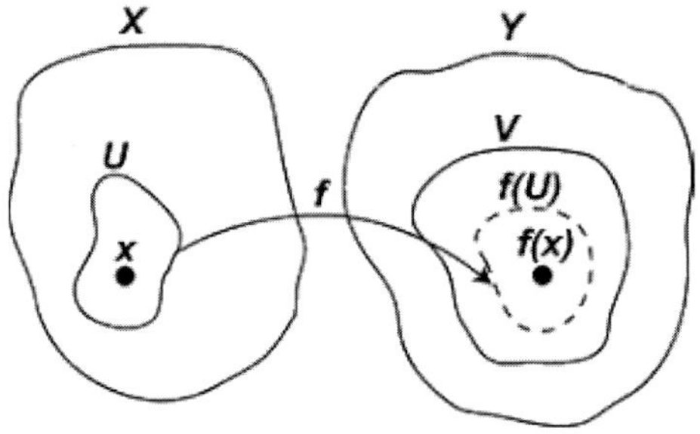

그림 7.3: 연속함수

위에서 정의한 연속성의 조건 대신에 다음 정리에서 주어진 동치조건을 활용하는 것이 편리한 경우가 많이 있다.

[보조정리 B.12] 함수 $f : X \to Y$가 점 x에서 연속일 필요충분조건은 $f(x)$의 임의의 근방 V에 대하여 $f^{-1}(V)$가 x의 근방이 되는 것이다.

[정리 B.13] $(X, \Im_X)$와 $(Y, \Im_Y)$가 위상공간이고 $f : X \to Y$가 함수일 때 다음 명제들은 서로 동치이다.

(1) 함수 $f : X \to Y$가 연속이다.
(2) Y에서 모든 열린집합 V에 대하여 $f^{-1}(V)$가 X에서 열린집합이다.
(3) Y에서 모든 닫힌집합 C에 대하여 $f^{-1}(C)$가 X에서 닫힌집합이다.

X와 Y에 주어진 위상이 각각 $\Im_X$와 $\Im_Y$일 때, 함수 $f : X \to Y$가 연속일 필요충분조건을 다음과 같이 표현할 수 있다.

$$V \in \Im_Y \implies f^{-1}(V) \in \Im_X.$$

[예제 B.9] $(X, \Im_X)$와 $(Y, \Im_Y)$가 위상공간이고 $f : X \to Y$가 상수함수이면 f는 연속이다. □

정리 B.13에서 $f : X \to Y$가 연속일 조건이 Y의 위상 $\Im_Y$에 관한 조건으로 표현되었다. 다음 정리는 $f : X \to Y$의 연속성을 위상 $\Im_Y$대신 $\Im_Y$를 생성하는 기저나 부분기저에 관한 조건으로 표현할 수 있음을 보여준다.

[정리 B.14] $(X,\ \Im_X)$ 와 $(Y,\ \Im_Y)$가 위상공간이고 $\mathcal{B}_Y$가 $\Im_Y$에 대한 기저(basis)이며 $\mathcal{S}_Y$가 $\Im_Y$에 대한 부분기저(subbasis)일 때, 다음 명제들은 서로 동치이다.

(1) 함수 $f : X \to Y$가 연속이다.

(2) 각 $B \in \mathcal{B}_Y$에 대하여 $f^{-1}(B) \in \Im_X$이다.

(3) 각 $S \in \mathcal{S}_Y$에 대하여 $f^{-1}(S) \in \Im_X$이다.

[정리 B.15] $(X,\ \Im_X)$와 $(Y,\ \Im_Y)$가 위상공간이고 $f : X \to Y$가 함수일 때 다음 명제들은 서로 동치이다.

(1) f가 연속이다.

(2) $A \subset X$이면, $f(\overline{A}) \subset \overline{f(A)}$이다.

(3) $A \subset X$이고 x가 A의 극한점이면, $f(x) \in \overline{f(A)}$이다.

(4) $B \subset Y$이면, $\overline{f^{-1}(B)} \subset f^{-1}(\overline{B})$이다.

[정의 B.14] $(X,\ \Im_x)$와 $(Y,\ \Im_Y)$가 위상공간들일 때, 함수 $f : X \to Y$가 **열린함수**(open function)라 함은 다음 조건을 만족한다는 것을 의미한다.

모든 $U \in \Im_X$에 대해서 $f(U) \in \Im_Y$이다.

위 정의에서 $f : X \to Y$가 열린함수라는 것은 X의 모든 열린 부분집합 U에 대한 상 $f(U)$가 Y의 열린 부분집합이 된다는 것을 의미한다.

다음은 연속함수이지만 열린함수가 되지 않는 예와 열린함수로서 연속이 아닌 예를 보인 것이다.

[예제 B.10] $\Im$와 $\mathcal{D}$가 각각 $\mathbb{R}$에서 표준위상과 이산위상이라 하면 $f(x) = x$로 정의되는 함수 $f : (\mathbb{R}, \mathcal{D}) \to (\mathbb{R}, \Im)$는 연속함수이나 열린함수는 아니다.

또한, $g(x) = x$로 정의되는 함수 $g : (\mathbb{R}, \Im) \to (\mathbb{R}, \mathcal{D})$는 열린함수이지만 연속함수는 아니다. □

우리는 이미 연속함수의 개념이 닫힌집합에 관하여 표현될 수 있음을 알고 있다. 다음은 열린함수와 유사한 개념인 닫힌함수에 대한 정의이다.

[정의 B.15] $(X, \Im_x)$와 $(Y, \Im_Y)$가 위상공간들일 때, 함수 $f : X \to Y$가 **닫힌함수**(closed function)라 함은 다음 조건을 만족한다는 것을 의미한다.

C가 X의 닫힌 부분집합이면, $f(C)$가 Y의 닫힌 부분집합이다.

[정의 B.16] $(X, \Im_X)$와 $(Y, \Im_Y)$가 위상공간들일 때, 함수 $f : X \to Y$가 **위상동형**(homeomorphism)이라 함은 다음 3가지 조건을 모두 만족한다는 것을 의미한다.

(H1) f가 전단사함수이다.

(H2) f가 연속이다.

(H3) $f^{-1} : Y \to X$가 연속이다.

위상동형함수 $f : X \to Y$가 존재할 때, "위상공간 $(X, \Im_x)$와 $(Y, \Im_Y)$가 서로 **위상동형**(homeomorphic)이다"라고 말하고

$$f : X \cong Y$$

로 표기한다. $(X, \Im_x)$와 $(Y, \Im_Y)$가 서로 위상동형일 때, 즉 위상동형함수 $f : X \cong Y$가 존재할 때, 간단히 $X \cong Y$로 표기한다.

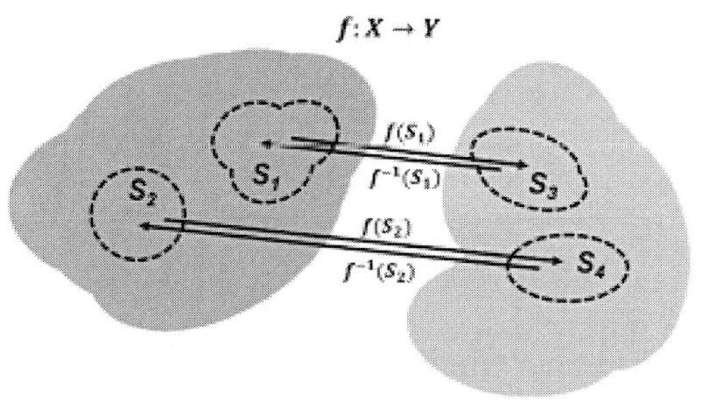

그림 7.4: 위상동형 함수

정의 B.16의 조건 (H3)에서 f^{-1}가 연속이라 함은 모든 집합 $U \in \Im_X$에 대하여 $(f^{-1})^{-1}(U) = f(U) \in \Im_Y$임을 뜻한다. 즉, $f^{-1} : Y \to X$가 연속이라 함은 $f : X \to Y$가 열린함수임을 의미한다. 그러므로 $f : X \to Y$가 위상동형함수가 되려면 f가 일대일대응으로서 연속이고 열린함수가 되어야 한다.

결국 두 위상공간 $(X, \Im_X)$와 $(Y, \Im_Y)$가 서로 위상동형이라 함은 X와 Y의 원소들이 서로 일대일로 대응할 뿐만 아니라 열린집합들도 서로 일대일로 대응한다는 것을 의미한다.

[정리 B.16] $(X,\ \Im_X)$, $(Y,\ \Im_Y)$와 $(Z,\ \Im_Z)$가 위상공간이고 함수 $f : X \to Y$와 $g : Y \to Z$가 모두 연속이면, 합성함수 $g \circ f : X \to Z$도 연속이다. □

다음에 소개할 정리들은 위상적 성질들에 관한 내용들이다.

[정의 B.17] 위상공간 $(X, \Im)$가 **가분공간**(separable space)이라 함은 $\overline{A} = X$인 성질을 만족하는 가산 부분집합 $A \subset X$가 존재한다는 것을 뜻한다.

[예제 B.11] 실수집합 $\mathbb{R}$에 표준(상용)위상이 주어져 있을 때, $\overline{\mathbb{Q}} = \mathbb{R}$이므로 $\mathbb{R}$은 가분공간이다. □

[정리 B.17] $(X,\ \Im_X)$가 가분공간이고 $(Y,\ \Im_Y)$가 위상공간이라 하자. 만약 연속인 전단사함수 $f : X \to Y$가 존재한다면 $(Y,\ \Im_Y)$도 가분공간이다. □

[정리 B.18] $(X, \Im)$가 위상공간이고 Y가 집합이며 $f : X \to Y$가 함수라 하자. 여기서

$$\mathcal{G} = \{V \in \wp(Y) \mid f^{-1}(V) \in \Im\}$$

라 놓으면, 다음이 성립한다.

(1) $\mathcal{G}$가 Y에서 위상이다.

(2) $f : (X, \Im) \to (Y, \mathcal{G})$가 연속이다.

(3) $\mathcal{G}'$이 Y에서 위상이고 $f : (X, \Im) \to (Y, \mathcal{G}')$가 연속이면, $\mathcal{G}' \subset \mathcal{G}$이다.

□

B.4 컴팩트 공간

컴팩트공간(compact space) 또는 **컴팩트집합**(compact set)의 개념은 해석학에서 소개된 헤인-보렐(Heine-Borel)의 정리를 일반화한 내용이다.

헤인-보렐의 정리는 Edward Heine(1821-1881)과 Emile Borel(1871-1956)이 만든 정리로서, $\mathcal{O} = \{I_{\alpha:\alpha\in\Lambda}\}$가 열린구간들의 집합족으로서 유계한 닫힌 구간 $[a, b]$의 덮개, 즉 $[a, b] \subseteq \cup_{\alpha\in\Lambda} I_\alpha$이면, $[a, b] \subseteq \cup_{n=1}^{N} I_{\alpha_n}$인 유한부분족 $\{I_{\alpha_1}, I_{\alpha_2}, \ldots, I_{\alpha_N}\} \subseteq \mathcal{O}$가 존재한다는 내용이다.

[정의 B.18] $(X, \Im)$가 위상공간이고 $B \subseteq X$이며 $\mathcal{C} = \{U_\alpha \mid \alpha \in \Lambda\}$가 X의 부분집합들로 이루어진 집합족, 즉 $\mathcal{C} = \{U_\alpha \mid \alpha \in \Lambda\} \subseteq \wp(X)$라 하자.

(a) $A \subseteq \cup_{\alpha\in\Lambda} U_\alpha$이면, 집합족 $\mathcal{C}$를 가리켜서 A의 **덮개**(cover, covering)라 한다.

(b) 특히, 집합족 $\mathcal{C}$가 X에서 열린집합들의 집합족이고 A의 덮개일 때 $\mathcal{C}$를 가리켜서 A의 **열린덮개**(open cover, open covering)라 부른다.

$\mathcal{C}$와 $\mathcal{D}$가 모두 A의 덮개이고 $\mathcal{D} \subseteq \mathcal{C}$일 때, $\mathcal{D}$를 가리켜서 $\mathcal{C}$의 **부분덮개**(subcover)라 한다.

[예제 B.12] $X = \mathbb{R}$에 표준위상이 주어져 있다고 하자. 그러면

$$\mathcal{C} = \{(-x, x) \mid x > 0\}\text{와 } \mathcal{D} = \{(-n, n) \mid n \in \mathbb{N}\}$$

가 모두 X의 열린덮개이며 $\mathcal{D}$는 $\mathcal{C}$의 부분덮개이다. □

[예제 B.13] $X = \mathbb{R}$에 하극한위상 $\Im_l$이 주어져 있다고 하자. 그러면 집합족 $\mathcal{C} = \{[n, n+1) \mid n \in \mathbb{N}\}$는 X의 열린덮개이다. 그러나 $\mathcal{C}$의 진부분덮개는 존재하지 않는다. □

컴팩트집합과 컴팩트 공간에 대한 개념은 P. S. Alexandroff와 Paul Urysohn (1898-1924)이 1923년에 처음 도입한 개념이다.

[정의 B.19] 위상공간 $(X, \Im)$의 부분집합 B가 **컴팩트집합**(compact set)이라 함은 B의 임의의 열린덮개 $\mathcal{C} = \{U_\alpha \mid \alpha \in \Lambda\}$에 대해서 $X \subseteq \cup_{i=1}^{N} U_{\alpha_i}$인 $\mathcal{C}$의 부분덮개 $\{U_{\alpha_i} \mid i = 1, 2, \ldots, N\}$가 존재한다는 것을 의미한다.

특히, 위상공간 X가 컴팩트일 때 $(X, \Im)$를 가리켜서 **컴팩트 공간**(compact space)이라 부른다.

위 정의에서, B의 덮개 $\mathcal{C} = \{U_\alpha \mid \alpha \in \Lambda\}$에 대해서, $B \subseteq \cup_{i=1}^{N} U_{\alpha_i}$인 $\mathcal{C}$의 유한부분족 $\{U_{\alpha_i} \mid i = 1, 2, \ldots, N\}$을 가리켜서 $\mathcal{C}$의 **유한 부분덮개**(finite subcover)라 일컫는다.

[예제 B.14]

(a) $(X,\ \Im)$가 위상공간이고 B가 X의 유한부분집합이면, B는 위상공간 $(X,\ \Im)$에서 컴팩트집합이다.

(c) 실직선 $\mathbb{R}$에서 집합 $X = \{\frac{1}{n} \mid n \in \mathbb{N}\} \cup \{0\}$은 컴팩트집합이다. □

[예제 B.15]

(b) 실직선 $\mathbb{R}$에서 열린구간 $(0, 1)$은 컴팩트집합이 아니다. 실제로 $(0, 1)$의 열린덮개 $\{(\frac{1}{n}, 1) \mid n \in \mathbb{N}\}$에서 유한부분덮개를 찾을 수 없다.

(c) 실직선 $\mathbb{R}$는 컴팩트 공간이 아니다. 실제로 $\mathbb{R}$의 열린덮개 $\{(-n, n) \mid n \in \mathbb{N}\}$에 대해서 유한부분덮개를 찾을 수 없다. □

[정리 B.19](Heine-Borel의 정리) 표준위상이 주어진 실직선 $\mathbb{R}$에서 유계한 모든 닫힌구간 $[a, b]$는 컴팩트 집합이다. □

다음은 정의역이 컴팩트 공간이고 연속인 실함수가 갖는 독특한 성질을 나타낸 정리다.

[정리 B.20] $(X, \Im)$가 컴팩트 공간이고 직선 $\mathbb{R}$에 표준위상이 주어져 있다고 하자. 만약 $f : X \to \mathbb{R}$가 연속이면, f의 치역 $f(X)$는 유계한 닫힌집합이다.□

B.5 연습문제

1. 거리공간 $(X,\ d)$에서 열린집합들의 전체집합 $\Im_d$가 X에서 위상임을 증명하라.

2. $(X, \Im)$가 위상공간이고 $A \subset X$일 때, A가 닫힌집합일 필요충분조건이 $\overline{A} = A$인 것임을 증명하라.

3. 위상공간 $(X, \Im)$가 **하우스도르프-공간(Hausdorff-space)**이라 함은 다음 조건을 만족한다는 뜻이다.

   X에 속한 임의의 서로 다른 원소 x_1과 x_2에 대해서 $x_i \in U_1$이고 $x_2 \in U_2$인 열린집합 U_1과 U_2가 $(X, \Im)$에서 존재한다.

   다음을 증명하라.

   a) 모든 거리공간은 하우스도르프 공간이다. 따라서 표준위상이 주어진 $\mathbb{R}$, $\mathbb{R}^2$, $\mathbb{R}^3$은 모두 하우스도르프 공간이다.

   b) 하우스도르프 공간의 모든 유한부분집합은 닫힌집합이다.

   c) $(X, \Im)$가 하우스도르프 공간이고 $K(\subset X)$가 컴팩트집합이면 K는 닫힌집합이다.

4. 표준(상용) 위상이 주어진 실수집합 $\mathbb{R}$에서 집합 $A(\subset \mathbb{R})$가 컴팩트일 필요충분한 조건이 A가 유계한 닫힌집합인 것임을 증명하라.

5. 유클리드 거리(Euclidean metric) 위상이 주어진 n-차원 실공간 $\mathbb{R}^n$에서 집합 $K(\subset \mathbb{R}^n)$가 컴팩트일 필요충분한 조건이 K가 닫힌집합이고 유계한 직사각입체에 포함되는 것임을 증명하라.

6. 표준(상용) 위상이 주어진 실수집합 $\mathbb{R}$에서 유리수집합 $\mathbb{Q}$ 와 유리수집합 $\mathbb{Q}^c$가 모두 조밀한 집합(dense set)임을 증명하라.

7. 표준위상이 주어진 실직선 $\mathbb{R}$이 가분공간(separable space)임을 증명하라.

부록 C

그리스 문자

문자명	대문자	소문자	문자명	대문자	소문자
Alpha	A	α	Nu	N	ν
Beta	B	β	Xi	Ξ	ξ
Gamma	Γ	γ	Omicron	O	o
Delta	Δ	δ	Pi	Π	π
Epsilon	E	ϵ	Rho	P	ρ
Zeta	Z	ζ	Sigma	Σ	σ
Eta	H	η	Tau	T	τ
Theta	Θ	θ	Upsilon	Υ	υ
Iota	I	ι	Phi	Φ	ϕ
Kappa	K	κ	Chi	X	χ
Lambda	Λ	λ	Psi	Ψ	ψ
Mu	M	μ	Omega	Ω	ω

기 호 표

기 호	의 미
$\in (\notin)$	원소다(원소가 아니다)
$A \subseteq B (A \not\subseteq B)$	A가 B의 부분집합이다(아니다)
$P \Rightarrow Q$	P이면 Q이다
$P \Leftrightarrow Q$	P일 필요충분조건은 Q이다
$\forall$	임의의(for all)
$\exists$	존재한다
(a,b)	열린구간
$[a,b]$	닫힌구간
$[a,b),\ (a,b]$	반열린구간
$(a,+\infty),\ (-\infty,a)$	열린 반직선
$[a,+\infty),\ (-\infty,a]$	닫힌 반직선
$A \cap B (A \cup B)$	A와 B의 교집합(합집합)
$A - B$	A와 B의 차집합
$\cup_{\alpha\in\Lambda} U_\alpha$	첨수집합족 $\{U_\alpha \mid \alpha \in \Lambda\}$의 합집합
$\cap_{\alpha\in\Lambda} U_\alpha$	첨수집합족 $\{U_\alpha \mid \alpha \in \Lambda\}$의 교집합
$\sim (\simeq)$	동치관계(대등한 관계: 기수가 같다)
$\leq (\geq)$	순서관계
$\cong$	위상동형의 관계
$X \times Y$	두 집합 X와 Y의 곱집합
$\prod_{i=1}^n X_i = X_1 \times \cdots \times X_n$	집합 $X_1, X_2, \ldots, X_n$의 곱집합
$\prod_{\alpha\in\Lambda} X_\alpha$	집합족 $\{X_\alpha \mid \alpha \in \Lambda\}$의 곱집합
$\mathbb{R}^n$	n차원의 유클리드 실공간
$d(x,y)$	점 x와 y 사이의 거리
$B_d(x,r) = B_r(x)$	점 x를 중심으로 반경이 $r > 0$인 열린공
$\text{int}(A) = \mathring{A}$	A의 내부(interior)
$\text{ext}(A)$	A의 외부(exterior)
$\text{cl}(A) = \overline{A}$	A의 닫힘(closure)
$\text{bd}(A) = \partial(A)$	A의 경계(boundary)
A'	A의 극한점들의 전체 집합(도집합)
$f : X \to Y$	X에서 Y로 가는 함수
$f(A)$	함수 f에 의한 집합 A의 상
$f^{-1}(B)$	함수 f에 의한 집합 B의 역상
$f\vert_A$	함수 f의 정의역을 A로 축소

참 고 문 헌

1. Amstrong, M.A., *Basic Topology*, Springer-Verlag, New York, 1983.
2. Barra, G. de, *Measure Theory and Integration*, New Age International Ltd., New Delhi, 1987.
3. Burk, Frank, *Lebesque Measure and Integration*, John Wiley & Sons, New York, 1998.
4. Burkill, J.C., *The Lebesque integral*, Cambridge University Press, Cambridge, 1953.
5. Evans, L.C. & Garuepy, R.F., *Measure Theory and Fine Properties of Functions*, CRC Press, Boca Raton, 1992.
6. Folland, G.B., *Real Analysis*, John Wiley & Sons, New York, 1984.
7. Halmos, P.R., *Measure Theory*, Van Nostrand, Princeton, 1962.
8. Hunter, J.K., *Measure Theory*, University of California, Davis CA, 2011.
9. May, K.O., *Henri Lebesque Measure and the Integral*, Holden-Day, San Francisco, 1966.
10. Munroe M.E., *Measure and Integration*, Addison-Wesley, Reading MA, 1959.
11. Pinter, C. C., *Set Theory*, KyungMoon Publishers, Seoul, 2002.
12. 양춘우, 일 반 위 상 수 학, KyungMoon Publishers, Seoul, 2006.

찾아보기

□ 저 자 약 력

1981년 2월	고려대학교 이과대학 수학과 졸업(이학사)
1983년 2월	고려대학교 대학원 수학과 졸업(이학석사)
1984년 1월	군복무 제대(예비역 육군 소위, 석사장교)
1994년 8월	University of Arizona 수학과 졸업(Ph. D.)
1994년 3월~현재	한신대학교 수리금융학과 교수
2012년~2013년	Rensselaer Polytechnic Institute(RPI, 뉴욕) 교환교수
주요활동 사항	(한신대학교) 사무처장, IT대학장 역임 (한신대학교) 교수협의회 의장 역임
저서	〈고등미적분학〉, 〈미분방정식〉, 〈위상수학〉 〈일반위상수학〉, 〈편미분방정식〉, 〈측도론〉
공저	〈미분방정식 입문(2인)〉, 〈미분적분학(4인)〉
역서	〈선형대수학 입문(4인 공역)〉
e-mail	chyang83@gmail.com / chyang@hs.ac.kr

측도론

개정판 발행 2023년 9월 5일

지은이 양춘우
펴낸이 오판근
펴낸곳 (주) 교우
주　소 서울시 동대문구 약령시로 8 교우빌딩 2층 (주)교우
전　화 02-925-2861 / **팩　스** 02-925-2860, **편집부** 02-925-2825
홈페이지&북스토어 www.kyowoo.co.kr / **이메일** kyowoo@kyowoo.co.kr

등　록 1994년 3월 24일 제1994-000013호
ISBN 979-11-251-0377-6 (93410)

Published by Kyowoo Co., Ltd. Printed in Korea

값 19,000원

교우미디어는 (주) 교우의 Imprint 사입니다.
수학정원·과학정원은 (주) 교우의 새로운 브랜드명입니다.

잘못된 책은 구입하신 서점에서 교환해 드립니다.